종교개혁 시대의
천년왕국운동

KSI 한국학술정보㈜

종교개혁 시대의
천년왕국운동

박양식 지음

KSI 한국학술정보㈜

책머리에

[1]

　세상이 종말을 맞는다는 생각은 역사의 흐름 속에 쉼 없이 일어난다. 세상이 어수선해지고 살기가 힘겨워지면 사람들은 세상이 멸망하고 새로운 세상이 도래할 것으로 생각하고 그에 걸맞은 행동을 해 온 것이다.

　포스트모던 시대라고 해서 예외는 아니다. 2012년 종말론이 고개를 들고 있다. 이러한 생각이 인터넷을 통해 빠르게 전파되면서 영화도 나왔다. 전쟁과 천재지변을 접하면 성서가 말한 세상 종말의 징조로 읽게 되고 행동에 옮기는 일은 역사 속에 면면히 이어진 하나의 흐름이었다.

　잊힐 만하면 사회로 표면화되어 사람들의 마음을 흔드는 종말론과 종말운동은 역사의 중요한 현상이다. 세상 종말을 믿든지 혹은 믿지 않든지 간에 그것이 역사를 형성하는 하나의 힘이라고 한다면 그것이 역사 속에 어떤 의미가 있는가를 살펴보아야 한다. 역사를 이해하고 인간을 이해하는 중요한 통로이기 때문이다. 이러한 역사 이해와 인간 이해를 통해서 우리는 세계 이해를 얻고 '오늘날 여기'의 상황을 재해석해 나갈 수 있다.

　'오늘날 여기'의 상황을 재해석해 낼 수 있는 역량이 있다는 것은 세상을 새로운 시각으로 살아가는 힘을 얻는 것과 같다. 그렇다고 할 때 우리는 과거에 얽매이거나 미래에 붙잡혀 엉뚱한 열의나 좌절에 사로잡히는 실수를 덜 하게 된다. 좀 더 의미 있는 삶을 만들어 갈 수 있다. 나은 미래를 위해 과거를 기억한다고들 한다. 하지만 그보다는 과거와 미래의 긴장 속에서 '오늘날 여기'의 상황을 올바르고 지혜롭게 재해석하는 역량을 갖는 것이 더 중요하다. 역사의 정방향을 향해 '오늘날 여기'에서 내딛는 발걸음은 사람과 시대에 역동성을 불어넣어 줄 것이다. 이러한 역사의식은 사람들에게 창조성을 지닌 역사 행동에 나서게 만든다.

[2]

본서는 박사학위 논문으로 작성한 것을 수정하여 출판하는 것이지만 개인적으로 대학원에 진학하여 공부하게 된 동기의 작은 성취이다. 기독교 신앙과 역사 참여라는 문제에 눈을 뜨면서 사학과에 진학했으며 대학원 진학의 선택도 그 연장 선상에서 이루어졌다. 기독교 신앙을 가진 사람이 역사 속에 어떤 역할과 행동을 해야 하는가라는 문제의식은 기독교 신앙이라는 것이 개인의 삶에 국한되는 것이 아니라 역사 속에서도 일정하게 구현되어야 한다는 생각에서 출발하였다.

그래서 석사 논문으로는 기독교에 저항적인 사람이 기독교를 어떻게 비판하고 그런 비판을 접한 기독교는 어떻게 행동해야 하는가를 배우기 위해 주제를 선택하였다. 그래서 선택한 것이 영국의 사회주의자 로버트 오언(Robert Owen)이었다. 차하순 선생님의 지도로 논문구상과 작성에 큰 배움이 있었고 나의 문제의식에 대한 실마리 찾기를 성취할 수 있었다.

박사과정에 들어가서 논문 주제로는 기독교 요소가 역사에 일정한 동력으로 작용하는 역사적 예를 살펴보고 싶었다. 그때 나의 지도교수님이신 김영한 선생님의 유토피아사상 강의시간 때 천년왕국사상이 언급되었다. 이것을 듣자마자 '바로 이거다'라는 확신을 가졌다. 나의 문제의식을 해명할 수 있는 주제가 선정되자 깊은 열정을 가지고 연구에 들어갈 수는 있었으나 여전히 명민하지 못한 나의 능력으로 진전을 보지 못하였다. 그럼에도 김영한 선생님의 따뜻한 배려와 세심한 지도로 논문 작성을 할 수 있었다.

지도교수님 덕분에 나는 기독교 신앙이 역사 속에 새로운 사회체제의 도입이라는 역사적 성과를 의미 있게 확인하였다. 박사학위 논문작성은 내게 기독교 신앙인으로서 역사 참여를 추체험하는 과정이었다. 과학적 사고와 행동에 비해 역사 현실에서 기독교 신앙의 부정적 측면이 강조되던 분위기에서 소수파이지만 기독교 신앙으로서 천년왕국사상이 역사 속에서 긍정적인 성과를 내었던 사실을 볼 수 있었다. 이 경험은 기독교 신앙 면에서나 역사적 책임 면에서 나 개인적 삶을 역사적 지평에 연결 지어 생각하고 행동하려는 지향성을 갖게 만들었다. 이것은 내게 주어진 삶에 의미를 주는 일종의 바탕(Grund)과 같은 것을 이루고 있다.

[3]

새삼 이 박사학위 논문을 책으로 출판하는 것은 무엇보다 지도교수이신 김영한 선생님께서 은퇴하신 것을 기념하기 위해서이다. 제자로서 제대로 도리를 하지 못한다는 부담을 늘 갖고 있었는데, 은퇴하신 선생님께 제대로 해 드린 것이 없어 지도해 주신 논문을 책으로 펴내는 것이 선생님이 행하신 큰 가르침에 대한 제자로서 드리는 작은 보답이 된다면 어떨까 하는 심정에서 출판을 결심하였다. 이 자리를 빌려 이런 말씀을 드리고 싶다. "선생님! 선생님의 논문 지도가 제 개인 삶에 큰 영향을 주셨고 그 영향은 제 삶의 바탕으로 자리 잡아 오늘도 힘 있게 살아갑니다. 정말 정말 감사합니다."

천년왕국운동에 관한 국내학자의 연구는 종교학자와 신학자에게서 단편적으로 이루어져 왔지만 아직도 역사적 연구서는 별로 나오지 않은 것 같다. 따라서 종교개혁 시대의 천년왕국운동에 관한 본 연구를 소개하는 것도 어느 정도 출판의 필요성이 느껴진다. 이에 북코리아의 이찬규 사장님께서 선뜻 출판을 결정해 주셔서 이 논문이 책으로 사람들에게 얼굴을 내밀 수 있게 되었다. 이에 깊은 감사를 드린다.

이를 통해서 바라는 바는 천년왕국운동 연구가 더 많이 나올 수 있었으면 한다. 더 나아가 기독교 신앙이 역사 속에 어떤 역할을 했는지를 볼 수 있는 역사적 연구와 기독교 신앙을 통한 시대적 사명 수행으로 무엇을 일구어내야 할 것인지를 제시하는 다른 학문적 연구가 나왔으면 한다. 또한 전문 연구자뿐 아니라 일반인들도 신앙이 역사 속에서 이루어 낸 성과에 대한 깊은 이해와 행동이 나올 수 있기를 기대한다.

[4]

대학생 때 사학과로 진학하면서 가졌던 문제의식은 여전히 내게 작동 중이다. 그래서 박사학위 논문 작성으로 내 삶의 바탕으로 자리 잡은 것은 지금도 내 생의 소명 같은 것이 되어 동력이 되고 있다. 이것은 이제 학문적 연구로 관념적 모색을 넘어 역사 공간 안에 현실화되는 실천적 운동으로 나타나기를 원한다.

소수파였고 실패로 끝난 것처럼 보이는 천년왕국운동은 전면적인 새로운 사회의 도래를 꿈꾸게 하는 묵시적 역사 현상이었다. 이처럼 역사화되어 새로운 사회의 면모를 꿈꾸게 하는 기독교 신앙의 역사적 역할을 추구하는 것은 한 시대를 사는 일상인의 소박하지만 의미 있는 소망이다. 이런 소망이 시대를 호흡하며 역사적 소명을 가진 자에게는 생의 기쁨을 누리게 한다.

특별한 소망 없이 그때그때 주어진 환경에 따라 삶의 리듬을 갖고 살아야 하는 시대에 살고 있다. 이런 시대에 내가 믿는 신앙을 통한 역사 참여로 일구어내는 시대상을 꿈꾸는 것은 그 자체로서 의미 있는 일이라 생각한다. 역사란 내가 꿈꾸는 대로 움직여 가지 않겠지만 그 역사를 책임 있게 바라보는 것만으로도 삶의 생기를 느낄 수 있다. 그런 의미에서 일반 문화의 관점에다 영원한 신앙의 관점을 더한 다차원의 관점에서 나는 역사를 바라보며 '오늘날 여기'의 상황을 재해석하려는 노력을 한다. 그것이 내게 주어진 삶에 충실하는 삶의 지혜라고 생각하기 때문이다. 그래서 나는 과거에서 현재를 거쳐 미래로 이어지는 역사 속에 사는 내 삶의 몫을 생각하며 산다.

학문적 역사 훈련을 통해 여기에 서 있을 수 있다는 것이 나에게 행복이다. 이 책을 내며 지도교수이신 김영한 선생님과 인생의 반려자로 함께해 온 아내 정희선을 특별히 기억하고 싶다. 그동안 나에게 배움을 주신 은사님께 감사를 드리지 않을 수 없으며 내 삶에 힘이 되어 준 우리 식구에게 고마움을 표하지 않을 수 없다. 또한 나와 관계를 맺어 준 모든 분께도 이 책을 내는 의미를 나누고 싶다. 끝으로 이 책을 읽어 줌으로써 내 인생의 여정에 참여해 주실 모든 독자에게도 감사의 인사를 전한다.

북가좌동 내 삶의 공간에서

박양식

Contents

01
서 론

천년왕국(千年王國, millennium)은 요한
계시록 20장 4~6절에 근거를 둔 일종의
지상낙원이었다. 그것은 그리스도가 재
림하여 부활한 성도와 순교자와 함께 최
후의 심판 때까지 천 년 동안 다스릴 왕
국으로 나타났다.

천년왕국에 관한 예언이 소개되자 초
기의 고난받는 그리스도인들은 거기에
희망을 걸게 되었다. 그들은 천년왕국에
들어갈 의인은 바로 자신들이라고 믿고,

1700년 경 그리스의 아이콘
"그리스도 재림"

생전에 그리스도의 재림을 기대하였다.[1] 이처럼 새로운 세계와 시대가
그리스도의 재림과 함께 도래할 것이라는 믿음이 천년왕국신앙 또는 천
년왕국주의이다.[2]

---

1) Norman Cohn, "Medieval Millenarism: Its Bearing on the Comparative Study of Millenarian Movements", S.
L. Thrupp, ed., *Millennial Dreams in Action*(The Hague, 1962), p. 31.

그러나 오늘날 천년왕국주의는 그리스도교 종말론(Eschatology)의 한 변형이라는 제한된 의미를 넘어서 광범위한 의미의 구원론을 함축하고 있다. 천년왕국주의자들이 목표로 삼는 것은 항상 똑같은 것이 아니다. 그것은 질병, 불안, 근심에서 치유받는 것이기도 하고 차별과 냉대에서 벗어나 제대로 대접받는 것을 뜻하기도 한다. 또한 그것은 악의 세력으로부터 보호받거나 기존의 사회 질서를 변혁하는 것을 의미하기도 한다.[3]

이처럼 천년왕국주의는 다양한 사회적 구원을 목표로 하고 있는데, 그 특징은 첫째, 개인의 구원이 아니라 신자들 전체의 구원을 목표로 한다는 점에서 집단적이다. 둘째, 그 구원은 천상에서 이루어지는 것이 아니라 지상에서 이루어진다는 점에서 현세적이다. 셋째, 그것은 가까운 장래에 갑자기 도래한다는 면에서 임박성이 있다. 넷째, 그 구원은 단순한 개선이 아니라 완전한 변화를 초래한다는 점에서 전면적이다. 마지막으로 그것은 인간의 노력으로 성취되는 것이 아니라 신의 개입을 통해 실현된다는 면에서 초자연적이라 할 수 있다.[4]

천년왕국주의의 여러 형태는 세 유형의 대립 쌍으로 나눌 수 있다.[5]

---

2) Millennium은 라틴어에서 千을 뜻하는 mille와 年을 뜻하는 annus의 합성어로서 천 년이라는 기간을 의미한다. chilias는 같은 뜻의 그리스어이다. 천년왕국주의는 영어의 millenarianism, millenarism, millennialism, chiliasm의 번역어이다. 이 말들은 의미상 약간의 차이를 갖고 있다. millenarianism 혹은 millenarism은 악한 세력이 멸망됨으로써 사악한 현재로부터 머지않은 장래에 구원될 것이라는 믿음을 뜻한다. 그러나 그 믿음이 반드시 그리스도의 재림에 대한 기대와 연결되어 있지는 않다. millennialism은 그리스도의 예상되는 천 년 통치보다는 그리스도의 재림에 대한 기대에 초점이 맞추어져 있다. chiliasm은 그리스어로서 단순히 그리스도의 재림과 그의 천 년 통치를 뜻한다. 이러한 의미상의 차이에도 불구하고 그 말들은 보통 동의어로 쓰인다. 그 용어는 우리말로 천년왕국주의, 천년왕국신앙, 천년왕국사상 등으로 번역할 수 있으며 편의상 혼용하여 쓰겠다. Michael J. St. Clair, *Millenarian Movements in Historical Context*(New York and London, 1992), p. 9; J. F. C. Harrison, *The Second Coming: Popular Millenarianism 1780~1850*(New Brunswick, 1979), pp. 5~7. Ernerst Lee Tuveson은 millenarian과 millennialist를 구별한다. 전자는 그리스도의 임박한 육체적 재림을 기대하는 사람을 지칭하고, 후자는 천년왕국에서 절정을 이루는 그리스도교적 원리의 점진적 승리를 믿는 신자들을 지칭한다. Idem, *Redeemer Nation: the Idea of America's Millennial Role*(Chicago, 1968), pp. 33~34.

3) Harrison, *The Second Coming*, p. 8.

4) Norman Cohn, *The Pursuit of the Millennium: Revolutionary Millenarian and Mystical Anarchists of the Middle Ages*(New York, 1957, rep. 1977), p. 16, idem, "Medieval Millenarism", p. 32.

5) 박양식, "천년왕국주의", 김영한 · 임지현 편, 『서양의 지적 운동』(지식산업사, 1994), pp. 49~69 참조.

첫 번째 유형은 이론적 천년왕국주의와 혁명적 천년왕국주의이다. 이 유형은 중세와 종교개혁 시대에 두드러지게 나타났다. 전자는 성서를 근거로 하여 천년왕국의 도래를 예언하고 그것에 대비하기 위한 활동을 가리키는데, 주로 성직자와 수도사들어 의해 수행되었다. 이것은 교리적 논쟁으로 인식되어 혁명적 천년왕국운동의 지적 배경 정도로 취급되기도 하지만 이론적 작업을 통해 천년왕국주의를 고양시켰다는 점에서 하나의 유형으로 간주될 수 있다. 후자는 주로 사회에서 억압받는 하층민들과 관련되어 있다. 그들은 천년왕극이 임박했음을 여러 가지 시대적 징조로 확인하면서 새 사회를 맞이하기 위해 적극적으로 행동하였다. 그들의 행동은 기존 질서를 파괴하고 기존의 가치관을 전면으로 부정한다는 점에서 혁명적이었다고 할 수 있다. 종교개혁 시대의 천년왕국운동은 중세 봉건 질서를 거부하고 평등한 공유제 사회를 추구한 대표적인 혁명적 천년왕국운동으로서 간주된다.

두 번째는 종교적 천년왕국주의와 세속조 천년왕국주의로 나눌 수 있다. 18세기 계몽사상의 등장 이후 이성이 신(神)을 대신하고 과학이 종교를 대체하면서 천년왕국주의는 종교적 의미가 퇴색된 세속적 형태로 등장하였다. 이 같은 세속적 천년왕국주의는 프랑스 혁명을 기점으로 하여 더욱 뚜렷하게 나타났는데, 유토피아 사회주의, 마르크스주의, 전체주의, 민족주의 등에서 그 요소를 발견할 수 있다. 이러한 이념들은 궁극적으로 기존의 질서와는 완전히 다른 새로운 질서의 도래를 목표로 한다는 점에서 천년왕국주의와 다를 바 없다. 그러나 세속적 천년왕국주의가 대두된 상황에서도 그리스도교 전통 내의 종교적 천년왕국주의는 소종파 활동을 통해서 여전히 하나의 흐름으로 존속하였다.

세 번째 유형은 종교 교리상으로 전(前)-천년왕국주의와 후(後)-천년왕국주의로 나누는 것이다. 전자는 여수가 재림함으로써 천년왕국이

시작된다는 입장이고, 후자는 그리스도의 재림이 천년왕국의 끝에 일어
나서 곧바로 최후의 심판이 시작된다는 입장이다. 메시아를 기다리는
전 천년왕국주의자들의 태도는 다시 두 가지로 나누어진다. 하나는 세
상으로부터 은둔하여 그때를 조용히 기다리는 소극적 태도를 취하는 것
이고, 다른 하나는 신자들의 적극적인 노력과 참여에 의해 세상을 개선
하지 않으면 예수의 재림이 지연된다고 믿는 것이다. 적극적 입장을 취
하는 사람들에 의해 천년왕국운동은 종종 과격해지고 혁명적이 된다.
후 천년왕국주의자들은 대체로 18세기 계몽주의의 영향을 받은 사람들
로서 현세의 왕국이 점차 개선됨으로써 마침내 예수가 재림할 수 있는
단계에 이른다고 믿고 있다. 따라서 이들에게 천년왕국은 순탄한 진보
를 통해 도달되는 완전한 사회라는 점에서 일종의 '세속화된 유토피아'
라 할 수 있다.6)

   이상에 비추어 볼 때 종교개혁 시대의 천년왕국운동은 혁명적·종교
적 성격을 갖고 있고 교리 면에서 전-천년왕국주의에 속한다고 하겠
다. 종교개혁 시대의 천년왕국주의자들의 실천적 활동은 기존의 사회체
제를 부정하고 새로운 세계를 구현하려는 혁명운동으로 전개되었다. 이
같은 혁명운동은 급진적 종교개혁운동과 맞물려 있었다. 타보르파(the
Taborite)는 기성의 후스파(the Hussite) 개혁에 불만을 품고7) 독자적으로

---

6) J. F. C. Harrison, "Millennium and Utopia", Peter Alexander and Roger Gill, ed., *Utopias*(London, 1984), pp. 61~62, idem, *Second Coming*, pp. 6~7, Yonina Talmon, "Pursuit of the Millennium: The Relation between Religion and Social Change", *Archives Européennes de Sociologie*, 3(1962), pp. 131-132.

7) 종교개혁은 12세기 이후에 발견되는 일련의 교회 개혁적 흐름까지 포괄한다. 그리하여 루터 이전의 종교개혁은 대체로 이단 혹은 선구 종교개혁으로 이해되었다. 그러나 체코 역사가들은 특히 후스파 종교개혁을 루터의 종교개혁과 비견될 만한 하나의 완전한 종교개혁으로 파악하고자 하였다. Joseph Macek에 의하면, 선구 종교개혁을 논할 때 보통 12세기 이래로 있어 왔지만 그 대부분은 로마 교회의 조직 틀을 벗어난 교회 내적 개혁이었다. 이와는 달리 후스파 종교개혁의 경우, 비록 그것이 보헤미아에 국한된 것이었다 할지라도 로마 교회와 정면 승부하여 개혁을 수행한 최초의 것이었다는 점에서 본격적인 종교개혁이라 할 수 있다는 것이다. 그리하여 그는 루터 이전의 종교개혁을 제1종교개혁, 루터의 종교개혁을 제2종교개혁이라고 부른다. 루터의 종교개혁이 '오직 믿음만으로'(sola fide)라는 원칙에 비중을 두고 있다면 후스파의 종교개혁은 '그리스도의 법'(lex Christi)이라는 원칙에 충실하고 있다. 이러한 점에서 보헤미아의 종교개혁은 인간의 내적 개혁만을 고려하는 것이 아니라 완전한 공동체까지도 고려하는 독특한 종교개혁의 모델이라는 것이다[Josef Macek, "Die Böhmische und

타보르 공동체를 설립하였으며, 뮌처나 뮌스터의 재세례파는 루터의 종교개혁에 실망하여 그 나름의 새로운 교회와 사회를 건설하고자 봉기하였다. 교리 면에서 종교개혁 시대의 천년왕국주의자들은 전-천년왕국주의의 신봉자들이었다. 그들은 그리스도의 재림을 알리는 시대적 징조에 민감하게 반응하며 공격적 태도를 보였다. 그들이 악의 세력과의 투쟁에 적극 나선 것은 선민의 적극적 참여 없이 천년왕국의 도래는 일어나지 않는 것으로 생각했기 때문이다.

천년왕국주의에 대한 연구는[8] 1950년대 후반에 와서야 활발해지게 되었다. 그동안 천년왕국운동에 관한 연구가 부진했던 이유는 우선 천년왕국운동에 대한 소극적 평가를 들 수 있다. 천년왕국운동이 소수의 집단에 의해 발생된 국지적 사건이었다는 점 때문에 하나의 에피소드 정도로만 취급되었던 것이다. 또 다른 이유로는 사료가 절대적으로 부족하였다는 사실에 있다. 천년왕국운동에 가담한 사람들 대부분이 교육받지 못한 하층민들이었거나 교육을 받았다 하더라도 이단으로 박해를 받았기 때문에 자기들에 관한 기록을 남기지 못하였다. 설사 이들이 남겨 놓은 자료가 있더라도 적대 세력에 의해 대부분이 파괴되고 말았다.

이런 난점에도 불구하고 천년왕국운동을 근대의 대중사회운동과 관련시켜 이해하게 되면서부터 천년왕국운동은 역사가뿐만 아니라 사회학자, 인류학자의 주목을 끌게 되었다. 이들은 사회과학적 개념의 원용 및 비교분석의 도입을 통해 천년왕국운동에 관한 두드러진 연구성과를 내놓았다.[9] 그 연구경향은 각 운동의 독자성과 특성을 인정하면서도 반복되

---

deutsche radikale Reformation bis zum Jahre 1525", Heiko A. Oberman, hg., *Deutscher Bauernkrieg 1525*(Stuttgart, 1974), pp. 6~7].

8) Ted Daniels, *Millennialism: An International Bibliography*(New York and London, 1992)는 서구뿐 아니라 한국을 포함한 전 세계에 걸쳐 일어난 천년왕국운동에 관한 연구업적들을 총망라하고 있다.

9) 인류학 부문의 연구업적으로는 Peter Worsley, *The Trumpet Shall Sound*(London, 1957), Vittorio Lantternari, *The Religions of the Oppressed: A Study of Modern Messianic Cult*, Lisa Sergio tr.(New York, 1963) 등이

어 나타나는 유형과 유사성을 찾는 데 초점이 모아졌다. 따라서 시대와 지역에 따른 천년왕국운동 상호 간의 비교는 물론이고 그것과 다른 종교운동 및 비종교적인 혁명운동과의 비교연구가 활발해지게 되었다.[10]

가장 선구적인 업적을 남긴 학자들로는 사회심리적 관점에서 접근한 노만 콘(Norman Cohn)과 마르크스주의적 관점에서 접근한 에릭 J. 홉스봄(Eric J. Hobsbawm)을 들 수 있다. 콘은 11세기에서 16세기에 걸쳐 서유럽에서 발생한 혁명적 천년왕국운동들을 연구하였고, 홉스봄은 19세기 후반과 20세기 초에 있었던 이탈리아와 스페인 지역의 천년왕국운동을 연구하였다.[11] 콘이 제시한 사회심리적 접근은 천년왕국운동을 극단적인 불안과 좌절 그리고 비정상적인 공포와 환상 속에서 야기된 집단적 과대망상증의 한 형태로 다루었다. 이것은 아직도 천년왕국운동 연구사에 있어 탁월한 업적으로 평가받고 있을 뿐만 아니라 그 영향력에 있어서도 독보적인 위치를 차지하였다. 홉스봄도 마르크스주의적 관점에 충실한 분석을 제시하여 천년왕국운동에 관한 하나의 고전적 해석을 확립해 놓았다. 그는 천년왕국운동을 계급적 갈등의 표출이자 억압적 상황의 증표로서 근대적 정치의식과 조직의 선구라고 주장하였다. 그러나 그것은 아직 성숙한 정치의식이나 계급의식이 갖추어지지 않았기 때문에 전(前)－정치적 현상으로 보았다. 이 두 사람의 연구방향은 뒤이어 나오는 연구들의 대체적 흐름을 결정지어 놓았다.[12]

있다.

10) 천년왕국운동에 관한 좀 더 자세한 연구경향에 대해서는 Talmon, "Pursuit of the Millennium", pp. 125~148, Clarke Garrett, *Respectable Folly : Millenarians and the French Revolution in France and England*(Baltimore and London, 1975), pp. 1~15, Hillel Schwartz, "The End of the Beginning : Millenarian Studies 1969~1975", *Religious Studies Review*, 2(1976), pp. 1~15, 김영한, "중세말의 천년왕국사상과 하층민의 난", 『동국사학』 19, 20집(1986), pp. 485~491.

11) Norman Cohn, *The Pursuit of Millennium*; Eric J. Hobsbawm, *Primitive Rebels : Studies in Archaic of Social Movement in the 19th and 20th Century*(New York, 1959, rep. 1965).

12) 사회심리적 관점에서 Cohn의 것과 비슷한 관점을 보여 준 것은 인류학자 Kenelm Burridge의 *New Heaven, New Earth*(New York, 1969)이다. Hobsbawm을 뒤이은 괄목할 만한 연구로는 영국의 산업혁명기의 천년왕

그러나 콘의 사회심리적 해석과 마르크스주의자들의 사회경제적 해석에 문제가 있다는 비판이 제기되었다. 콘의 연구가 역사적 변화에 대한 의식을 결여하고 있다면, 마르크스주의자들의 연구는 지나친 도식화에 빠져 있다는 것이다. 고든 레프(Gordon Leff)는 지적하기를, 콘은 천년왕국주의를 심리적 측면에 역점을 두어 파악함으로써 천년왕국운동이 마치 시간과 장소에 상관없이 반복되어 일어나는 것처럼 설명하는 오류에 빠졌다고 하였다. 그것은 심리학적 인과관계에 관한 단순한 이론들의 적용에 불과하다는 것이다.[13] 또한 레프는 중세의 이단운동이 계급투쟁이 아니라 교회의 부패와 타락에 대한 경건한 신앙운동이었다는 점을 들어 마르크스주의자들의 테제도 지지받을 수 없는 것임을 밝혔다.[14] 그러므로 페레즈 자고린(Perez Zagorin)이 주장했듯이, 천년왕국운동에 대한 연구는 '특정한 역사적 내용으로 보완되어야 할' 필요성이 있다.[15] 예컨대 천년왕국운동에 가담한 사람들은 흔히 '기득권 없는 집단'이라고 주장된다. 그러나 천년왕국운동에 참여한 사람들보다 더 많은 사람들이 기득권 없는 상태에 있었다는 사실을 감안한다면, 그와 같은 설명은 지나치게 단순화된 것이라 하겠다. 따라서 각 천년왕국운동의 실체를 파악하려면 그에 대한 역사적 접근이 요청된다.

역사적 접근의 필요성에 따라 일부 역사학자들이 엄밀한 사료 검증을 통하여 천년왕국운동을 연구하게 되었다. 하워드 카민스키(Howard Kaminsky),

---

국주의를 다루고 있는 E. p. Thompson의 *The Making of the English Working Class*(London, 1963), Ch. XI과 17세기 영국혁명기의 천년왕국주의에 관한 Christopher Hill의 *Antichrist in the Seventeenth–Century England*(London, 1971)가 있다. 그런 가운데서도 사회학자 Yonina Talmon은 양자의 입장을 지양하는 종합적 관점을 제시하고자 하였다. 그녀의 글로는 "Pursuit of the Millennium", pp. 125~148, idem, "Millenarian Movements", *Archives Européennes de Sociologie*, 7(1966), pp. 159~200, "Millenarism", *International Encyclopedia of the Social Science*, Vol. X (1980), pp. 349~362이 있다.

13) Gordon Leff, "In Search of the Millennium", *Past and Present*, 13(1958), p. 90, 91.

14) Idem, *Heresy in the Later Middle Ages*, vol. I (Manchester, 1967), pp. 10~11, n.1.

15) Perez Zagorin, *Rebels and Rulers, 1500~1660*, vol. I (Cambridge, 1982), p. 163.

R. E. 러너(R. E. Lerner), 도널드 바인스타인(Donald Weinstein) 등도 레프와 같은 입장에서 콘의 사회심리적 해석과 마르크스주의자의 사회경제적 해석에 강한 회의를 표명하였다. 카민스키는 타보르파 운동을 계급투쟁으로 간주하는 것은 잘못이라고 지적하면서 그것은 사회질서의 재편을 요구한 종교운동이었음을 강조하였다.[16] 러너는 천년왕국주의가 혁명적 행동을 지향한 것이 아니라 오히려 박해의 국면에서는 자기 보존을, 시련의 국면에서는 희망을 가져다준 것이라고 주장하였다. 따라서 천년왕국주의자는 도덕적 무정부주의자도, 사회혁명가도 아니었다고 말하였다.[17] 바인스타인은 사보나롤라(Savonarola)의 천년왕국운동은 마르크스주의자들이 주장하는 것처럼 빈자의 저항이 아니며 어디까지나 플로렌스의 정치적 풍토에 관련되어 일어난 사건이었다고 강조하였다.[18]

비슷한 관점에서 윌리엄 라몬트(William Lamont)와 B. S. 캡(B. S. Capp)은 영국혁명기의 천년왕국운동을, 클라크 가렛(Clark Garrett)은 프랑스혁명기의 천년왕국운동을 연구하였다.[19] 또한 어네스트 리 튜베슨(Ernest Lee Tuveson)과 존 F. C. 해리슨(John F. C. Harrison) 등은 17세기에서 19세기까지의 영국과 미국의 천년왕국운동을 연구하였다.[20] 이들은

---

16) Howard Kaminsky, *A History of the Hussite Revolution*(Princeton, 1970).

17) Robert E. Lerner, *Heresy of the Free Spirit in the Middle Ages*(Berkeley, 1972), idem, "The Black Death and Western European Eschatological Mentalities", *American Historical Review*, 86(1981), pp. 533~552.

18) Donald Weinstein, "Millenarianism in a Civic Setting: the Savonarola Movement in Florence", in Thrupp, ed., *Millennial Dreams in Action*, pp. 187~205, *Savonarola and Florence: Prophecy and Patriotism in the Renaissance*(Princeton, 1970).

19) William Lamont, *Godly Rule: Politics and Religion, 1603~60*(New York, 1969), idem, "Puritanism as History and Historiography: Some Further Thoughts", *Past and Present*, 44(1969), pp. 133~146, B. S. Capp, *The Fifth Monarchy Men: A Study in the Seventeenth-Century English Millenarianism*(London, 1972), idem, "Extreme Millenarianism", Toon, ed., *Puritan, the Millennium and the Future of Israel: Puritan Eschatology 1600~1660*(Cambrige, 1970), pp. 66~90, Clark Garrett, *Respectable Folly: Millenarians and the French Revolution in France and England*(Baltimore and London, 1975).

20) Ernest Lee Tuveson, *Millennium and Utopia: A Study in the Background of the Idea of Progress*(New York, 1949, rep. 1964), idem, *Redeemer Nation: The Idea of the America's Millennial Role*(Chicago and

천년왕국운동이 성장, 발전하게 된 사회적·정치적 맥락을 충분히 고려
함으로써 역사의 발전의식을 찾고자 하였고, 천년왕국운동의 종교적 측
면을 부각시킴으로써 사회경제적 측면에 치중해 온 종래 연구의 편협성
을 지양하려 하였다.

그러나 지금까지 살펴본 역사적 접근의 성과들은 주로 개별적 연구에
치중되어 온 경향이 있다. 만약 역사적 접근이 개별적인 각 운동에 관한
추이와 면모만을 단순히 묘사한다면 그것은 천년왕국운동이 지닌 일반
적 특성에 관한 특성을 간과하기 쉽다. 그러므로 개별적 천년왕국운동
의 역사적 실상을 파악하면서도 동시에 천년왕국운동들 간의 특성을 비
교, 검토할 필요가 있다. 이러한 관점에서 본 연구는 종교개혁운동이 활
발했던 15, 16세기의 천년왕국운동들 곧 보헤미아의 타보르파 운동, 독
일의 뮌처(Thomas Müntzer)의 '신사도교회' 그리고 재세례파의 뮌스터
(Münster) 봉기 등을 다루고자 한다.

본 연구의 우선적인 과제는 각 운동의 역사적 실상을 파악하는 일이
다. 그 운동들에 관한 사료는 극히 제한적이지만 이용할 만한 사료들이
남아 있다. 타보르파에 관한 단편적인 정보가 뛰어난 사료가치를 인정
받고 있는[21] 브레조바의 로렌스(Lawrence of Březová)의 『후스파 연대기』
에 남아 있다. 라틴어로 된 그것은 자로스라브 골(Jaroslav Goll)이 편집한
Fontes rerum Bohemicarum 제5권(1893)에 체코어로 번역 대조되어 있다. 이
외에도 참고할 수 있는 약간의 체코어 사료가 있으나 본 연구에서는 사
용되지 못하였다. 뮌처의 경우는 저작과 편지가 비교적 잘 보존되어 있
다. 프란츠 귄터(Franz Günther)가 편집한 *Thomas Müntzer. Schriften und*

London, 1968), John F. C. Harrison, *Robert Owen and the Cwenites in Britain and America: The Quest for the New Moral World*(London, 1969), pp. 91~139, *The Second Coming: Popular Millenarianism, 1789~1850*(New Brunswick, 1979).

21) Howard Kaminsky, "Chiliasm and the Hussite Revolution", *Church History*, 26(1957), p. 64, n.4.

Briefe. Kritische Gesamtausgabe(1968)은 뮌처 저작의 표준판으로 인정되어 왔다. 그러나 그것이 지닌 거친 문체의 난점 때문에 그에 대한 보완의 문제가 제기되었다. 그런 가운데 피터 매티슨(Peter Matheson)의 *The Collected Works of Thomas Müntzer*(1988)은 비록 영역본이지만 뮌처의 논조를 유지하고 의미를 명확히 하며 최근의 학문적 성과가 반영되어 있기 때문에 새로운 독일판에 출간되기 전까지 가장 좋은 자료라고 평가되고 있다.[22] 뮌스터파에 관한 사료는 당대인 헤르만 폰 케르센브로크(Herman von Kerssenbrock)의 보고가 수록되어 있는 하인리히 데트메르(Heinrich Detmer)가 편집한 *Die Geschichtsquellen des Bistums Münster*, V, VI(1899/1900)와 또 다른 당대인 하인리히 그레스벡(Heinrich Gresbeck)의 보고가 수록되어 있는 C. A. 코르넬리우스(Cornelius)가 편집한 *Berichte der Augenzeugen über das Münsterrische Wiedertäufereich*, II(1853)이 있다. 케르센브로크의 기록은 오류가 있는 것으로 판명 났고,[23] Gresbeck의 보고는 어느 정도 신빙성이 있는 것으로 평가되었다. 이런 사료들을 이용함과 동시에 그동안 나온 연구 성과들을 종합하여 그 운동들의 역사적 면모를 밝히고자 한다. 이 같은 각 운동의 역사적 면모는 평등주의적 공유제 사회를 지향한다는 천년왕국운동의 일반적 특성에 비추어 살펴볼 것이다.

그러기 위해서 본 연구에서 중점을 두어 다루고자 하는 것은 다음 두 가지이다. 첫째, 천년왕국운동에 적극적으로 참여한 사람들은 어떠한 조건에 있는 사람들이었으며 그들의 심리 상태는 어떠하였는가 그리고 그들의 참여가 가져온 사회적 결과는 무엇이었는가 하는 문제에 대한

---

22) Tom Scott, "From Polemic to Sobriety: Thomas Müntzer in Recent Research", *Journal of Ecclesiastical History*, 39(1988), p. 570.

23) Karl – Heinz Kirchhoff, "Was There a Peaceful Anabaptist Congregation in Münster in 1534?", *The Mennonite Quarterly Review*, 44(1970), p. 361, idem, "Was Dr. Kuehler's Conception of Early Dutch Anabaptism Historically Sound?: The Historical Discussion of Anabaptist Münster 450 Years Later", *The Mennonite Quarterly Review*, 60(1986), p. 281.

사실적 설명을 찾고자 한다. 종교개혁 시대의 천년왕국운동은 대체로 경제적 빈곤, 사회적 소외, 정치적 억압이 심하거나 반복되는 재앙으로 위기 상황이 고조될 때에 발생하였다. 이런 상황에서 고통과 좌절을 겪는 집단들은 전면적인 구원의 약속이 실현될 것이라는 메시지가 담긴 천년왕국주의에서 구원의 희망을 발견하였다. 신의 보상으로 선민들에게 제공될 천년왕국은 현세의 역사적인 그리스도 나라와 최후의 심판 뒤에 올 비역사적인 영원한 신국 사이에 존재하는 중간왕국의 성격을 띤 것이었다.[24] 이것은 완전한 시간과 완전한 공간 속에서 성취되는 완전사회라는 점에서 유토피아 개념과 상통하는데,[25] 이 같은 유토피아를 향한 열망이 사람들로 하여금 천년왕국운동에 적극 가담하게 만들었다. 그들은 구질서를 파괴하고 신질서를 도입하기 위하여 단기간에 참여자들을 조직화하여 목적한 바를 성취하고자 하였다.

둘째, 급진적 종교운동과 관련하여 본 연구는 천년왕국운동의 세 가지 주요 요소인 예언자, 민중, 시대적 징조에 각별히 주목하고자 한다. 이 세 요소는 서로 얽히면서 나름대로의 결정적 역할을 한다. 시대적 징조는 예언자와 대중의 행동을 자극하는 원천으로 작용하고, 예언자와 민중은 시대적 징조 속에서 세상의 종말을 감지하고 그에 따른 자신들의 행동을 정당화하는 것이다. 시대적 징조를 주목하게 되는 이유는 천년왕국이 시작되기 전에 반드시 세계의 종말을 의미하는 대파국과 대재앙의 시기가 온다고 믿기 때문이다. 이 파국은 신과 사탄 간에 일어날 최후의 우주적 전쟁을 뜻하는데, 이 전쟁으로 인해 사람들은 많은 재앙을 겪는다. 그 재앙에는 전염병, 폭풍, 지진, 한발, 기근, 돌연사 등 자연

---

24) Günther List, *Chiliastische Utopie und Radikale Reformation: Die Erneuerung der Idee vom Tausendjärigen Reich im 16 Jahrhundert*(München, 1973), p. 52.

25) 金榮漢, "理想社會와 유토피아", 이기백 편 『韓國史市民講座』 제10집(1992), pp. 163~197.

적 재앙들을 비롯하여, 전쟁, 인구 이동, 도시의 흥망, 지위체제의 변화, 경제 공황, 산업화 등이 포함되어 있다.[26] 그러므로 사람들은 자신들이 겪는 재앙들을 세상 종말의 시대적 징조로 받아들인다.

시대적 징조를 통해서 예언자들은 세상의 종말과 천년왕국의 도래를 확신하게 되고, 그에 따른 자신의 역할에 충실하고자 한다. 그들은 시대적 징조를 통해 얻은 예언을 민중에게 알려 주고 그들의 대처방안을 제시한다. 민중은 고난의 현실에서 해방되어 새로운 세계로 들어갈 것이라는 희망을 주는 그들의 요구에 기꺼이 따르게 된다. 구원을 약속받은 민중은 새로운 세계의 도래를 위한 활동에 최상의 노력을 쏟는다. 천년왕국운동 각각의 독특성은 바로 이 세 요소가 각 운동에서 비중을 달리하여 나타남으로써 생긴다.

이에 입각하여 시대적 징조에 따른 결과로서 예언자의 지도력 발휘와 그에 대한 민중의 반응에 중점을 두어 각 운동을 설명하고자 한다. 이것은 각 운동이 갖고 있는 활력의 정도를 해명해 줄 것이며 각 운동 간의 차이점도 밝혀 줄 것이다. 우선 예언자와 민중을 움직일 시대적 징조가 검토될 것이다. 어떠한 위기상황이 있었는가를 검토함으로써 천년왕국운동이 일어나게 되는 사회적 조건에 관해 알아보겠다. 다음으로 천년왕국주의적 예언자가 사악한 현세를 전면 부정하고 새로운 천년왕국의 도래를 주장하고 나섰을 때 그 예언을 받는 특정 집단의 반응을 검토할 것이다. 천년왕국운동의 지도자로서 예언자의 역할이 어떠한 것이었는가를 살펴보고, 그들의 예언에 따른 민중의 참여는 예언자의 요구에 얼마나 일치하였는가를 알아볼 것이다. 이로써 예언자나 민중의 행동은 그들이 처한 상황에 따라 모색된 그들 나름의 시대적 대응이었다는 점을 밝히고자 한다.

---

26) Michael Bakun, *Disaster and the Millennium*(New Haven, 1974), pp. 51~52.

　이상과 같은 논조에서 II에서는 종교개혁 시대의 천년왕국운동에 대한 배경으로서 천년왕국주의의 역사적 기원과 성장 그리고 그것의 쇠퇴와 부활에 대해 고찰하겠다. III에서는 타보르파가 성장하게 된 배경과 그들이 건설한 타보르 공동체의 특징과 한계를 살펴보고자 한다. IV에서는 뮌처가 선민동맹을 결성하여 신사도교회를 건설하기 위해 농민봉기를 선동하였으나 실패했다는 사실을 검토하고자 한다. V에서는 뮌스터에 재세례파들이 유입되어 온 과정을 살펴보고, 뮌스터 예언자들의 강력한 지도력에 의해 세워진 공유제 사회의 특징을 고찰하겠다. 끝으로 VI에서 그동안 고찰한 종교개혁 시대의 천년왕국운동들이 갖고 있는 특징을 정리하고 그 이후에 전개된 천년왕국운동의 흐름을 간략히 살펴보겠다.

02

종교개혁 이전의
천년왕국주의

1) 천년왕국의 성장과 쇠퇴

천년왕국주의의 역사적 기원은 유대의 묵시문학에서 찾을 수 있다.[1] 유대의 묵시문학은 BC. 200년과 AD. 100년 사이에 출현하였는데 유대 민족이 처한 특수한 사회적 상황을 배경으로 하고 있다. 유대인들은 마카베(Maccabaeus) 계열의 지도자들과 하스몬(Hasmon) 왕조의 통치하에 고위 성직자들의 헬라화와 세속화에 맞서 싸우면서 유대 민족의 부흥을 일으키려고 하였다. 그러나 그들의 노력은 로마 군단의 손에 의해 중단되고 결국 국가의 해체라는 비극적 상황에 처하였다. 이런 암울한 상황에서 유대인들은 침묵하는 신에 대해 의문을 품었고 악한 자들이 흥하

---

1) 천년왕국주의의 역사적 기원은 유대교에서 찾지만 그 원래의 발전을 페르시아의 Zoroaster교에서 찾는 논의도 있다. 조로아스터는 시대의 종말이 가까웠고 자기 생전에 그 일이 일어날 것이라고 믿었다. 그는 선의 세력인 Ormazd와 악의 세력인 Ahriman 간의 결정적 전투가 있은 후 Ormazd의 영원한 통치가 있을 것으로 기대하였다. 그런데 최종의 구원이 실현되지 않았기 때문에 왕국의 도래는 재림 때까지 지연되지 않으면 안 되었다. 그래서 조로아스터교인들은 조로아스터가 죽은 지 3천 년이 되면 Saoshyant(조력자)가 일어나서 최종의 구원을 가져올 것이라고 믿게 되었다(Talmon, "Millenarian Movement", p. 159). 페르시아의 종말론 및 묵시와 유대 – 그리스도교의 종말론 및 묵시 간에 어떤 관련이 있는가 하는 문제는 학자들 간에 논란이 분분하다(Cohn, *Pursuit of the Millennium*, p. 333).

는 데 반해 의로운 자들은 고통당하는 것에 회의를 품었다. 연속되는 수난의 역사적 현실 속에서 과거처럼 희망의 돌파구를 제시하던 예언자도 나타나지 않자 묵시문학가들이 등장하여 그 시대에 관한 해석을 제시하였다. 이들은 신의 뜻을 정당화하고 신자들에게 용기와 확신을 주는 역할을 하였다.[2] 이렇듯 묵시문학은 고난의 시대에 격려나 위로를 제공해 주는 하나의 시대적 방편으로 나타났다.[3]

묵시문학들을 통해 드러난 묵시주의적 사고방식이 함축하고 있는 것은 세계는 악에 지배당하고 있으나 신의 성도들 곧 거룩한 선민들이 일어나서 악의 세계를 정복할 때가 올 것이라는 것이다. 이 시기는 역사의 완성이 될 것이며 신의 성도들은 영광의 왕국으로 들어가 그 땅을 물려받게 된다는 것이다.[4] 이러한 묵시주의적 발상들은 사악한 자들의 멸망과 의로운 자들의 승리라는 상징으로서 반향을 불러일으켰고, 그것은 결국 초기 그리스도인들의 천년왕국신앙이 의존하고 있는 토대가 되었다.

유대인에게 삶의 희망을 준 묵시주의에는 다음 세 가지의 개념이 들어 있다. 첫째, 우주와 시간에 관한 종말론이다. 세계의 급속한 종말이 올 것이라는 기대가 에녹과 아브라함과 같은 인물들의 권위에 의존하여 나타났는데 이러한 종말 개념은 대재앙으로 표현되었다. 전쟁, 기근, 역병과 같은 놀랄 만한 자연적인 사건들이 그러한 종말을 뜻하는 사건으로 해석되었다. 이렇게 혼란한 자연의 질서는 사람들의 도덕적 타락상과도 결부되었다.[5] 한편, 시간의 종말은 이중의 구조를 가지고 있다. 현

---

2) Leon Morris, *Apocalyptic*(Grand Rapids, 1984), pp. 26~27.

3) 『다니엘서』는 박해를 당하는 사람들에게 격려를 주었고, 『파숫꾼의 책』(the Book of Watchers)은 문화 충격을 당하는 사람들에게 안도감을 주었으며, 『유사 에녹서』는 사회적 무력감에서 벗어나도록 도왔다. 『바룩 2, 3서』는 역사적 진통을 겪는 중에 다시금 방향설정을 해 나가도록 인도하였고, 『에스라 4서』는 참담한 운명에 처한 사람들에게 위로를 주었으며 『아브라함 언약서』는 죽음의 절박한 현실 속에서도 희망을 갖도록 힘을 주었다 [John Collins, *The Apocalyptic Imagination: An Introduction to the Jewish Matrix of Christianity*(New York, 1984), p. 205].

4) D. S. Russell, *Apocalyptic: Ancient and Modern*(Philadelphia, 1978), p. 8.

재의 종말과 미래의 구원이 동시에 존재한다는 개념이 그것이다. 달리 말해서 그것은 현재의 고통이 미래의 희망과 대비되듯이, 현시대도 새 시대와 대조된다는 의미이기도 하다. 두 시대 사이에는 연속도 없고 따라서 두 시대는 질적으로도 완전히 다르다.[5] 이 같은 사상은 "지존자는 한 세계를 만들지 않고, 두 세계를 만들었다"(에스라 4서 7:50)[7]는 말 속에 잘 나타나 있다. 묵시주의자들은 악으로 가득 차 있어 희망이 없는 현 세계를 포기하고 새 시대를 확고히 붙잡는다.

둘째, 역사의 마지막 장으로서 지상에서 실현될 메시아 왕국의 개념이다. 이 메시아 왕국을 통한 구원은 자연과 역사의 현재적 구조와는 연속성을 갖지 않는다. 그렇지만 그것은 본질적으로 지상에 속하는 것이다. 후기 묵시문학들 속에는 다가올 시대의 뒤를 이을 현세적 왕국에 대한 증거들이 있다. 『에녹 1서』에 있는 '수 주간의 묵시'에 의하면, 세계 역사는 10주로 나뉘는데, 처음 7주는 과거이다. 7째 주는 배교의 시대로 묘사되고(93:1~10), 8째 주의 초기에 메시아 왕국이 나타난다. 이때부터 10째 주까지 지속되는 메시아 왕국은 지상에서 이루어지는 것으로 묘사된다.[8] 『바룩 2서』는 현세적 왕국의 본질을 더욱 명백히 드러낸다. 메시아가 나타나서 통치하게 될 왕국은 타락의 세계가 끝날 때까지 지속된다. 그의 왕국에서는 "바람이 과실의 향내를 가져올 것이고, 구름이 저녁에 건강의 이슬을 방산(放散)할 것이다." 그 왕국의 구성원들은 "위로부터 오는 만나로 양육될 것이다."[9]

---

5) Rudolf Bultmann, *History and Eschatology: The Presence of Eternity*(New York and Evanston, 1957), p. 29.

6) Morris, *Apocalyptic*, p. 50.

7) *The Fourth Book of Ezra*, in James H. Charlesworh, ed., *The Old Testament Pseudepigrapha: Apocalyptic Literature and Testaments*, Vol.1(New York, 1983), p. 538. 이하에서 *The Old Testament Pseudepigrapha*는 *OTP*로 약기함.

8) *1 Enoch*, in *OPT*, pp. 74~89.

9) *Ibid.*, pp. 630~631.

셋째, 메시아 내지 인자(人子)의 개념이다. 메시아는 현세의 인물로서 그의 왕국을 다스릴 통치자이며 고난의 시기를 견디어 낸 백성들의 위로자이다. 그는 "타락의 세계가 끝날 때까지 그리고 앞서 말한 그 시대가 차게 될 때까지" 축복받은 역사의 종말 왕국을 통치할 것으로 언급되어 있다(바룩 2서 40:1~2).[10] 또 그는 그의 추종자들과 함께 나타나서 400년 동안 남은 자들을 즐겁게 해 줄 것이다(에스라 4서 7:26~28).[11] 특별한 구원자로서 인자는 역사의 완성을 이루고 새 시대로 돌입하기 이전의 중간기를 해소할 인물로 나타난다. 『다니엘서』 7장 13~14절에 의하면, 인자는 하늘에서 구름을 타고 와서 주권과 영화와 나라를 받게 되고, 영원한 권세를 갖고 있는 자로 묘사되어 있다. 『유사 에녹서』에는 '사람'이 종종 나타나는데 거기서 그는 '의로운 자', '지명된 자', '선택된 자' 혹은 유사한 메시아적 명칭들로 묘사된다. 이러한 인자의 개념은 다음 두 가지로 특징지을 수 있다. 하나는 그는 인간이 아니라 이전에 존재한 하늘의 인물이라는 것이고, 다른 하나는 그의 과업이 성도들의 구원을 성취시키는 세계 심판에 있다는 것이다.[12] 이것은 메시아신앙으로 자리 잡아 갔는데, 이로써 사람들은 위기 때마다 구세주를 대망하였다. 천년왕국신앙이 예수라는 메시아의 재림을 학수고대(鶴首苦待)한다는 점에서 메시아신앙과 연결되어 있다고 하겠다.

묵시주의의 세 개념은 서로 연관되면서 특별한 기능을 한다. '메시아' 내지 '인자'의 개념은 묵시적 종말에 있어 현 세계의 요소와 다음 세계의 요소 간에 하나의 긴장을 나타내 주고, 그 긴장은 중간 왕국의 소개로 해소되는 것이다. 이 중간 왕국은 처음 심판 이후 메시아가 일정 기

---

10) *2 Baruch*, in *OPT*, p. 633.

11) *The Fourth Book of Ezra*, in *OPT*, p. 532.

12) Walter Schmithals, *The Apocalyptic Movement: Introduction and Interpretation*, John E. Steely, tr.(New York, 1975), pp. 183~184.

간 지상에서 통치할 신의 왕국으로 제시되는데,[13] 이 같은 신의 왕국에 대한 관념은 본래 묵시주의자들이 기대한 두 요소 사이에 받아들인 절충안의 표시이다.[14]

묵시주의적 저술들은 종말론적 사건들 곧 시대의 종말이 임박했다는 사실과 이 종말에 앞선 최후의 시기에 사람들이 행해야 할 지침에 관심을 두고 있다. 이에 따르면, 시대가 종달을 고할 때까지 역사의 과정은 악을 지향하는 것으로 예정되어 있고, 다가올 세계에서만이 신의 진정한 공의가 나타날 것이며 의인이 지지받는 일이 생길 것이라 한다. 반면에 현세에서는 악이 판치고 권력이 주름잡을 것이다. 그러므로 현세에서 부당하게 고통받는 의인은 다가올 세계에서 그 정당성을 인정받을 것이다. 이러한 묵시문학의 특징인 신비적 상징주의와 예언은 천년왕국주의자들에게 시대적 징표를 읽어 낼 수 있는 영감을 주었다.[15] 그러나 천년왕국주의자들이 묵시주의자들과는 구별되는 점이 있었다. 그것은 묵시주의자들이 "신의 비밀과 신비"(에녹 2서 24:3)를 폭로하는 것에 관심을 두었던 환상가였던 반면에 천년왕국주의자들은 일정한 정치적·사회적 프로그램을 가지고 행동하는 실천가였다는 것이다.

엄밀한 의미에서 천년왕국주의의 시작은 예수의 가르침을 좇던 초기 그리스도인들에 의해서라고 할 수 있다 "그리스도교는 그 초기의 원동력을 과격한 천년왕국주의에서 끌어내었다."[16] 다른 말로 하면, 초기 그리스도교 형성 자체가 바로 천년왕국운동이었다는 것이다. 예수가 등장하여 활동 초기부터 선포한 것은 신의 왕국이 가까웠다는 것이었고, 부

---

13) 그 기간은 『에스라 2서』 7:28에서는 400년으로 주어지기도 하고, 『요한계시록』 20장에는 1000년으로 주어진다. 『바룩 2서』에서는 무한한 기간 동안 지속되는 것으로 제시되기도 한다.

14) Russell, *Apocalyptic*, p. 334.

15) Clair, *Millenarian Movements in Historical Context*, p. 10 28, 31.

16) Talmon, "Millenarian Movements", p. 162.

활 후 곧 재림하여 예수가 할 일은 메시아로서의 사역(使役)을 수행하는 것이었다. 그리하여 예수를 따르는 초기 그리스도인들은 그 예수의 재림을 기다리며 그 신의 왕국이 실현되기를 기다리고 있었다. 초기 그리스도인들이 예루살렘에서 실천한 공유제는 바로 그들의 기다림 속에서 실천되었고, 그 자체가 신의 왕국이 도래한다는 징표였다 할 수 있다. 이로써 그들은 종말을 분명한 사실로 받아들이면서 자기들을 향한 비난을 기꺼이 감수해 갔다.[17] 예수가 신의 왕국이 임박했다고 말했을 때 그 의미하는 것이 무엇이든지 간에 분명한 사실은 대부분의 그리스도인들이 자신들을 위한 지상낙원에 대한 신의 섭리가 있을 것으로 기대하였다는 것이다.[18] 그러한 기대는 더욱 가혹해지는 고통의 현실 속에서 초기 그리스도인들의 확고한 신앙으로 자리 잡아 갔다. 이렇게 형성된 천년왕국주의는 초기 그리스도인들 대부분에게서 공감을 얻으면서 4세기까지 박해의 시기 동안 정통 신앙으로 인정받았다.

알브레히트 뒤러의 작품
"요한계시록의 네 기사"

초기 그리스도인들의 천년왕국주의를 직접 자극한 원천은 『요한계시록』과 『다니엘서』이다. 이미 지적한 바대로 요한계시록은 천년왕국신앙의 직접적인 원천이 되었다. 그리스도인들이 로마인의 손에 고통과 죽음을 당하는 위기 상황에서 사도 요한은 자신이 받은 계시를 통해 가까운 미래에 순교자를 위해서 행복한 운명이 약속되어 있다는 점을 제시하였다. 이것은 신자들에게 위로를 주었을 뿐 아니라 그 미래는 현재에 신화적으로 연출되

---

17) Theodore Olson, *Millennialism, Utopianism, and Progress*(Toronto, Buffalo and London, 1982), pp. 69~70.
18) Cohn, "Medieval Millenarism", p. 33.

고 있음을 증명해 보였다.[19] 바꾸어 말해서 그리스도인들은 사탄과의 최후 전투에서 승리함으로써 신의 왕국에 들어가게 되는데, 이에 대한 분명한 해결책이 바로 지상의 천년왕국이라는 것이다. 이 같은 요한의 천년왕국에 관한 예언은 초기 그리스도인들에게 전해졌을 때 문자 그대로 받아들여졌다. 예배 시 낭독되는 요한계시록에 담겨 있는 지상의 천년왕국은 초기 그리스도인들에게는 현재의 고난을 견디는 데 필요한 힘을 제공해 주는 원천이었다.[20]

다니엘서는 유대 묵시문학 가운데 유일하게 정경(正經)에 편입되어 천년왕국주의자들에게 깊은 영향을 주었다. 다니엘이 본 네 짐승의 환상(7장)은 계속 이어지는 네 개의 세속제국 곧 바빌로니아, 메데, 페르시아(혹은 앗시리아) 그리고 그리스(혹은 로마) 제국들을 가리키는 것으로 이해되었다. 이 짐승들이 멸망당한 후 성도들에게 주어지는 왕국이 영원한 '제5왕국'(the Fifth Monarchy)이다. 이 영광스러운 미래의 나라는 팔레스타인만이 아닌 온 세계를 포함하는 나라라는 다니엘서의 개념은 그 어떤 묵시보다도 진전된 것이었다. 그리고 새 왕국이 도래하는 시기는 분명히 제시되어 있지 않으나 그 시기에 관한 신비한 숫자들이 표명되어 있다. 예컨대 한 때와 두 때와 반 때(7장 25절)라는 것과 2,300주야에 관한 언급(8장 14절)과 70주간(9장 24절)과 1,290일 지속될 슬픔의 시기 그리고 기다려서 축복을 누리는 1,335일에 관한 언급(12장 11~12절) 등이 그것이다. 이런 것들은 종말의 시간을 계산하는 데 이용되어 긴박감을 더해 주는 신비적 요소로 작용하였다.

요한계시록과 다니엘서에 나타난 묵시즈 내용들은 편협하게 해석되거나 잘못 읽히는 경향이 있었다. 그러나 그것들은 실제 고난당하는 경

---

19) John G. Gager, *Kingdom and Community: The Social World of Early Christianity*(Englewood, 1975), p. 52.
20) *Ibid.*, pp. 56~57.

건한 사람들에게는 그들 나름대로의 희망과 그에 따른 행동지침을 읽어
낼 수 있는 유일한 토대였다.[21] 이로써 천년왕국주의는 천 년 동안 지상
에 건립될 메시아 왕국에 대한 그리스도인의 독특한 믿음으로 자리 잡
아 갔다.

　　고대 천년왕국주의자들이 말하는 천년왕국주의는 다음과 같은 내용
을 담고 있다. 첫째는 천년왕국이 지상에 존재할 것이라는 믿음이다. 최
초로 천년왕국주의에 관한 해석을 가한 요한의 제자 파피아스(Papias)는
그의 남아 있는 단편에서 죽은 자들의 부활이 있은 후 천 년간의 특정한
기간이 있을 것이라 말하였다.[22] 최초의 그리스도교 저술로서 로마제국
의 하드리아누스(Hadrianus) 황제 시대(117~138년 사이)에 쓰인 『바나바
의 편지』(*The Epistle of Barnabas*)도 지상의 천년왕국이 존재할 것이란 사실
을 더 발전적으로 제시하고 있다. 세상은 7천 년간 지속되는 것으로 정
해졌다는 사상에 입각하여 저자는 요한계시록에 묘사된 천년왕국이 일
곱 번째 천년왕국임을 말하고 있는 것이다. 창조 때 안식일을 언급한 신
은 6일을 일하고 7일째 되는 날은 쉬며 그날을 성화(聖化)시켰다. 그런데
신의 셈으로 따지면, 하루가 천 년과 같다.[23] 그러므로 6일이 지난다는
것은 곧 6천 년이 지나는 것과 같은데 이때 모든 것이 종말에 이를 것이
다. 그러므로 "신의 아들이 다시 올 때 그는 불법의 시대를 마감하고, 사
악한 자들을 심판하며, 해와 달과 별을 바꾸어 놓을 것이다. 그리고 난
다음 7번째 날에 그는 마땅히 쉴 것이다."[24] 이 7번째 천 년의 교리는
역사적 시간 계산과 역사 신학에 유용한 준거 틀을 제공하였는데,[25] 이

---

21) Cohn, *Pursuit of the Millennium*, p. 21, Clair, *Millenarian Movements in Historical Context*, pp. 30~31.
22) Eusebius, *Ecclesastical History*, Ⅲ. 39., in Roy J. Deferrari, tr., *The Fathers of the Church*, Vol. ⅩⅨ(New York, 1953), p. 205.
23) 이것은 시편 90:4와 베드로후서 3:8을 인용한 말이다.
24) *The Epistle of Barnabas*, 15. 3-5, in James A. Kleist, tr., *Ancient Christian Writers*, Vol. Ⅵ(Westminster, 1948), p. 59.

점에서 『바나바의 편지』 저자의 공헌은 아주 뚜렷한 것이다.

2세기 로마의 교부(敎父)로서 변증자였던 순교자 저스틴(Justin)도 천년왕국의 존재는 당연한 것이라고 말하고 있다. 그는 트리포(Trypho)의 질문에 대한 답변에서 "모든 점에서 정통적인 그리스도인인 나와 다른 사람들이 확신하는 것은 죽은 자의 부활이 있을 것이고, 에스겔과 이사야와 다른 예언자들이 선포한 대로, 세워져서 장식되고 확장될 예루살렘에서의 천 년 시기가 있을 것이라는 사실이다"[26]고 말하였다. 역사에 대한 신학적 해석을 가한 최초의 그리스도교 저술가인 이레니우스(Irenaeus)도 7번째 천 년 개념을 설명하건서 누구보다도 천년왕국의 가르침을 분명히 하였다. 그는 주장하기를, 적(敵)그리스도가 출현하여 3년 반을 다스리고 나면 주님이 재림할 것이며 재림한 주님은 적그리스도를 불 못에 던져 넣는 반면에, 의인을 "왕국의 시대 곧 인식과 거룩한 제7일"로 들여보낸다고 하였다.[27] 여기서 이레니우스는 이 천년왕국 기간에 대한 신학적 근거를 발전시켰는데 그 근거란 천년왕국은 의인이 영원의 세계를 준비하기 위한 필수적 단계라는 사실을 제시한 것이다.

둘째는 천년왕국에서 신자들이 누릴 것이 물질적 풍요와 평화의 질서라는 것이다. 지상에서 이루어지는 천년왕국은 영적 세계가 아니라 물질적 세계라는 것이다. 파피아스는 지상에 세워지는 천년왕국은 지상의 물질적 질서 위에 세워질 것임에 틀림없다고 말하였고,[28] 천년왕국의 기간 동안 이사야와 다른 구약의 예언자들이 말한 메시아 시대에 나타날 특징들이 실현될 것이라고 말하였다 그리하여 그는 "모든 동물들이

---

25) Peter Toon, "Introduction", in idem, ed., *Puritans, the Millennrum and the Future of Israel*, p. 11.

26) Justin, *Dialogue*, LXXX 5, in *The Ante-Nicene Fathers*, Vol. I (New York, 1926), p. 405. 이하에서 *The Ante-Nicene Fathers*는 ANF로 약기함.

27) Irenaeus, *Adversus Haereses*, Ⅴ. 30:4, in *ANF* Ⅰ, p. 560.

28) Eusebius, *Ecclesastical History*, Ⅲ. 39., in Roy J. Deferrari, tr., *The Fathers of the Church*, Vol. ⅩⅨ, p. 205.

땅의 산물만을 먹으며 함께 평화로운 조화 속에서 살며 또 인간에게는 완전히 복종하며 살 것이다"고[29] 천명하였다. 이러한 천년왕국의 질서에 대한 이레니우스의 견해도 파피아스와 유사하다. 이레니우스는 천년왕국 시기에는 이사야 65장 20~25절의 예언대로 성도들을 위한 원초적 상태가 회복될 것이고 그 회복될 지상의 중심은 예루살렘이 될 것임을 밝혔다. 이레니우스가 제공하는 이러한 기대는 일종의 영적 진전을 담고 있음에도 불구하고 근본적으로 새 예루살렘에 관한 물질적 개념을 말하였던 것이다.[30] 이 지상의 왕국을 향유함으로써 의인들은 타락하지 않게 되고 또한 물질적 왕국을 거치면서 완전한 영적 왕국을 준비하게 된다는 것이다.[31]

셋째는 이레니우스가 제시한 것으로서 천년왕국은 신자들이 지상에서 받은 고통에 대한 신의 보상이라는 개념이다. 이것은 "어느 모로 보아도 고통으로 시험받은 의인들은 자신들이 수고하고 괴로움을 당한 현 피조세계에서 고통당한 보상을 받아야만 한다"는 그의 말 속에 잘 드러난다.[32] 천년왕국을 통해 주어지는 보상을 기대하며 초기 그리스도인들은 로마의 박해를 견뎌 낼 수 있었는데 이것은 초기 그리스도인들 사이에 널리 퍼진 신

교부 이레니우스

---

29) Papias, *The Fragment of Papias Ⅰ*, in James A. Kleist, tr., *Ancient Christian Writers*, Vol. Ⅵ(Westminster, 1948), p. 114.

30) Irenaeus, *Adversus Haereses*, Ⅴ. 33:4, in *ANF* Ⅰ, p. 563, Tuveson, *Millennium and Utopia*, p. 11.

31) Irenaeus, *Adversus Haereses*, Ⅴ. 32:1, in *ANF* Ⅰ, p. 561.

32) *Ibid.*

조였다. 어네스트 리 튜비슨(Ernest Lee Tuveson)의 지적대로, 미래의 지상 낙원인 천년왕국에 대한 예언은 야훼의 약속과 역사적 현실 사이의 괴리 현상에 관한 논리적 해명을 제공해 주었고, 동시에 신자들에게 미래에 대한 희망 속에 현실적 고난을 감내하도록 도와주었던 것이다.[33]

초기 교부들의 글은 초기 그리스도인들 사이에서 두루 소개되어 읽혔고, 그것을 돌려받아 읽은 신자들에게는 커다란 위로와 격려가 되었다. 이 점을 감안해 볼 때 초대 교부들이 언급한 천년왕국주의는 단순히 그들 각자 개인의 생각에 머물지 않고 초기 그리스도교인 전체가 공유했던 것이었음을 알 수 있다.

그러나 시간이 지남에 따라 천년왕국신앙은 흔들리고 결국 반대에 부딪혀서 쇠퇴하는 상황에 놓이게 되었다. 천년왕국주의가 무너지기 시작한 원인은 임박해 있다고 여겼던 신의 왕국의 도래가 지연되었다는 사실에 있다. 임박했다고 이야기되던 신의 왕국이 지연되자 그것을 기대하던 신자들은 실망하지 않을 수 없었다. 그리하여 그 지연에 대해 합리화하려는 경향들이 생겨났다. 125년경에 쓰인 것으로 보이는 베드로후서는 약속의 지연은 미루는 것이 아니라 성도들을 위해 참고 계신다는 것으로 설명하였다(벧전 3:3~9). 또한 종말은 복음이 모든 민족에게 전파된 후에야 올 것이라는 말(막 13:10)에 의존하는 태도도 두드러졌다.

이런 신의 왕국의 지연에 대한 합리화는 더 나아가 그리스도교 메시지를 탈종말론화하려는 노력으로 이어졌다. 이러한 사실은 150년경에 이르러 종말론을 강하게 표방하고 등장한 몬타니즘(Montanism)이 그리스도교에 중대한 위협으로 간주되었다는 사실에 의해서 뒷받침되었다.[34] 156년 몬타누스(Montanus)는 자신을 성령의 화신(化身)이며 진리의

---

33) Ernest Lee Tuveson, "Millenarianism", *Dictionary of the History of Ideas*, Vol. Ⅲ (1978), p. 223.
34) Gager, *Kingdom and Community*, p. 45.

영으로 자처하고, 이 세상이 끝이 나고 프리지아의 페푸자(Pepuza of Phrygia)와 티미온(Tymion)이란 곳에 새 예루살렘이 건설된다고 주장하였다. 그의 말은 '새 예언'으로서 제3의 성서(the Third Testament)로 불리면서 성령과 같은 수준의 권위를 지닌 것이라고 주장되었다.[35] 이에 많은 사람들이 몬타누스의 주위에 모여들어 금식과 기도와 고행을 하며 엄격한 윤리규범을 실천하였다. 이러한 몬타누스 운동에 터툴리아누스(Tertullianus) 같은 뛰어난 교부도 개종하여 참여함으로써 그 운동의 깊이를 더하였다.[36] 그러나 몬타니즘은 시대착오적인 것이었다. 왜냐하면 새 예언을 받았다는 몬타누스주의자들의 주장은 그리스도에게서 신의 계시가 완성되었다는 교회의 주장에 위배되는 위험한 이단으로 간주되었기 때문이다. 천년왕국주의는 그 시기에 더 이상 주목받을 수 없는 것이 되어 있었다.

알렉산드리아의 교부신학에서 천년왕국주의는 이미 그 설 땅을 잃고 있었다. 오리게네스(Origenes)는 장차 천년왕국이 있을 것이라는 사실을 부인하였다. 그는 '이날'의 의미를 설명하면서 천년왕국에 대해 회의를 표명하고 있다. 오리게네스가 볼 때 신에게는 모든 시대가 동일한 의미를 갖는다는 사실에 비추어 보면 천년왕국이란 특별한 시대가 따로 상정된다는 것은 믿을 수 없다.[37] 따라서 그는 천년왕국주의적 종말론을 개인 영혼의 종말로 대체하였다. 그러면서 그는 천년왕국은 시간과 공간에 위치하고 있는 것이 아니라 신자의 영혼 속에 있다고 주장하였다.[38] 로마에서의 상황도 알렉산드리아와 다를 것이 없었다. 저스틴 같

---

35) Eusebius, *Ecclesastical History*, V. 18, in Deferrari, tr., *The Fathers of the Church*, XIX p. 322.

36) D. H. Kromminga, *The Millennium in the Church: Studies in the History of Christian Chiliasm*(Grand Rapids, 1945), pp. 79~87.

37) Origenes, *Prayer* 27.13, in John J. O'Meara, tr., *Ancient Christian Writers*, Vol. XIX(Westminster, 1954), pp. 102~103.

38) Origenes, *De Principiis*, II. 11:6, in *ANF* IV, p. 299.

은 방문 교사의 강론을 별도로 한다면 로마 교회에서 천년왕국주의는 낯선 것처럼 취급되고 있었기 때문이다.[39]

천년왕국주의를 약화시킨 이차적 원인은 여러 시대적 상황들이 변화하게 된 상황에서 찾을 수 있다. 곧 멸망할 것으로 예상되던 로마제국이 멸망하지 않고 건재한 사실부터가 천년왕국주의적 예언과 맞지 않는 것이었다. 박해를 가하던 로마제국이 변허서 교회를 보호하게 되었고, 그리스도교를 공인 종교로 인정하였으며 더 나아가 국교로까지 선포하였다. 이렇게 교회의 위치가 격상되자 천년왕국주의의 명분은 더 이상 필요 없는 것이 되고 말았다. 또한 신플라톤주의의 영향이 증가되면서 그리스도교의 구원관도 바뀌어서 모든 현세 문제로부터 자아의 해방과 천상에서의 개인 영혼의 축복을 강조하는 쪽으로 기울어졌다. 이것도 집단적이고 현세적인 구원을 추구하는 천년왕국주의적 구원관과 배치되는 것이었다.[40] 그것은 천년왕국주의적 희망과 실제 역사상의 경험 간의 괴리가 심해질수록 천년왕국주의는 그리스도교 안에서의 위치를 더 이상 지탱할 수 없게 되었다.

그럼에도 불구하고 천년왕국주의에 대한 기대는 완전히 소멸되지 않았다. 왜냐하면 천년왕국주의적 비전을 갖게 하는 사건들이 여전히 사람들에게 인상 깊게 남아 있었기 때문이다. 게르만족의 침입이 격화되고, 410년 알라릭(Alaric)이 로마에 쳐들어와 약탈하는 등 일련의 충격적인 사건들이 발생하는 가운데 로마 사회의 혼란이 가중되었다. 이런 사건들에 직면하여 사람들은 세상이 종말을 고하고 예수의 재림이 임박해 있는 증거가 계속 나타나고 있다고 여겼다. 따라서 많은 그리스도인들은 천년왕국에 대한 기대를 포기하지 못하고 있는 상태였다.

---

39) Toon, "Introduction", p. 13.

40) Guenter Lewy, *Religion and Revolution*(New York, 1974), p. 41.

    그런 가운데서 천년왕국주의의 존립 기반
을 무너뜨리는 결정적인 타격을 가한 사람은
히포의 주교 아우구스티누스(Augustinus)였다.
그는 천년왕국주의적 주장을 완전히 잠재울
정도로 큰 영향력을 발휘하였다. 우선 그는
전쟁이나 그 밖의 징후들은 과거에도 계속
발생되어 왔던 것으로 전혀 의미가 없는 것
임을 지적하였다. 그러고 나서 그는 성서의
예를 통해 종말의 시간이란 계산할 수 없을
뿐만 아니라 그런 계산은 금지되어 있다는

라테란에 있는
아우구스티누스 초상

사실을 알렸다.[41] 이를 바탕으로 아우구스티누스는 『신국론』(De Civitate
Dei, 413~426)을 저술함으로써 교회와 역사의 관계를 해명하였다. 거기
서 그는 그리스도교의 천년왕국주의에 대한 논의에 쐐기를 박았다. 그
의 주장에 따르면, 천년왕국에 대한 잘못된 개념의 주된 원천인 요한계
시록 20장에 나오는 천이란 숫자는 상징적 숫자에 지나지 않으며 그 의
미는 단순히 완전성 내지 모든 세대를 가리킨다. 그렇다면 그 천년왕국
이란 사탄이 묶이고, 교회가 그리스도와 함께 천 년간 다스리게 되는 것
을 말하는 것이 되고, 그 기간은 예수의 초림과 재림 사이의 시기가 될
것이다. 따라서 문제가 되고 있는 왕국이란 다름 아닌 지상의 교회임에
틀림없다.[42]

---

41) 이처럼 천년왕국주의의 부당성을 제기한 그의 주장은 북아프리카의 도나투스파(Donalist) 주석가인 Tyconius
   의 생각에 의존한 것이었다. Tyconius는 성서의 숫자는 계산되지도 않고 할 수도 없는 것이지만 어떤 영적 진
   리를 상징적으로 표현한 것이라고 보았다. 이런 관점에서 그는 마지막 천년 동안 지상에서 이루어질 성도들의
   통치는 교회를 통해 이루어진다는 점을 보여 주었다[Paula Fredriksen, "Tyconius and Augustine on the
   Apocalypse", in Richard K. Emerson and Bernard McGinn, eds., The Apocalypse in the Middle Ages(Ithaca
   and London, 1992), pp. 26~28].

42) Augustine, The City of God, XX 7, Gerald G. Walsh and Daniel J. Honnen, trs., in Roy Joseph Deferrari
   ed., The Fathers of the Church: A New Translation, Vol 24(Washington D. C., 1964), pp. 264-269.

이로써 보건대, 아우구스티누스에게 있어 천년왕국이란 미래에 도래할 지상왕국이 아니라 현시대의 교회를 비유적으로 표현한 영적 세계라 할 수 있다. 따라서 현 교회가 그리스도의 왕국이란 사실을 제쳐 놓고 미래에 오게 될 왕국을 바란다는 것은 어리석은 일이 아닐 수 없다. 아우구스티누스의 시대에도 정해진 묵시적 기일과 사건의 흐름과 일치하는 징조들이 여전히 존재하고 있었음에도 불구하고 아우구스티누스는 그것들 모두를 잠재울 만큼 절대적인 지도력을 발휘하였다. 이처럼 아우구스티누스의 영향에 지배받게 된 교회에서 천년왕국주의를 주장한다는 것은 이제 이단 행위처럼 되어 버렸다.

천년왕국주의는 콘스탄티누스 황제 통치 말에 와서는 거의 그 힘을 잃었다. 이런 시기에 콘스탄티누스의 아들 크리스푸스(Crispus)의 교사였던 락탄티우스(Lactantius)는 여전히 천년왕국 신앙을 말하고 있었다. 락탄티우스는 그리스도가 사람들 사이에서 천 년 동안 살 것이고, 완전히 의로운 통치를 함으로써 그들을 다스릴 것이라고 분명히 선언하였다. 천년왕국에서 향유할 물질적 행복에 관해서는 이레니우스와 비슷한 견해를 표명하였다.[43] 그러나 그는 한 걸음 더 나아가 천년왕국사상을 황금시대라는 이방 개념에 연결시켰다.[44] 락탄티우스와 함께 키프리아누스(Cyprianus)도 천년왕국사상을 주장하였다. 그에게 두드러진 점은 그가 세상의 조기 종말에 동반되는 재앙의 출현을 예상했다는 것이다. 그가 임박한 세상의 종말을 찾은 것은 이전 시대를 통해 자연이 약해지고 있었던 징조를 보았기 때문이다.[45] 그는 세상이 늙었고 이전에 유지했던 강함을 유지할 수 없다는 사실을 알아야 한다고 강조하고, 그런 사실은

---

43) Lactantius, *The Divine Institute*, 7. 24, in *ANF* Ⅶ, p. 219.

44) *Ibid.*, 7. 22, p. 217.

45) Cyprianus, *An Adress to Demetrianus*, in *ANF* Ⅴ, p. 458.

세계 자체가 그 쇠퇴를 증거하고 있다고 하였다.[46] 두 사람의 영향력은 중세 말과 종교개혁 시대에 가서 빛을 발하기까지는 시대적 흐름에 파묻힐 수밖에 없었다. 결국 천년왕국 교리는 431년 에페소스(Ephesus) 종교회의에서 이단적 교리로 낙인찍혔고, 아우구스티누스의 소위 무(無)천년왕국설(amillennialism)이 정통 교리로 인정되었다.

그리스도교의 종말론으로 출발한 천년왕국신앙은 박해와 고난의 현실 속에서 고통받는 신자들에게 위로와 용기를 주는 정통 교리로 인정받았다. 그러나 그리스도교가 박해 시절을 마감하고 로마제국으로부터 국교로 인정되어 안정된 위치를 확보하면서 천년왕국신앙에 대한 관심은 적어졌고, 아우구스티누스의 권위에 눌려 결국 외면당하고 말았다. 이후 세워진 반(反)천년왕국주의적 분위기는 중세를 거치는 상당 기간 동안 지배적이었다. 따라서 그 기간에는 천년왕국주의에 관한 논의가 표면적으로 거의 자취를 감추었다.

2) 천년왕국주의 전통의 부활

유럽사회는 게르만족의 이동 이후 지속되던 혼란 상태를 극복하고 봉건 영주와 로마 가톨릭 교회의 지배구조 아래서 안정된 성장을 하였다. 이런 사회적 분위기에서 아우구스티누스의 무천년왕국주의적 전통은 교회와 신자들 가운데 여전히 확고히 자리 잡고 있었다. 중세인들은 신의 왕국을 제도 교회와 연결시켰고, 교회 의식에 참여하는 것이 신의 왕국과 접촉하는 것이라고 믿었던 것이다. 그러다가 11세기 말부터 시작하여 몇 차례 지속된 십자군운동과 14세기에 들어 기근·한발·전염병 등의 재해 때문에 조성된 사회 불안으로 말미암아 민중들은 공포와 두

---

46) *Ibid.*, p. 459.

려움 속에서 구원을 열망하였다. 여기에 지적 훈련을 쌓은 수도사들은 적그리스도의 멸망과 최후의 심판 사이에 해당하는 시간에 관한 논의를 활발히 전개하여 천년왕국주의의 타당성을 이론적으로 뒷받침해 주었다. 이런 배경에 힘입은 민중들은 예언자들의 지도력에 따라 새 시대의 도래를 확신하며 구질서를 파괴하는 혁명적 대중운동에 적극 가담함으로써 활동적인 천년왕국운동을 전개하였다. 금기시되던 천년왕국주의가 중세를 거치면서 어떻게 다시 역사의 전면에 등장할 수 있었는가에 대해서는 어느 정도의 설명이 필요하다. 큰 종말론적 소동 없이 넘긴 1000년[47) 이후 2, 3세기 동안 궁극적으로는 종교개혁으로 연결되는 복잡한 사회적 변화들이 있었다는 점이 환기되어야 한다.

사회적 변화로서는 무엇보다도 11, 12세기의 교회 개혁운동과 그 이후의 교황권 변화를 들 수 있다. 카롤링 제국의 몰락(751~888)과 함께 종교의 분권화가 일어나면서 대부분의 교회와 수도원들이 지방 영주들의 사유물이 되었다. 그러자 부패현상들이 나타났다. 자격미달의 사제가 속출하였고, 축첩행위도 서슴없이 자행되었으며, 성직 매매가 성행하였다. 이러한 종교적 부패에 대한 개혁 의지가 클루니(Cluny) 수도원에서부터 일어나서 교회개혁운동으로 발전되어 나갔다. 그 개혁의 핵심은 사도들의 초대 교회를 이상화하는 관점으로 돌아가는 것이었다.[48) 클루니 수도원의 영향을 받아 시토(Cistercian) 수도원과 카르투지오(Carthusian) 수도원 그리고 탁발 수도원이 새로이 설립, 등장되면서 교회 개혁의 열정은 더욱 확산되어 갔다. 수도원의 교회 개혁운동으로 말미암아 사람

---

47) 알려진 바와는 달리 1000년에는 묵시주의의 역사상 새로운 것이 산출되지 않았고 다음 세기들과 비교해서 특별히 세계의 종말에 관한 열광적 희망이 표출되지도 않았다[Bernard McGinn, *Visions of the End: Apocalyptic Traditions in the Middle Ages*(New York, 1979), p. 38]. 이에 관한 자료들은 *ibid.*, pp. 89~93에 수록되어 있다.

48) Brenda Bolton, *The Medieval Reformation*(London, 1983), p. 18.

들은 사도적 삶의 순수한 단순성과 성령의 영감에 대한 의존을 향해 강한 열정을 표명하였다.49) 이런 종교적 열정은 개인적 체험을 강조함과 동시에 매개자로서 교회를 거부하였고 중재인으로서 교회 권위자들과 성직자들을 거부하였다. 이 같은 저항은 종교개혁에서 절정을 이루는 힘들의 전조였다.

교황권의 변화도 중세 사회의 중대한 변화 중 하나였다. 그것은 열렬한 교회 개혁자 중 하나의 그레고리 7세(Gregory VII)가 되면서 두드러지게 가시화되었다. 그는 성직 매매와 성직자 혼인을 반대하는 이전의 법령을 재천명함과 동시에 교회의 역할에 대한 새로운 개념을 도입하였다. 곧 그는 교회가 세상의 올바른 질서를 창출할 책임을 안고 있다는 관점에서 세속 권세자들에 대한 교황의 우위를 주장하였던 것이다. 그는 하인리히 4세(Heinrich IV)와의 서임권 투쟁에서 승리함으로써 자신의 주장을 입증해 보였다. 이것은 가히 혁명적이라 할 만큼 중대한 사건이었다.50) 이처럼 교황권의 우위가 확보되자 전통적인 종말론과 묵시주의에 대해 재고하지 않을 수 없었다. 제국과 황제의 신성성에 대해 의심을 품게 되고 권력이 더욱 강화된 교황이 마지막 시대에서 해야 할 역할에 대해서 의문이 제기된 것이었다.51) 계속되는 역사적 사건 등에 비추어 그 의문에 대한 답변이 시도되면서 천년왕국주의적 사고의 틀이 형성되었다.

11세기 이후에 지속적으로 발발한 십자군과 기근, 한발, 전염병 등은 중세 사회에 커다란 충격을 던져 준 사건들이었다. 이 사건들로 인해 사

---

49) Leff, *Heresy in the Late Middle Ages* Ⅰ, p. 31.

50) N. F. Cantor는 이 대개혁을 가리켜 세계혁명이라고 간주하였다. 왜냐하면 사회의 특정한 악들에 관한 불평에서 시작한 것이 새로운 이상질서를 위한 프로그램을 포용하는 쪽으로 확대되어 갔고, 구질서의 대표자들로부터 강한 반대를 불러일으켰으며, 많은 갈등이 있은 후 어느 편도 승리할 수 없는 절충안을 결과시켜 놓았기 때문이라 하였다[idem, *Church, state, and Lay Investiture in England, 1089-1135*(Princeton, N.J., 1958), pp. 6~9].

51) McGinn, *Vision od the End*, p. 94.

회 불안이 조성되고 공포와 두려움 속에 구
원을 열망하는 분위기가 사회 전반에 퍼지
게 되었다.

십자군은 1095년 교황 우르바누스 2세
(Urbanus Ⅱ)에 의해 처음 시작되었다. 그는
십자군에게 참여하려는 사람들에게 멋진
보상을 약속하였다. 그는 십자군에 참여한
자들에게 죄와 그에 대한 현세의 벌이 용서
될 것임을 말해 주고 영적 보상뿐 아니라
물질적 보상도 누릴 것임을 말해 주었던 것

제1차 십자군 기간
안디옥의 포위공격

이다. 인구 과잉과 토지 부족으로 인해 전정을 하고 빈곤감에서 벗어나
지 못하던 귀족들에게도 교황의 말은 머력적이었다. 교황은 새 땅을 정
복하여 누리게 될 풍요를 가르쳐 주었기 때문이다. 일반 민중에게도 교
황의 말은 매우 의미 있게 그러나 좀 다르게 받아들여졌다. 그들은 교회
계획대로 비잔티움의 그리스도인들을 지원하는 데는 별로 흥미가 없었
고, 예루살렘에 도착하여 그곳을 점령하는 데 제일 큰 관심을 두었다.
그들에게 예수의 수난지이며 부활의 장소인 예루살렘은 요한 계시록에
나타난 천년왕국으로 상징되었다. 그들은 예루살렘에 가면 영적·물질
적 축복을 모두 누릴 수 있으리라는 환상에 사로잡혀 십자군에 대거 참
여하였다. 사실상 교황의 후원을 받은 정규십자군보다 비공식적인 민중
십자군이 더 많은 출전을 하였는데 이것은 지상천국으로서의 예루살렘
에 대한 동경이 그들을 자극하였기 때문이다.[52]

이렇게 시도되었던 십자군운동은 사회적 불안과 파국에 대한 공포와
밀접한 관계가 있다는 점이 중요시된다. 민중십자군이 많이 발생한 지

---

52) 김영한, "중세 말의 천년왕국사상과 하층민의 난", p. 9.

역은 언제나 인구밀도가 비교적 높은 알프스 이북 지방 곧 플란더스, 북부 프랑스, 라인 강 계곡지역이었다. 1095년 제1차 십자군 원정 때 이 지역은 10년 동안 한발과 기근이 들었고 5년간 전염병이 휩쓸었다. 이 같은 재앙들은 신의 징벌로 이해되면서 묵시주의적 주제의 부흥을 자극하였고, 그 결과로 십자군운동에 많은 사람들이 적극 가담하게 되었다. 이처럼 묵시주의의 결과이기도 한 십자군운동은 묵시주의의 부흥을 가져온 원인이기도 하다.[53]

기근과 전염병의 자연적 재앙과 십자군 운동이라는 사회적 재앙은 중세 사회를 불안정한 상태로 몰아넣었다. 사회적 불안이 가중되는 상황 속에서 중세 사회는 무천년왕국주의적 분위기에서 점차 벗어나 천년왕국주의적 전통을 되찾아 갔다. 이 같은 변화는 여러 사람들에게서 확인된다. 12세기 칼라브리아(Calabria)의 수도원장인 요아킴(Joachim of Fiore)이 천년왕국주의를 부활시키는 데 결정적 역할을 하였지만 그 전후의 사람들도 적지 않게 기여하였다.

천년왕국주의의 전통을 부활시키는 데 공헌한 최초의 인물은 제롬(Jerome)이었다. 천년왕국주의를 반대했던 그는 천년왕국에 대한 희망을 회복시키는 실마리를 제공한 장본인이 되었다. 그는 다니엘서 12장 11~12절을 주석하면서 적그리스도 시대의 종말과 최후 심판 사이에 증발해 버린 45일을 찾아내어 그것을 침묵의 시간으로 결론지었다. 그리고 그는 마태복음 23:37~39절을 주석하면서 종말 이전에 있을 평화의 짧은 기간을 45일의 침묵의 시간에 연결시켰다. 이것을 최후의 심판 이전에 축복받은 자에게 주어질 기간으로 받아들인 제롬의 개념은 바로 최후의 심판 이전에 천년왕국이 주어진다는 천년왕국주의자의 주장과 어느 정도 일치하는 것이었다. 그 결과 수 세기 후에 45일에 관한 제롬의

---

53) Clair, *Millenarian Movements in Hisrorical Context*, p. 37.

해석은 천년왕국주의를 지지하게 만드는 토대가 되었다.[54]

비드(Bede)는 매우 존경받는 성격주석가로서 제롬 이후 적그리스도의 등장과 시대의 종말 사이에 존재하는 지상의 시간에 관한 논의의 비중을 높였다. 제롬과 마찬가지로 천년왕국주의를 반대하였던 비드는 7인장(印章)에 관한 사도 요한의 비전(계 5:1~8:1)을 근거로 하여 짧은 마지막 시간에 관한 묘사를 제시하였다. 비드는 요한계시록의 7인장 교회 역사의 7시기와 연결시켰다. 첫 번째 인장의 백마와 기사로 상징되는 제1시기는 초대 교회라고 보았고, 여섯 번째 인장의 시기는 무서운 박해가 동반된 적그리스도의 시대라고 말하였다. 그리고 마지막 일곱 번째 인장은 천상의 침묵을 지닌 시기를 뜻하는데, 이것은 제롬이 말한 짧은 평화의 침묵 시간과 일치하는 것이었다.[55] 거기서 천년왕국주의에 관한 함축적 의미를 제거하려고 노력하였으나 그도 마지막 시간이 보통 축복으로 간주되는 상태인 안식의 시간을 말함으로써 막연하게나마 천 년 지복의 개념을 회복시키는 데 일정한 기여를 하게 되었다.[56] 이처럼 열렬한 반천년왕국주의자들에 의해서 천년왕국주의의 전통이 부활된 것은 역사의 아이러니가 아닐 수 없다.[57]

적그리스도 이후의 시기에 관해 제롬과 비드가 논의한 것에 대해 유일하게 중요한 주석적 대안을 제시한 인물은 9세기 중기의 주석가 옥세르의 에모(Haimo of Auxerre)이다. 마지막 시기에 대해 성도를 위한 검증의 시간으로 간주하는 제롬과 내세적 휴식을 현세에서 짧게 시작하는 것

---

54) Robert E. Lerner, "Refreshment of the Saints: the Time after Antichrist as a Station for Early Progress in Medieval Thought", *Traditio*, pp. 102~103.

55) *Ibid.*, p. 104.

56) Robert E. Lerner, "The Medieval Return to the Thousand-Year Sabbath", in Emmerson and McGinn, eds., *The Apocalypse in the Middle Ages*, pp. 54~55.

57) 이에 관한 자세한 논의는 Lerner "Refreshment of the Saints", pp. 97-144와 idem, "The Medieval Return to the Thousand-Year Sabbath", pp. 51~71을 참고할 것.

으로 보는 비드와는 달리 에모는 그 마지막 시기를 적그리스도의 박해 기간 동안 선민들이 속죄하고 구원받을 수 있도록 용인된 것으로 설명하였다.

15세기 목판화 요아킴 초상

그러나 천년왕국주의의 본격적인 부활을 위해서는 요아킴의 이론적 뒷받침을 기다리지 않으면 안 되었다. 요하킴은 창조부터 심판까지 진보의 패턴들을 구별해 내고, 임박한 장래에 놀라운 새 시대의 출현을 예언함으로써 그때까지도 지배적이던 아우구스티누스적 전통을 무너뜨렸다.[58] 이 같은 요아킴의 업적은 그 어느 누구의 것보다도 체계적이며 광범위한 것이었다.

요아킴은 비드의 전통을 이어받아 초월적 진리보다는 역사의 실제 사건들에 관심을 두었다. 그는 신약과 구약의 이분 구조(twos)의 형태와 성삼위(三位)에 근거한 삼분 구조(threes)의 형태를 기초로 하여 역사를 해석하였다. 요아킴은 우선 구약과 신약 두 언약과 각 시대 간의 일치(concordia)를 발견하여 역사의 이분 구조를 파악하였다. 신·구약과 각 시대 간의 일치는 단순히 알레고리의 문제가 아니다.[59] 그것은 "그 자체의 정당성을 지닌 채 각 세대마다 고유한 섭리 속에 존재하는 시제의 역사적 사실들 간의 비율의 유사성이다."[60] 그는 이 일치의 개념을 통해 일반 역사의 사건들을 요한계시록에 연관시켰다. 그는 요한계시록에 기록된 7인장론에 기초하여 역사 구조를 일곱으로 구분하고 그것들을 구

---

58) Lerner, "Joacchim of Fiore's Breakthrough to Chiliasm", *Cristianesimo Nella storia*, 6(1985), p. 489.

59) Olson, Millennialism, Utopianism, and progress, p. 112.

60) M. Reeves and B. Hirsch-Reich, The Figurae of Joachim of Fiore(Oxford, 1972), p. 6.

약과 신약의 주고 속에 각각 위치시켜 놓았다. 이것이 요아킴이 제시한 이중의 7시기이다.[61]

그러나 요아킴은 이중의 틀을 요한계시록의 내용에 따라 단일한 7시기의 구조로 설명하였다. 그는 요한계시록을 내용상 8단락으로 나누어[62] 역사해석에 적용하였다. 그 마지막 여덟 번째 시기는 내세에 있을 지복의 세계이므로 역사의 시기에서 제외된다. 따라서 앞의 일곱 내용이 교회 역사의 7시기에 대입되었는데, 그 일곱 번째 시기가 바로 천년왕국의 시기로 제시되어 있다. 이처럼 요한계시록을 분석해 낸 요아킴은 천년왕국 비전에 대한 새로운 사실을 발견해 내었다. 곧 천 년 동안 사탄이 묶인다는 사리에서 그는 지상에서의 평화의 시간을 추론할 수 있는 근거를 찾아내었던 것이다. 이렇게 허서 도출된 지상의 안식이란

---

61) 7번 인장봉인과 7번 인장떼기의 구조를 구약과 신약의 구조에 따라 구분지은 Joachim의 설명을 요약하면 다음과 같다.

구 약	제1인장본인: Abraham에서 Moses와 Joshua까지; Egyptians과 갈등 제2인장봉인: Joshua에서 Samuel과 David까지; Caraanites와 갈등 제3인장봉인: David에서 Elijah와 Elisha까지; Idolaters, Syrians, Philistines와 갈등, 유다와 이스라엘의 분열 제4인장봉인: Elisha에서 Isaiah와 Hezekiah까지; Assyrians와 갈등 제5인장봉인: Hezekiah에서 바빌론 포로까지; Chaldaeans 혹은 Babylonians와 갈등 제6인장봉인: Ezechiel에서 Daniel; 1 Book of Judith(Nebuchanezzar 치하 Assyrians)과 2 Book of Esther(persians)에 쓰인 이중적 갈등 제7인장봉인: Sabbath 시대
신 약	제1인장떼기: 사도들; 유대인과 갈등 제2인장떼기: 사도들에서 Constanine까지; 이방인등고 갈등 제3인장떼기: Constantine에서 Justinian까지; Arians와 Babarians와 갈등; 라틴 교회와 그리스 교회의 분열 제4인장떼기: Justinian에서 교황 Gregory III와 Zacharias까지; Saracens와 갈등 제5인장떼기: Zacharias에서 황제 Heinrich III까지; Germans와 갈등 제6인장떼기: 두 왕의 갈등 시기 제7인장떼기: Sabbath 시대

M. Reeves and B. Hirsh-Reich, "the Seven Seals in Writings of Joachim of Fiore", *Recherches de Théologie Ancienne et Médiévale*, 21(1954), p. 16.

62) 1. 서론과 7교회에 보낸 편지(1:1–3:22), 2. 7인장떼기(3:1–8:1), 3. 7나팔의 울림(8:2–11:18), 4. 두 마리의 짐승(11:19–14:20), 5. 진노의 7대접(15:1–16–17), 6. 바벨론의 전복(16:18–19:21), 7. 천년왕국(20:1–10), 8. 새 예루살렘의 비전(20:11–22:21)[E. Randolph Daniel, "Joachim of Fiore: Patterns of History in the Apocalyptic", in Emmerson and McGinn, ed., The Apocalypse in the Middle Ages, p. 80].

개념은 성삼위에 입각한 역사의 3상태설과 연관되면서 신비성을 지닌 독특한 개념으로 발전되었다.[63]

요아킴은 역사를 3상태(status)로 나누어 각각 성부, 성자, 성령의 시대(tempus)로 불렀다. 그에게 있어 상태는 시기와 동의어로 쓰였다.[64] 제1상태는 율법의 시대에 속하고 이때의 사람들은 어린아이처럼 세상의 요소들에 헌신하며 아직 성령의 자유에 도달할 수 없다. 제2상태는 복음의 시대에 속하고 과거에 비해서는 자유를 누리지만 미래에 비해서는 자유가 없다. 제3상태는 세상의 종말에 가까운 시기로서 성령의 충만한 자유가 있다. 이때 파멸의 자식과 그 하수인들의 거짓 복음이 파괴된 후 정의에 관해 많은 것을 가르친 자들은 영원히 하늘의 광채처럼, 별처럼 될 것이다. 제1상태는 아담에서 그리스도까지로서 성부의 시대이고, 제2시대는 그리스도 때부터 요아킴 자신의 때까지로서 성자의 시대이다. 그리고 제3시대는 사랑이 완성되는 성령의 시대이다.[65]

그런데 각 시대는 제도의 새로운 세트라기보다는 생명의 새로운 질과 신비함을 지닌 것이다. 제1시대의 상태는 '혼인자'(婚姻者)의 질서로서 출산의 기능을 갖고 있고, 제2시대의 상태는 '성직자'의 질서로서 말씀을 선포하며, 제3시대의 상태는 '수도자'의 질서로서 사랑의 영적 결합체를 구체화한다. 이런 각 상태의 질서는 서로 겹쳐 나타난다. 제2기대는 제1시대 안에서 시작되고 제3시대는 제2시대 안에서 시작되는 것이

---

63) M. Reeves, *The Influence of prophecy in the Later Middle Ages*(Oxford, 1969), pp. 16~29; idem, *Joachim of Fiore and the Prophetic Future*(New york, 1977), pp. 5-22; M. Reeves and B. Hirsch-Reich, *The Figurae of Joachim of Fiore*, pp. 1~19.

64) 이 상태들을 오늘의 관점에서 하나의 역사적 시대로 간주한다면 그것은 오류라고 할 수 있다. 왜냐하면 오늘의 관점에서 보는 역사의 시대란 연대적이고 공간적 영역 안에 있는 삶의 모든 관점을 다 포함하는 데 반해서 요아킴은 이 질서들 간의 관계에만 관심을 두고 있기 때문이다. 동시에 그 상태는 그리스도인의 삶의 새롭고 더 높은 수준들은 물론 제 질서들 간의 다른 제도적 관계를 연루시키는 것으로 보아야 한다[E. Randolpg Daniel, "The Double procession of the Holy Spirit in Joachim of Fiore's Understanding of History", *Speculum*, 55(1980), p. 474].

65) Joachim, "The Three Status", in McGinn, ed., *Visions of the end*, pp. 133~134.

다. 그러므로 앞으로 올 성령의 시대는 성부와 성자의 제1, 제2시대 속에 예시되어 있다. 이런 관점에서 최종의 완성을 이루는 성령의 시기는 성부, 성자의 시기에서 계속 진보되어 맞이하게 되는 절정의 시대이다.[66]

요아킴이 제시한 제3상태는 종종 타락한 성직자의 교회를 대체할 영적 교회의 새로운 출현을 함축하고 있는 천년왕국주의적인 것으로 묘사된다. 그러나 그것은 임박해 있는 것이지만 갑작스러운 것은 아니고 분명히 신의 행동에 의한 것이기는 하지만 기적적으로 이루어지는 것이 아니라 이전의 것들이 발달하여 성숙된 것이다.[67] 그러므로 요아킴의 제 상태는 요한계시록 20장에 나오는 글자 그대로 지상에 있을 천년왕국을 가리키는 것은 아니었다. 다만 그것은 약속된 내세에 앞서 올 지상의 안식에 관한 특정한 개념을 상정하고 있을 뿐이다.[68]

이중의 7시기, 단일한 7시기 그리고 3상태가 함께 어우러진 가운데 도출된 요아킴의 안식 시대에 관한 개념은 관념적인 이론으로만 머물지 않고 교회 역사에 다음과 같이 적용됨으로써 현실적 역동성을 갖게 되었다. 제1상태는 아담에서 시작하고 제2상태는 그리스도 출생 이후부터 40세대 내지 42세대(1200~1260)까지 지속될 것이다. 제3상태의 초기 국면은 베네딕트(St. Benedict)로부터 시작하지만 그 성숙기는 1200년 직후에 생겨난다. 이에 따라 요아킴은 역사의 절정기인 성령의 제3시대는 이미 자신의 시대에 시작된 것으로 받아들였다. 이러한 그의 해석은 당대인들에게 시대의 대전환을 기대하게 만드는 사상적 기초를 제공해 주었다.

요아킴은 천 년이란 것이 단순히 그리스도의 부활과 종말 간의 모든 시대를 가리키는 상징적 숫자라고 생각하였다. 그렇게 함으로써 그는

---

66) Joachim, *The Book of Concordance*, Book2, in McGinn, ed., *Apocalyptic Spirituality*, pp. 129~131.

67) Daniel, "Joachim of Fiore", p. 86, Lerner, "Antichrists and Antichrist in Joachim of Fiore", *Speculum*, 60(1985), pp. 556~557, 560.

68) Lerner, "Joachim of Fiore's Breakthrough to Chiliasm", p. 507.

요한계시록에 나타난 천 년이 장차 있을 영광스런 시대의 예언으로 읽힐 수 있는 가능성을 거부한 아우구스티누스의 전통에 경의를 표하였다. 그렇지만 요아킴은 사탄이 묶여 있는 동안 궁극적 지상의 안식을 위해 지상에서 그리스도와 함께 통치할 성도에 관한 비전을 취하였다.[69] 이 논의는 '안식을 위한 단순한 휴지'와는 비교도 안 될 정도로 마지막 시대를 상정하는 것으로 발전하였다. 이 점에서 요아킴은 여전히 위대한 혁신자로 평가받는다. 그에게서 발견되는 최대의 대담성은 이 지상의 안식 곧 교회 제7시기를 그의 성령의 제3상태와 일치할 뿐 아니라 지금까지 내세로서 간주되었던 아우구스티누스의 제7시대와 동일시하였다는 점에 있다.[70]

그런 가운데 요아킴이 믿은 것은 역사는 성령의 시대로 진보해 가고 있다는 것이다. 교회는 과거에 성취했던 어떤 것을 훨씬 능가할 평화와 영적 성취의 역사적 시대를 향유할 것이다. 이처럼 그에게 있어 역사는 더 나은 세계를 향한 가능성으로 충만한 것이다.[71] 미래에 대한 요아킴의 비전은 그 이전의 어떤 서구중세 작가보다도 천년왕국주의적이었다.[72] 요아킴이 개진한 천년왕국주의는 다음과 같이 요약된다. 첫째, 성령의 시대가 임박했으며, 둘째, 성령의 시대가 도래하기 직전에 타락한 교회를 응징하기 위하여 적그리스도가 세속군주로 출현하여 일시적으로 지배할 것이며, 셋째, 마침내 구세주가 도래하여 적그리스도를 파멸시키고 새 시대가 개막된다는 내용이 그것이다.[73]

---

69) Lerner, "Refreshment of the Saints", pp. 117~118.

70) Bernhard Töpfer, *Das kommende Reide des Friedens: Zur Entwicklung chiliastischer Zukunftshoffnungen im Hochmittelalter*(Berlin, 1964), p. 88.

71) Daniel, "Joachim of Fiore", p. 73.

72) Reeves and Hirsch-Reich, *The figurae of Joachim of Fiore*, pp. 166~168.

73) Reeves, *The Influence of Prophecy in the Later Middle Ages*, pp. 323~324.

    요아킴은 교회의 정통교리를 반대하거나 부인하려고 하지 않았다. 그
럼에도 불구하고 그의 사상은 그의 의도와는 상관없이 중세 교회의 입
장에서 볼 때 아주 위험한 것이 되었다. 미래 교회에서는 제도적·합리
적인 것보다는 영적·카리스마적인 것이 우세할 것이라고 강조함으로
써 그는 13세기에 승리한 세력들을 정면으로 반대하는 입장에 섰다. 이
것은 13세기 교회에 대한 급진적 비판이나 다름없었다. 성령에 의해 부
여받은 새로운 권위를 내세우는 그의 주장은 자연히 성부와 성자를 통
해 인정되어 온 교황과 군주들의 권위를 손상시키는 결과를 초래하는
것이었다.74) 그리하여 당시 그는 오늘날처럼 역사의 진보를 알리는 예
언자로서 이해받기보다는 사설(邪說)로 교회를 어지럽히는 이단의 괴수
로 지탄받았다.75) 이런 요아킴은 12세기 초반까지도 배척받았다. 1215
년 제4차 라테란 종교회의는 페프루스 롬바르두스(Petrus Lombardus)의
삼위일체 신학을 공격하는 요아킴에 대해 이단선고를 내렸고, 이 조치
로 인해 요아킴의 모든 저작들은 불온문서로 공식화되었다.76)

    그럼에도 불구하고 요아킴 사상을 기초로 한 이론적 천년왕국주의가
널리 퍼지게 되었다. 그중에서도 남부 프랑스의 프란체스코 교단에 소
속한 피터 올리비(Peter Olivi)의 활동이 주목된다. 그는 수도회에 처음 입
단해서부터 계속 순교를 당할 것이라는 위기의식을 가지고 시대적 징조
에 주목하였다. 그는 가까운 장래에 적그리스도가 나타나 성도들을 유
혹할 것이라고 말하고, 그 적그리스도는 교황으로 가장하고 나타나 큰
재앙을 겪게 할 것이라고 주장하였다.

---

74) Bernard McGinn, "The Abbott and Doctors: Scholastic Reactions to the Radical Eschatology of Joachim
    of Fiore", Church History, 4(1971), pp. 34~35, Olson, Millernialism, Utopoanism, and Progress, p. 124.

75) Majorie Reeves and Morton W. Bloomfield, "The Peneration of Joachim into Northern Euroe", Speculum
    29(1954), pp. 772~793.

76) Walter Klaassen, Living at the End of the Ages: Apocalyptic Expectation in the Radical
    Reformation(Lanham, 1992), p. 15.

올리비는 미래 사건에 관해서는 요아킴의 틀을 받아들였지만 마지막 지상 시기의 길이에 관해서는 요아킴보다 확장된 견해를 보여 주고 있다. 올리비는 그 안식의 기간이 얼마나 될 것인가에 대해서 여러 가지 대안들을 제시하였다. 그는 이단적 비난을 피하기 위해 다른 사람들의 견해를 추론하는 형식을 취하였던 것이다. 그는 안식기가 14세기에 시작해서 백 년 정도 지속할 것이라는 견해도 소개하였지만 성경과 일련의 히브리적 전승에 따른 계산을 통해 안식의 기간은 14세기 초 어느 때에 시작해서 700년 조금 못 되는 기간까지 지속될 것이라는 견해를 강조하였다.[77] 이런 그의 논조는 안식의 기간이 천 년 동안 지속될 것이라는 가능성을 제시하는 것이나 다름없다.

올리비가 추론해 낸 안식기간은 여러 사람들의 저작들을 통해 유포되었다. 올리비의 직계 제자인 이태리인 우베르티노(Ubertino of Casale)는 올리비의 안식기의 길이에 관한 주석을 달았고, 카탈리안 의사였던 아놀드(Arnold of Villanova)는 적그리스도 통치가 1365년이나 그 바로 직후에 시작되고 이어서 안식이 45년간 지속될 것이라고 말하였다. 1300년경에 떠돌아다닌 예언적 연대기 *Columbinus*는 적그리스도 이후의 지상 안식은 1320년 이후에 시작할 것이라고 하였다.[78] 특히 1298년 올리비가 죽은 직후에 그의 추종자들을 그를 성자로 받들었고, 그의 저작들을 라틴어와 각국어로 번역하여 보급하였다. 그러나 이 같은 노력은 결국 반태 세력에 부딪혔다. 올리비의 저작들은 파괴되었으며, 많은 그의 추종자들이 이단으로 몰려 처형되었다. 그럼에도 불구하고 그러한 조치가 그들의 미래에 대한 비전마저 없애지는 못하였다. 이러한 사실은 놀라

---

77) David Burr, "Olivi's Apocalyptic Timetable", *Journal of Medieval and Renaissance Studies*, 2(1981), pp. 255~259.

78) 같은 사상을 나눈 세 제자들에 관해서는 Lerner, "The Medieval Return to the Thousand-Year Sabbath", pp. 62~66.

운 새 시대가 임박해 있다는 그들의 예언이 종세 말에 와서 광범하게 대
중화되었다는 사실에 의해 확인되고 있다.

　본래적 의미의 천년왕국주의가 회복되었다는 뚜렷한 증거는 14세기
의 존(John of Rupescissa)에게서 발견된다. 그는 요한계시록 20장에 근거
하여 안식의 기간은 정확히 천 년 동안 지속될 것이라고 주장하였는데,
그의 저술들은 유럽의 광범한 지역에 유포되었다. 또 다른 증거로는 라
틴 교부 락탄티우스의 저작이 유행되었다는 사실에서 찾아진다. 앞에서
도 살펴보았듯이, 락탄티우스는 그리스도가 인간들과 천 년 동안 거주
하면서 완전히 의로운 통치를 할 것이라고 하였다. 이러한 그의 사상은
14세기 이전까지 라틴의 주석(註釋) 전통에서 거의 논급되지 않았다. 그
러나 14세기 이후에 그의 천년왕국주의는 널리 소개되고 알려졌다. 그
의 사상은 보카치오(Boccacio), 살루타티(Salutati), 브루니(Bruni), 트라버사
리(Traversari) 등 여러 이탈리아 휴머니스트들에게 받아들여졌고, 그 결
과 그의 저서 『신적 법전』(*Divine Institute*)이 크게 유행되었다. 이로써 보
건대, 브루니로부터 "모든 그리스도인들 가운데 가장 뛰어난 웅변가"(vir
omnium Christianorum proculdubio eloquentissimus)로 지칭되었던 락탄티우
스가 소개하는 천년왕국주의 개념은 당시 커다란 대중성을 확보하고 있
었다고 할 수 있다.[79]

　천년왕국주의가 널리 받아들여지게 뢴 상황에서 세상물정이 불안하
고 민심이 동요하게 되자 중세인들은 요한계시록이나 그에 관한 주석들
그리고 『시빌의 신탁들』(*Sibylline Oracles*)로 알려진 중세의 신탁집[80]에 눈

---

79) *Ibid.*, p. 69. 이탈리아 휴머니스트들 간에 퍼진 Lactantius의 유형에 관해서는 Charles L. Stinger, *Humanism
　and the Church Fathers: Ambrogio Traversari(1386~1439) and Christian Antiquity in the Italian
　Renaissance*(Albany, N.Y., 1977), pp. 117~120 참고할 것.

80) 『시빌의 신탁들』(*Sibylline Oracles*)에는 『시빌의 신탁들』(*Sibylline Books*), 『티버티나』(*Tiburtina*), 『위－메토디
　우스』(*Pseudo－Methodius*) 등이 있다. 이에 관해서는 Cohn, *The Pursuit of the Millennium*, pp. 30~33을
　참고할 것.

을 돌리는 경향을 나타내었다. 중세 전반에 걸쳐 신탁집에 담겨 있는 종말론이 요한계시록으로부터 유래한 여러 종말론과 더불어 존속하면서 영향을 주고받았다. 그러나 신탁집의 종말론이 더 큰 호응을 받았다. 신탁집은 정경도 아니고 정통적인 것도 아니었지만 상당한 영향을 끼치고 있었다. 이것들은 그 당시의 조건에 부합하고 그 시대의 문제의식에 호소하도록 끊임없이 편집되고 해석되었으므로 미래에 관한 예언을 알고 싶어 하는 인간들에게 인기가 있었다. 이들이 라틴어판으로 서구에 알려졌을 때 그것을 읽을 수 있는 계층은 성직자뿐이었으나 그 예언집의 요지에 관한 지식은 최하층의 평신도들에게도 알려져 있었다. 14세기 이후에 그것들은 여러 언어로 번역본이 출간되었고, 인쇄술이 발명되었을 때 그 번역본은 다른 어떤 책보다도 먼저 인쇄되었다. 이렇게 해서 퍼지게 된 중세의 신탁집이나 요한계시록이 담고 있는 최후의 심판이라는 엄청난 드라마는 당대인들에게 있어 먼 미래에 관한 환상이 아니라 일정한 시점에 반드시 실현될 예언이었다.[81]

이상에서 중세에 퍼진 천년왕국주의는 다음 두 가지 내용으로 요약될 수 있다. 첫째, 최후의 심판 이전에 지상에는 안식이 찾아오고, 그 기간은 요한계시록 20장에 나타나 있는 문자 그대로 천 년일 것이라는 점이다. 둘째, 그러한 축복의 안식기에 앞서 적그리스도가 출현하게 된다는 것이다. 적그리스도는 세상의 종말이 가까운 시기에 등장해서 그리스도인들을 박해하고 스스로 그리스도라고 칭하여 그들을 오도할 것이다. 그러나 최후에 그는 그리스도나 혹은 그 대리자에 의해 파멸당할 것이다.[82] 그러므로 천년왕국주의자들은 교황이나 황제와 같은 당대의 실존 인물들을 적그리스도와 연결시키면서 천년왕국이 도래할 징조에 큰 관

---

81) *Ibid.*, pp. 32 - 33, 35.

82) Ricahard Kenneth Emmerson, *Antichrist in the Middle Ages*(Manchest, 1981), p. 7.

심을 보였다.[83)

천년왕국주의의 부활과 함께 사회불안과 각종 재해로 야기된 파국적 상황과 맞물려 중세 사회의 천년왕국운동이 초래되었다. 13세기에서 종교개혁 시대까지 대표적인 것은 프란체스코 성령파(the Franciscan Spirituals)와 자유성령파(the Free Spirits)의 운동들이다.

예루살렘으로 향하던 십자군운동은 13세기에 와서 그 방향을 교회 내부로 돌려 교회의 부와 세속성을 공격하기 시작하였다. 그리하여 청빈을 엄격히 지키는 생활을 이상으로 내건 프란체스코 수도회가 등장하였다. 이들은 1260년경에 상당한 재산을 소유하고 대학사회에 큰 영향을 미치는 교단으로 성장하면서 두 파로 나뉘었다. 엘리아스(Elias)를 비롯한 일단의 수도사들은 청빈의 규범을 완화하고 학문과 수사에 더 강조점을 두려는 전통파(the Conventionals)를 형성하였다. 그러나 이에 맞서 프란체스코가 창도한 원래의 방식을 고수하여 엄격한 청빈을 표방한 프란체스코 성령파가 생겨났다.[84) 특히 후자는 요아킴 사상에 매료되어 요아킴의 저작을 본뜬 위작 예언서를 만들었다. 이것은 독일에서 '잠자는 프레데릭 대왕'의 전설을 낳아 중세 민중에게 커다란 영향을 끼쳤다. 실제의 독일황제 프레데릭 2세는 1229년 십자군에 참전하여 예루살렘을 탈환하고 교황권에 강력히 도전하여 교회 재산을 몰수하는 영웅적 행동을 하였다. 이로 인해 프레데릭은 새 왕국으로 인도할 지도자로 비치게 되었고, 적그리스도인 교황의 권위를 박탈하고 교회재산을 몰수하여 가난한 사람에게 분배해 줄 것으로 알려졌다. 이 같은 주장은 환상에 불과했으나 빈자들에게는 상당한 호소력을 지니게 되어 구체적인 운동으로

---

83) 예컨대, 교황청 관리들 사이에서뿐 아니라 Joachim 추종자들 사이에서는 황제 Frederick II가 적그리스도라고 생각되었다. Innocent IV 같은 교황도 적그리스도라고 지목되었다. 이에 관한 증거로는 Bernard Mcginn, ed., *Vision of the End*, pp. 168-179를 참고할 것.

84) Clair, *Millenarian Movements in Historical Context*, pp. 102-103.

확산될 기미를 보였지만 1250년 프레데릭 황제의 급서로 좌절되고 말았다. 구원자를 잃은 충격에서 벗어나려는 심리적 보상작용은 프레데릭이 죽지 않고 망자의 세계(Etna)에서 잠자고 있다가 결정적 시기에 다시 부활한다는 신화를 창조하였다. 그에 따라 프레데릭 신화도 더욱 뿌리를 내리게 되었다. 미래의 프레데릭에 관한 전통적 예언은 16세기에 이르기까지 형태를 달리하면서 농민과 직인 같은 독일 민중들을 매료시켰다.[85]

프란체스코 성령파의 운동은 호전적 천년왕국운동으로도 발전하였다. 북부 이탈리아의 '사도형제단'의 지도자 돌치노(Fra Dolcino)는 요아킴의 역사 제3상태설을 수정하여 제4상태설을 주장하였다. 제1상태는 족장시대에 속하는 구약시대이고, 제2상태는 그리스도와 사도들로 시작되고, 제3상태는 실베스터(St. Silvester)로 시작하여 프란체스코와 도미니크의 생활 방식에서 절정을 이룬다. 그러나 이들 상태는 자신들에게서 시작되는 제4상태가 도래하면 쇠퇴할 운명에 놓이게 된다.[86] 그러므로 앞으로 바빌론의 대매춘부(illa babilon metrix magna)인 로마교회는 파괴되고, 베드로의 영적 권한은 사도형제단에 인도될 것이다. 이러한 확신 속에서 돌치노는 일단의 사람들과 함께 바빌론의 악한 질서를 파괴하고 새 사도들의 완전한 질서가 종말의 날까지 전 세계적으로 구현되도록 하기 위해 무장봉기하였다. 이들은 피드먼트(Piedmont) 산에서 교황 클레멘트 5세(Clement V)의 십자군에 필사적으로 저항하였으나 끝내 섬멸되고 말았다.[87]

자유성령파의 운동도 주요한 중세 천년왕국운동 중 하나였다. 자유성령파는 11세기 이래로 서구 그리스도교계에 널리 퍼져 있던 신비주의

---

85) 김영한, "중세 말의 천년왕국사상과 하층민의 난", p. 12. Cohn, *The Pursuit of the Millennium*, pp. 113~126.

86) Majorie Reeves, "History and Prophecy in Medieval Thought", *Medievalia et Humanistica*, 5(1974), p. 67.

87) Reeves, *The Influence of Propecy in the later Middle Ages*, pp. 242~247.

영향을 많이 받았다. 그들의 목표는 신과의 합일에 있었다. 그들은 인간은 신과 하나가 되었을 때 신처럼 자유롭게 행동할 수 있게 된다고 보았다. 이런 입장에서 그들은 자신들이 완전에 도달했기 때문에 더 이상 금식이나 기도를 할 필요가 없는 완전한 자유를 누릴 수 있다고 믿었다.[88] 그리하여 그들은 일반인들과는 남다른 행동도 가능하다고 생각하였다. 이러한 믿음의 현실적 결과는 남녀혼교 형쾌의 도덕폐기론으로 나타났다. 그러나 이 같은 도덕폐기론은 무절제한 성욕과는 거리가 먼 영적 해방을 상징하는 에로티시즘이었다.[89] 이들이 탈도덕주의 혹은 도덕적 무정부주의를 표방한 것은 다가올 제3의 시대에는 아담이 타락하기 이전의 순진무구한 에덴동산이 재건될 것으로 믿었기 때문이다. 따라서 그들의 지도자는 제2의 아담으로 자처하였다.[90]

자유성령파는 신도의 수가 그렇게 많지는 않았지만 유럽의 각 지역으로 전파되어 5세기 이상 존속하였다. 그들의 의식은 대체로 지하활동을 통해 비밀리에 행해졌다. 이 파에 가담한 사람들은 주로 도시의 중상류층의 독신녀들이었다. 구족신분의 독신녀들은 여유는 있으면서도 특별한 사회적 기능을 갖지 못해 나태하고 무료한 생활에 젖기 쉬웠다. 따라서 정신적 권태감과 좌절감에 빠져 있던 그들에게 모든 사회적 규범과 도덕으로부터 해방과 자유로운 애정 행각을 서슴없이 옹호하는 자유성령파의 교리가 매력적이었던 것은 당연한 일이다.[91] 기존사회의 질서와 권위를 철저히 배격하려는 자유성령파의 교리는 상황에 따라 사회혁명의 이데올로기로 바뀔 가능성을 내포하고 있었는데, 이 같은 사실은 타보르파와 뮌스터파의 혁명적 천년왕국운동에서 확인될 수 있다.

---

88) Leff, *Heresy in the Middlem Ages.* Ⅰ, pp. 308, 314~315.

89) Cohn, *The Pursuit of the Millennium*, pp. 150~151.

90) Cohn, "Medieval Millenarism", p. 36.

91) *Ibid*, p. 37.

　14세기부터 15세기 중반에 이르기까지 유럽은 계속되는 재앙들로 인해 시련을 겪었다. 이때의 재앙들은 이전부터 있어 온 것이긴 하지만 1000년경에 시작하여 약 300년 동안 줄곧 팽창해 오던 유럽 경제의 급속한 쇠퇴 속에서 발생한 것이어서 그 무게는 이전의 그 어느 시대보다 무거운 것이었다.[92] 그리하여 당시 유럽에는 집단적 공포가 증가하여 결국은 절박한 구원을 기다리는 공포의 세계가 되었다.[93] 중세인들에게 죽음의 공포와 세상의 종말이 임박했음을 예고하는 사건들이 계속 발생하였다. 먼저 토지 개간과 곡물 생산이 급격히 감소하여 식량 부족 사태가 일어난 것을 지적할 수 있다. 거기에 저온화 현상과 1315년 서북부 유럽 전역이 굶주림의 형벌을 당해야 하였다. 그런 가운데 국가들, 도시들, 제후들, 가문들, 교역세력들 간에 벌어진 전쟁의 물결은 유럽 사회를 더욱 불안정하게 만들었다. 영국과 프랑스의 백년전쟁으로부터 몽따규 가문와 카풀렛 가문의 집안 싸움에 이르는 역사상 유명한 투쟁들이 이 시대에 속해 있다. 기근과 전쟁을 덮쳤다. 그것은 1347년에서 1350년 사이에 발생한 흑사병이었다. 이로 인한 죽음과 혼란 그리고 그로 야기된 공포는 아주 심대한 것으로서 당대인들에게 엄청난 충격을 주었다.[94] 이런 대재앙의 소용돌이 속에서 당대인들은 신의 분노의 세상의 종말을 눈앞에 다가온 일로 생각하였다. 그런 가운데서 그들은 새로운 세상의 도래를 꿈꾸며 그에 따른 실천을 준비하고 있었다.

---

92) 이에 관한 좀 더 자세한 내용은 R. G. Lerner, *The Ages of Adversity: The Fourteenth Century*(Ithaca, 1968), G. Fourquin, *The Anatomy of Popular Rebellion in the Middle Ages*, A. Chesters, tr.(Amsterdam, 1978), 박은구·이연규 편역, 『14세기 유럽사』(탐구당, 1987)를 참고할 것.

93) Jacques Le Goff, *Medieval Civilization, 400-1500*, Julia Barrow, tr.(Cambridge, 1990), p. 188.

94) Harold D. Foster는 지진의 강도를 측정하는 데 '리히터 계'(Richter scale)를 사용하는 것처럼 역사적 재앙에 따른 물리적 폐해와 감정적 스트레스를 측정하는 '포스터 계'(Foster scale)를 제시하였다. 포스터 계에 따르면, 제2차 세계대전이 11.1로 가장 높고, 1347년 흑사병이 10.9로 두 번째이고, 제1차 세계대전이 10.5로 3위이다[Harold D. Foster, "Assessing Disaster Magnitude", *Professional Geographer*, 28(1976), pp. 241～247].

이런 상황에서 유럽 각처에서 발생한 일련의 하층민 반란들은 새로운 시대의 도래를 알리는 전조였다. 1358년 프랑스의 자크리 난, 1378년 이탈리아의 치옴피(Ciompi) 난, 1381년 영국의 농민난들은 단기간에 모두 실패로 돌아갔음에도 불구하고 그것들이 보여 주는 바는 하층민이 사회 구조 안에서 독자적인 압력 집단으로 작용하기 시작했다는 사실이다.[95] 이 점을 감안할 때 이제 중세의 민중들이 새로운 구원의 길을 스스로 열어 갈 수 있는 세력으로 준비되었다는 사실에 주목하게 된다. 적그리스도의 등장이 임박해 있고 그 후에 나타날 지복의 시간에 관한 예언에 큰 관심을 보였던 중세인들은 계속되는 재앙들 속에서 묵시주의를 읽어 내었던 것이다.

그러나 민중이 사회운동에 적극 가담하기 만드는 데에는 정치·사회·경제적 요구 못지않게 종교적 요구도 크게 작용할 수 있다. 중세 말 천년왕국운동이 바로 그 좋은 예이다. 천상의 예루살렘을 이곳 지상으로 가져오는 것은 중세의 가난한 사람들의 꿈이었다. 다시 말하자면 천년왕국은 비록 공식 교회에 의해 가려지고 논박당했을지라도 그것은 가난하고 억압받는 사람들에게는 유일한 꿈이고 희망이었다. 이와 같은 꿈과 희망은 그들로 하여금 기종의 사회질서와 권위에 대항할 수 있는 동인이 되었다.

종교개혁 시대의 가장 큰 관심사는 참된 구원의 길을 찾는 것이었다. 그러나 진정한 구원은 종교와 교회의 개혁만이 아니라 사회개혁이 수반될 때 실현된다고 생각하였다. 따라서 가톨릭 체제로부터의 해방과 사회질서의 재편은 개혁자들이 수행해야 할 시대적 과제였다. 그들이 볼 때 가톨릭 체제로부터의 독립이라는 일차적 과제는 성공적으로 달성되었으나 완전한 사회질서의 재편이라는 과제는 달성되지 못하였다. 고전

---

95) Lerner, *The Age of Adversity*, p. 28.

적 종교개혁자들이 소홀히 한 과제를 풀고자 새로운 대안을 들고 나온 사람들이 종교개혁 시대의 천년왕국주의자들이었다. 이 점에서 천년왕국의 추구는 15, 16세기의 특정한 조건 속에서 새로운 사회질서의 시대적 과제를 해결하려는 운동이었다.

03

타보르파의 혁명적 천년왕국운동

중앙 유럽이 아닌 동부 유럽의 보헤미아에서 일어난 후스파 운동(the Hussite Movement)은 이단들의 도전이 매우 위협적이라는 사실을 중세교회에 확인시켜 준 최초의 대규모 사건이었다. 이 같은 후스파 운동은 로마 가톨릭의 오류에서 벗어나려는 종고개혁운동이자 민족항쟁운동의 성격을 지녔고, 기존의 봉건 질서와는 전혀 다른 평등주의적 공유제 사회를 건설하려는 사회혁명운동의 성격을 디었다.

전 유럽의 이목을 집중시킨 후스파 운동은 먼저 중세보편교회의 권위에 의문을 제기하고, 성서의 권위를 앞세운 민족교회를 설립한 종교개혁운동이었다. 이 같은 종교개혁적 성격은 후스파 운동의 전 과정에서 강하게 나타났다. 그리하여 후스파 운동은 "프로테스탄트 종교개혁 이전에 가장 성공적으로 중세 보편 교회에 대항한"[1] 종교개혁운동이었다고 평가되었다. 다음으로 후스파 운동든 민족항쟁의 성격을 지니고 있었다. 대학과 교회를 통해 민족적 각성을 한 체코인들은 교황의 통제에

---

1) Steven Ozment, *The Age of Reform, 1250 - 1550: An Intellectual and Religious History of Late Medieval and Reformation Euroupe*(New Haven and London, 1980), p. 165.

서 벗어나 국왕의 후원 아래 있기를 원하였으며, 고위 성직 및 관직 그리고 부유한 상인들 대부분을 차지하고 있던 독일인에 대해서 민족적 적대 감정을 표출하였다. 이해관계가 서로 다름에도 불구하고 체코의 전 계층이 보여 준 민족적 유대는 후스파 운동이 성공적으로 전개될 수 있었던 원동력이었다.

이러한 종교적·민족적 성격의 후스파 운동은 혁명성을 띠고 있었다. 당시 로마 가톨릭의 지배는 단순히 정신적인 면에서뿐 아니라 세속적 권력에까지 미치고 있었다. 이 점에 비추어 볼 때 후스파가 로마 가톨릭 교회의 지배에 도전했다는 것은 경제적·정치적 문제에까지 영향을 미치는 혁명적인 것이라 할 수 있다.[2] 또한 민족적 유대감으로 강한 결속력을 보이던 후스파가 국내적으로 가톨릭 복고정책을 추진하려는 보헤미아 왕에 항거하여 반(反)후스파를 몰아내고 정치적 권한을 인수함으로써 정치 혁명도 달성하였다. 이러한 후스파 운동의 혁명성은 후스파 혁명 내에서 급진파로 성장한 타보르파(the Taborite) 운동에서 더욱 발전되어 나타났다.

타보르파는 자기들과 노선이 다른 보수파와 완전 결별하고 독자적인 노선을 택하였다. 그들은 세상의 종말이 가까웠다고 느끼고 타보르(Tabor)라고 명명된 도시로 집결하여 호전적인 태도로 새로운 신의 왕국을 건설하였는데, 거기서 그들이 세운 사회질서는 기존의 봉건체제와는 전혀 다른 것이었다. 이처럼 하나의 사회체제에서 다른 체제로 갑작스러운 교체가 일어났다는 점에서 타보르 공동체는 유럽 최초의 혁명사회라고 평가받았다.[3] 이러한 타보르파의 혁명운동은 민족적·종교적 성

---

2) Fredrick G. Heymann, "The Hussite Revolution and the German Peasant's War: An Historical Camparison", in Paul Maurice Clogan, ed., *Medevalia et Humanistica: Studies in Medieval & Renaissance Culture*(Cleveland & London, 1970), p. 143.

3) Howard Kaminsky, "Chiliasm and the Hussite Revolution", *Church History*, 26(1957), p. 62.

격을 지닌[4] 후스파 운동에 사회적 성격을 더하는 것이었다. 후스파 운동은 유럽의 혁명들과 비교되면서 하나의 사회혁명의 관점에서 주목받게 되었던 것이다.[5]

그렇다면 타보르파가 후스파 혁명 안에서 또 다른 혁명을 추진해 간 동기는 어디에 있었는가? 이 물음에 대해 대부분의 연구자들은 천년왕국주의에서 그 해답을 찾는다. 천년왕국주의가 혁명의 이데올로기로서 작용하여 그에 따른 새로운 사회의 건설을 시도한 타보르파 운동은 가장 전형적인 천년왕국운동의 사례(史例)로 평가되고 있는 것이다. 그러나 그 혁명적 성격에 관해서는 다소 견해차가 있다. J. 마첵(J. Macek)와 에른스트 베르너(Ernst Werner) 같은 마르크스주의자들은 자신들의 분석틀에 따라 타보르파의 천년왕국운동을 기본적으로 사회경제적 긴장상황에서 야기된 하층민의 전형적인 계급투쟁이었다고 설명하였다.[6] 반면에 호워드 카민스키(Howard Kaminsky) 같은 연구자들은 타보르파의 천년왕국운동이 하층민의 전형적인 계급투쟁이었다고 보는 것은 오류라고 지적하고, 타보르파의 천년왕국운동은 사회질서의 재편을 요구한 종교운동이었다고 강조하였다.[7] 타보르파 천년왕국운동은 계급투쟁만

---

4) 후스파 운동의 중요성은 체코의 민족주의자 F. Palacky가 처음 부각시킨 이래로 Constantin Höfler, Francis Lüzow 등에 의해서 활발히 논의되었다. p. Palacky, *Geschichte von Böhmen*, 10 vols.(Prague, 1830~1869), Constantin Höfler, *Magister Johannes Hus under Abzug der deutschen Professoren und Studenken aus 1409*(Prague, 1878), Francis Lüzow, *The Hussite Wars*(London, 1914). 민족적 관점에서 후스파 운동은 민족교회와 민족국가를 수립하려는 민족주의 운동이었다. 그것은 체코인들의 고유한 역사의식에서 나온 운동으로서 근대 민족주의에 연결되는 역사적 의의가 있다. 따라서 그것은 근대의 민족 개념에 대해서 소급 적용될 뿐만 아니라 19세기 자유민주운동과도 연결된다[Karl Bosl, *Handbuch der Geschichite der Böhmischen Länder*, Bd. I (Stuttgart, 1967), p. 494].

5) Louis Blanc은 후스(Jan Hus)를 프랑스 혁명의 선구자로서 다루었고, Karl Kautsky는 후스주의(Hussitism)를 마르크스주의적 사회주의와 연결시켰으며, Jan Slavik는 혁명 구조의 비교 원칙을 통해 후스파 운동을 해석하려고 시도하였다. Louis Blanc, *Histoire de la revolution française*, I (Paris, 1847), Karl Kautsky, *Vorläufer des neueren Sozialismus*(Berlin, 1908), idem, *Ein Beitrag zur Ideengeschichite des Sozialismus von den Hussiten bis zum Völkerbund*(Prag, 1937), Jan Slavik, *Husitka revouce*(Prag, 1934).

6) Josef Macek, *The Hussite Movement of Bohemia*(Orbis-Prague, 1958), p. 95, Ernst Werner, "Popular Ideolgies in Late Medieval Europe: Taborite Chiliasm and Its Antecedents", *Comparative Studies in Society and History*, 2(1960), p. 345.

도 아니고 종교운동만도 아니었다. 그것은 종교운동에 사회경제적 요소가 결합되어 촉진된 사회혁명운동이었다.

타보르파 천년왕국운동의 결실은 보수파들의 종교개혁에 만족하지 않고 종교개혁의 실질적 완성과 새로운 사회의 추구를 구현시키려는 급진적 종교개혁자의 행동방식에서 나왔다. 이 점을 염두에 두고 본 연구가 초점을 맞출 문제는 첫째, 타보르파가 어떻게 형성되어 나왔는가 하는 것이다. 이에 대해서 1415년 후스의 죽음으로 인해 본격화된 후스파 운동이 종교개혁적 민족항쟁으로 전개되어 가던 과정에서 보수파와 급진파가 분열됨으로써 타보르파가 형성되었다는 사실을 설명할 것이다. 둘째, 타보르파가 어떻게 천년왕국운동을 일으키게 되었는가 하는 것이다. 이 부분은 1419년 11월부터 시작하여 1420년 2월까지 타보르파가 천년왕국주의에 입각한 활동을 본격적으로 전개해 가는 과정에 관한 것이다. 이것은 타보르파 예언자와 민중이 어떻게 하나 되어 효과적 운동을 전개해 나갔는가를 해명함으로써 설명될 것이다. 셋째, 타보르 공동체의 건설을 통해 천년왕국의 실현을 추구한 타보르파의 성과와 한계는 무엇인가 하는 것이다. 타보르파가 추구한 평등주의적 공유제 사회라는 이상을 살펴보고, 그것이 오래 유지될 수 없었던 현실적 한계를 지적할 것이다.

1) 후스파의 형성과 분열

후스파 운동은 1414년 말에 시작되었다고 볼 수 있다. 이때 얀 후스(Jan Hus)가 성서의 권위를 앞세워 진리를 증명하기 위해 콘스탄스(Constance)로 향해 갔고, 후스의 제자로서 대학교수인 야코벡(Jakoubek of

---

7) Howard Kaminsky, *A History of the Hussite Revolution*(Berkeley and Los Angeles, 1967), p. 283.

Stříbro)이 처음으로 평신도에게도 빵과 포도주 두 종류(sub utraque parte)로 성체성사를 하는 성찬배찬주의(utraquism)를 소개하였다. 이것은 후스파 운동의 상징적 출발을 알리는 사건이었다. 후스가 죽음을 무릅쓰고 콘스탄스 종교회의에 참석하기로 결정한 것은 이전보다 더 실질적인 개혁에 대한 확신을 행동으로 표현한 것이었다면, 야코벡이 양종배찬주의를 도입한 것은 당대의 로마 가톨릭 교회가 진리에서 이탈하였다는 것과 로마 가톨릭 교회가 내세우는 권위가 신약과 초대교회에 비추어 볼 때 도전받을 수 있다는 판단을 내포한 것이었다.[8]

이 같은 후스파 운동의 태동과 전개는 대학과 교회의 일정한 역할이 있었기에 가능하였다. 따라서 후스파 운동에서 대학과 교회가 개혁의 산실로서 중요한 역할을 하였다는 사실을 간과할 수 없다. 대학이 후스파 개혁사상을 산출한 진원지였다면, 교회는 그 개혁사상을 대중화한 통로였다.

1348년 샤를르(Charles of Luxemberg)에 의해 세워져 국제적인 최고 수준의 대학으로 명성을 떨치던 <프라하 대학>이 한 세대 만에 체코인의 민족대학으로 변모하면서 민족적 결속력을 결집해 내는 중심지가 되었다. 이런 변화의 계기는 위클리프사상(Wyclifism)의 유입과 대학운영권을 둘러싼 민족적 각성을 통해 일어났다.

프라하 대학은 설립 당시부터 파리 대학에 의해 주도되던 명목론(名目論, Nominalism)을 따르고 있었다. 이런 학풍은 독일인, 폴란드인 등의 외국인 교수들을 통해 정착된 것이었다. 그러나 체코 학생들이 영국 유학을 통해 실재론(實在論, Realism)을 접하면서 변화가 일어났다. 실재론자가 된다는 것은 명목, 사회적 위치, 의식(儀式) 등 명목론자들이 주의

---

8) Howard Kaminsky, "Hussite Radicalism and the Origin of Tabor, 1415~1418", *Medivalia et Humanistica*, 10(1956), pp. 102~104.

를 기울이는 것에 별로 중요성을 두지 않는다는 것을 의미하였다. 명목론자들은 인간의 권위가 명목 내지 기능에 의해 보증받는다고 주장하였지만 실재론자들은 인간의 권위가 실제적이 되기 위해서 은총의 상태나 구원의 예정됨에 근거를 두어야 한다고 생각하였다. 프라하의 제롬 (Jerome of Prag)을 비롯하여 여러 옥스퍼드 유학생들은 성체(聖體), 성직매매, 통치권 등의 본질에 관한 존 위클리프(John Wyclif)의 저작들을 프라하에 유포시켰다. 그중 후스파를 결정적으로 자극한 것은 은총이 군주권의 토대가 된다는 사상이었다. 이 사상에 따르면, 만약 교황, 황제, 주권자가 죄인으로 행동한다면 그 개인은 그의 권력이 지닌 실재성(實在性)에 대해 도전받게 되어 있다는 것이다.9) 이런 사상은 후스와 후스파들의 공감을 불러일으켰고, 교황권에 과감히 도전할 수 있게 하는 토대가 되었다.10)

위클리프사상은 후스파들의 분산된 여러 개혁사상들을 결합시켜 주며 일관된 이론 구조로 사상과 행동을 조화시켜 주었다.11) 그것은 또한 도덕적 갱신에 초점을 맞춘 다소 소극적 태도에서 벗어나 적극적으로 개혁을 추진해 갈 수 있게 하였다.12) 이러한 위클리프사상을 둘러싸고 대학 내에서 독일인 교수와 체코인 교수 간의 논쟁이 벌어졌다. 독일인 교수들은 체코인 학자들의 학문적 명분이 되어 버린 위클리프사상을 어

---

9) Michel Mollat and Phillippe Wolff, *The Popular Revolutions of the Late Middle Ages*, A. L. Litton-Sells, tr.(London, 1973), p. 254.

10) Wyclif에 대한 후스의 의존에 관한 것은 Johann Loserth, *Huss und Wyclif*(Munich und Berlin, 1925)를 참고할 것. 후스파와 위클리파의 교류에 관한 더 자세한 것들은 G. Leff, "Wyclif and Hus: a Doctrinal Comparison", *Bulletin of the John Rylands Library*, 50(1968), pp. 387~410, Michael Wilks, "*Reformatio Regni*: Wyclif and Hus as Leaders of Religious Protest Movements", in Derek Baker, ed., *Schism, Heresy and Religious Protest*(Cambrige, 1972), pp. 109~130, F. Smahel, "'Doctor Evangelicus super omnes Evangelistas' Wyclif's Fourtune in Hussite Bohemia", *Bulltine of the Institute of Historical Research*, 50(1968), pp. 387~410을 참고할 것. 위클리파 쪽에서 후스파에 보인 관심에 대해서는 Mathew Spinka, "Paul Kravar and the Lollard-Hussite Relations", *Church History*, 25(1956), pp. 16~26을 참고할 것.

11) Howard Kaminsky, "Wyclifism as Ideology of Revolution", *Church History*, 32(1963), pp. 58~59.

12) M. D. Lambert, *Medieval Heresy: Popular Movements from Bogomil to Hus*(New York, 1977), p. 282.

떻게든 제거하려고 하였다. 예컨대 실리지아 독일인 교수 요한 휘브너 (John Hübner)는 후스파의 주장이 위클리프적 이단 성격을 지닌 것이라는 사실을 주장하는 문건 45개 조항을 작성하여 이단 선고권이 있는 프라하 교구에 제출하였다.[13] 그러나 그 같은 독일인 교수들의 공격은 성서의 권위를 앞세운 후스의 입장을 더욱 공고히 하며 체코인의 민족적 자존감을 고취시키는 결과만을 낳았다. 이처럼 "대학의 지적 소산은 민족 간 이해관계의 충돌을 합리적인 이데올로기로 바꾸면서 민족주의를 개념화하였다."[14]

대학 내의 문제가 구체적인 민족 문제로 비화된 사건은 대학의 운영에 관한 투표권 행사와 관련하여 일어났다. 설립 초기부터 체코인, 폴란드인, 작센(Sachsen) 독일인, 바바리안(Bavarian) 독일인 각 민족에게 대학 운영에 관한 투표권이 하나씩 부여됨으로써 체코인의 자국 대학에 관한 운영권을 별로 행사하지 못하였다. 그러다가 체코인 교수와 학생들은 자신들의 역할이 점차 증대되자, 대학 행정에 대한 자국인 관리를 위한 민족적 호소를 전개하였다. 그 결과 체크인들이 대학운영에 관해 세 개의 투표권을 행사할 수 있게 된 반면에 독일인들은 하나의 투표권만을 행사할 수 있게 되었다. 그리하여 약 일천 명의 독일인 교수와 학생들이 대학을 떠나갔고, 프라하 대학은 명실 공히 체코인의 민족 대학으로 자리를 잡았다. 이로써 대학은 보헤미아 내에서 급속히 전개되는 개혁운동의 방향과 목표를 제시하는 최고의 권위를 행사하는 기관으로 자리 잡았다.

후스파 운동의 확산에 또 다른 결정적 역할을 한 것은 교회였다. 개혁

---

13) 그 45개 조항에 관해서는 Mathew Spinka, ed., *John Hus's Concept of the Church*(Princeton, N.J., 1966), pp. 397~400.

14) J. F. N. Bradley, *Czechoslovakia: A Short History*(Edinburgh, 1971), p. 38.

의 통로로서 교회의 역할은 독일의 왕과 신성로마제국의 황제를 겸한 샤를르 때부터 시작되었다. 당시 교회는 타락의 온상으로서 주된 개혁의 대상이었다. 교회는 전 토지의 절반가량을 소유하면서 심한 타락상을 드러내고 있었다. 성직자들의 도덕심은 저하되었고, 나태, 성적 방종, 탐욕, 영적 타락 등이 만연되었다.[15] 여기에 교황청의 간섭 곧 성직록 기부의 강요, 성직임명권의 남용으로 말미암아 불건전한 교회생활이 더욱 조장되었다.[16] 이런 상황에서 샤를르는 여러 행적적인 규제 조치를 취함으로써 성직자들의 악습과 부도덕성을 개선하고자 하였다. 왕의 이 같은 개혁 노력은 신학과 아무런 관련이 없는 것이었지만 그 부분까지 포함하는 것이었다. 왕과 같은 생각을 가진 에르네스트(Ernest of Pardubice) 대주교는 유명한 외국 설교자들을 초청하여 전국으로 순회설교를 시킴으로써 상당한 개혁적 효과를 거두었다. 오스트리아에서 초청되어 온 콘라드 발트하우저(Conrad Waldhauser)를 비롯하여 얀 밀리치(Jan Milič of Kroměříž), 마티아스(Mathias of Janov) 같은 설교자들이 등장하여 교회 개혁을 역설하였다. 그들은 도덕적 열정과 윤리적 비판, 종말론적 기대, 성서적 권위에 입각한 실천을 강조하였다. 그들은 종교적·도덕적 관점에서 사회비판을 하였음에도 불구하고 보헤미아 사회에 중요한 정치적 논점을 제기하였다. 곧 그들은 성서에 근거한 정치적 권위를 내세움으로써 보헤미아가 민족국가와 민족교회를 동일시하는 교리와 국가를 모든 면에서 우위에 놓는 교리를 선포하고 실천한 최초의 나라가 될 수 있는 정치철학을 제공하였던 것이다.[17] 이처럼 교회에서 이루어

---

15) Leff, *Heresy in the Later Middle Ages*, Vol. II, pp. 607~608.

16) Kamil Krofta, "Bohemia in the Fourteen Century", *The Cambridge Medieval History*, 7(London, 1957), p. 102.

17) R. R. Betts, "Some Political Ideas of the Early Czech Reformers", *Slavonic and East European Review*, 31(1952), pp. 20~22.

진 설교자들의 노력은 장래의 민족적 지도자를 육성하는 결과로 이어졌고, 일부 교회는 명실 공히 개혁의 산실로서 면모를 새로이 하였다.

1391년 창립된 <베들레헴 교회>는 개혁의 선두주자였다. 이 교회 강단에서 외쳐지는 개혁의 소리는 프라하 시민들의 개혁의지를 일깨웠다. 이와 같이 교회의 강단에서 외쳐지는 설교는 대중들에게 개혁의 필요성과 내용을 전달하는 수단이었다. 1402년 후스가 이 교회의 설교자가 되었을 때 베들레헴 교회는 프라하 대학과 함께 개혁운동의 중심지로 인정받았다.[18] 이제 교회는 타락의 온상이라는 오명을 씻고 대중에게 개혁사상을 전파하는 통로임과 동시에 그 개혁을 실천하는 장이 되었다.

대학과 교회를 통해 개혁적 분위기가 한참 조성되어 갈 때 후스가 등장하여 이전의 개혁적 흐름을 수렴하고 깊이 있는 개혁운동을 촉발시켰다. 프라하 대학의 학장과 베들레헴 교회의 설교자로 활약하던 그는 보헤미아를 넘어서 당시 유럽의 영적 조건에 강력한 빛을 던져 주었다. 그의 개혁 목표는

안 후스

성직자의 타락과 세속성을 신랄하게 비판하면서 성서의 권위에 따른 행동원칙을 확보하는 것이었다. 그는 무엇보다도 성직 매매를 통박하였는데, 그런 행위는 사악한 것을 "성령적인 것과 맞바꾸는 것에 동의하는 악"이라고 하였다.[19] 그는 성직자들의 오만, 탐욕, 축첩 등이 심각한 죄악이며, 성직자들에게는 세속 권력의 향유나 세속 영지의 소유가 금지되어 있다는 사실도 지적하였다. 한편 후스는 후스파들이 가장 중요하

---

18) Mollat and Wolff, *The Popular Revolutions of the Later Middle Ages*, pp. 255~256.

19) John Hus, "On Simony", in Edward Peters, ed., *Heresy and Authority in Medieval Europe: Documents in Translation*(London, 1980), p. 283.

게 여기는 양종배찬주의에 관해서도 지지를 표하였다. 그는 평신도에게
도 빵뿐 아니라 포도주 두 종류(*sub utraque*)로 행해야 한다는 점을 확인시
켜 주었던 것이다.[20] 후스가 취했던 행동 중 가장 결정적이었던 것은 교
황 존 23세(John XXIII)가 나폴리 왕과 전쟁하기 위한 비용을 마련하기 위
해 프라하에 사절을 보내 면벌부를 판매하려는 것을 거부했다는 것이
다. 후스에게는 성서와 사도들의 가르침에 어긋나는 교황령은 전혀 가
치가 없는 것이었다. 교황이라 하더라도 베드로와 반대되는 태도로 산
다면 그는 베드로의 진실한 계승자라고 할 수 없다는 것이 그의 신념이
었다.[21]

이러한 후스의 행동이 사제 권위에 대한 무정부 상태를 의도한 것은
아니었을지라도[22] 로마 가톨릭 당국자 입장에서는 매우 위험한 것이었
다. 따라서 그들은 후스를 이미 이단 선고를 내린 바 있는 위클리프파로
규정하고 제재를 가하였다. 이들에게 설교 정지와 파문을 선고당한 후
스는 콘스탄스 종교회의로부터 소환장을 발부받았다. 소환받아 콘스탄
스로 간 후스는 도착한 즉시 체포, 투옥되었다. 결국 그는 주장을 철회
하라는 종교회의의 명령을 거부하여 1415년 7월 6일 화형당하였다. 그
가 죽음을 감수하면서까지 주장하고자 했던 것은 신자들이 상위자의 명
령이 성서에 위배되지 않는가를 검토해 볼 의무가 있으며, 만약 성서에
위배되는 점이 발견된다면 그는 그 명령을 거부해야 한다는 것이었다.[23]

---

20) 이러한 후스의 발언은 양종배찬주의를 처음 주창한 것이 아니라 단순히 그것에 찬성을 표한 것이었을 뿐이다.
이런 점을 감안해 볼 때 후스의 행동의 의미는 체코 종교개혁의 흐름을 주도하였다는 데 있는 것이지 신학적
思辨의 독창성에 있는 것은 아니었다[Ernst Werner und Martin Erbstösser, "Sozial‒religiöse Bewegungen
im Mittelalter", *Wissenschaftliche Zeitschrift der Karl‒Marx Universität Leifzig* 7(1957/58), p. 277].

21) John Hus, "The Last Reply of Hus to the Final Formation of the Charges against Him(June 18~20)", in
Mathew Spinka, ed. and tr., *John Hus at the Council of Constance*(New York, 1965), p. 262.

22) 이에 대해 Max Beer는 루터가 독일농민전쟁에 대하여 취했던 것처럼 후스도 타보르파에 대하여 똑같은 태도
를 취했을 것이라고 말한다[Max Beer, *History of British Socialism*, I (London, 1953), p. 26].

23) Spinka, ed., *John Hus at the Council of Constance*, pp. 386~7.

후스의 죽음은 보헤미아 내의 후스파의 결집과 혁명적 활동을 촉발시키는 도화선이 되었다. 후스의 화형 소식이 전해지자 보헤미아인들은 즉각적인 민족적 반응을 보였다. 이를 계기로 보헤미아의 귀족과 평민은 단합하여 로마 가톨릭에 정면 도전하고 새로운 민족교회 체제를 구축하였다. 1415년 9월 2일 후스를 지지하던 귀족 452명이 콘

화형에 처해지는 후스
Spiezer Chronik(1485) 삽화

스탄스 종교회의에 서한을 보내고 후스를 화형시킨 것은 잘못이며 그런 처사는 모국에 대한 모욕이라고 항의하였다. 그리고 그들은 인간이 만든 신조에 대항하고 그리스도의 가르침을 옹호하기 위하여 최후의 피를 흘리기까지 싸울 것을 선언하였다. 그들은 '후스파 동맹'을 창설하여 그 결의를 다졌다. 체넥(Ćeńek of Wartenberg)을 주축으로 한 귀족들은 자신들의 영지에서 후스파 설교자들을 격려하고 그들에 대한 부당한 처벌이나 주교의 사법권을 막기로 하는 한편, 프라하 대학을 종교적 진리의 최고 판결자로 인정하는 민족교회를 탄생시켰다. 이것은 성직자가 평신도인 세속 권세자들에게 종속된다는 개념이 후스파 운동에서 새로이 발전되었음을 알려 주는 것이다. 이처럼 귀족들이 후스주의(Hussitism)를 보호함으로써 후스파 개혁운동은 더욱 확산되어 나갔다.

후스주의의 보호를 통해 후스파가 달성하고자 한 것은 정치적 차원에서의 민족적 항거였다. 콘스탄스 종교회의가 후스의 사형을 집행한 것은 그 회의의 새로운 권위를 예증하고 이단을 미연에 방지하려는 의도에서였지만 그러한 조치는 다분히 종교적 차원을 떠난 정치적 차원에서 이루어진 것이었다. 왜냐하면 콘스탄스 종교회의가 후스를 사형선고한

이유 중 하나가 그의 설교는 보헤미아인에게 반(反)독일 감정을 자극했다는 것이었기 때문이다.[24] 반독일인 감정으로 표출된 체코인들의 민족적 유대는 후스파 운동의 강력한 추진력이 되었다. 그러나 귀족들이 후스주의를 보호한 이면에는 경제적 계산도 깔려 있었다. 개혁자들이 교회의 재산소유권을 부인하였는데 그로 인해 교회 재산이 환속될 경우, 귀족들은 자신들에게 유리할 것이란 사실을 알고 있었던 것이다.

체코인들의 반독일인 감정은 단순히 외부인 혐오가 아니라 지배 민족으로 군림하는 독일인에게서 벗어나려는 노력의 한 형태였다. 12세기 이래로 대학, 참사회, 궁정의 요직 그리고 고위 성직 대부분을 독일인들이 차지하였고,[25] 경제력도 은광을 소유한 그들에게 집중되어 있었기 때문에 보헤미아인들은 압박을 느끼지 않을 수 없었다.[26] 이에 더하여 독일어를 그대로 사용하여 이질감을 깊이 심어 놓을 뿐만 아니라 12세기 체코 연대기 작가가 지적한 것처럼 "으스대는 오만한 태도로 슬라브인과 슬라브말을 업신여기는 독일인들의 선천적 거만함"은 체코인의 반감을 샀다.[27] 체코인들의 반독일인 감정에 대해 존 지즈카(John Žižka)의 전기 작가는 다음과 같이 말하고 있다.

> 독일인들은 체코인들의 생명을 노리면서 독일인들 가운데서 체코인들을 찾아내었다. …… 독일인들은 한 체코인을 붙잡으면, 그의 신조가 그들의 것에 속함에도 불구하고 그에 관해서는 묻지도 않고 그를 보자마자 체포하여 화형에 처하였다. 그리고 이런 일은 계속되어서 왕(Wenceslas)의 편에 서 있던 체코인들마저도 그 일에 대하여 격분하게

---

24) Friedrich Heer, *The Medieval World*(New York, 1961), p. 360. Spinka, ed., *John Hus at the Coucil of Constance*, p. 267.

25) Fredrick G. Heyman, *John Žižka and the Hussite Revolution*(Prinston, 1955), p. 4.

26) Lambert, *The Medieval Heresy*, p. 275. Mollat and Wolff, *The Popular Revolution in the Later Medieval Ages*, pp. 251~252.

27) Daniel Waley, *Late Medieval Europe: From St. Louse to Luther*(London and New York, 1980), p. 131.

되었다.[28]

이 같은 일들로 인해 체코인들은 독일인들과의 민족적 차이를 더욱 깊이 인식하였다.

이미 프라하 대학을 통해 민족주의적 성취를 경험한 바 있는 체코인들은 프라하 교구 내에서 독일인들의 아성이 되어 버린 가톨릭교회 체제에 일치단결하여 반기를 드는 데 주저하지 않았다. 애국심과 종교적 감정이 뒤섞여 있는 후스파의 행동은 이전의 이단 역사에서는 찾아볼 수 없었던 것이었다.[29]

가톨릭에 대한 민족적 저항이라는 관점에서 후스파 운동은 하나였다. 그러나 그 안에는 역할과 성향에서 차이를 보이는 세 갈래의 후스파가 있었다. 첫째는 야코벡(Jakoubek) 교수로 대변되는 대학의 후스파이고, 둘째는 프라하 신시(新市)에서 존 젤리프스키(John Želivský)가 주도한 프라하 신시의 후스파이고, 셋째는 남부 보헤미아 지방을 중심으로 전개된 지방의 후스파이다. 이들은 후스파 운동의 목표와 상황이 바뀌면서 대학의 후스파는 보수적인 성향으로 기울었고, 지방과 프라하 신시의 후스파는 급진적인 성향을 띠었다.

첫째로 대학 후스파는 전(全) 후스파가 로마 가톨릭 권위에 대항할 수 있는 명분과 방법으로 삼은 양종배찬주의를 탄생시켰다. 후스주의의 대변자라고 할 수 있는 야코벡 교수는 1412년 1월 성서를 법으로 보는 입장을 개진하였고, 법의 집행자로서 교회를 강조하기보다는 법의 실천자로서 개인을 강조하였다.[30] 이러한 입장에서 그는 교황을 최고의 적그리스도라고 공격하며 참된 그리스도인의 실천에 큰 관심을 보였다. 그

---

28) *Ibid.*, p. 138.

29) Lambert, *The Medieval Heresy*, p. 300.

30) Kaminsky, *A History of the Hussite Revolution*, pp. 78~79.

결과 그는 양종배찬주의에 입각한 성체성사를 처음 실시하였다. 이 사실에 대해서 프라하 시의 서기였던 브레조바의 로렌스(Lawrence of Březová)는 다음과 같이 기술하고 있다.

> 1414년에 신실한 평신도에게 주어지는 두 종류 – 곧 빵과 포도주 – 로 장엄하고 가장 신성한 성체성사는 고귀하고 영광스러운 프라하 시에서 존경스럽고 뛰어난 분인 신학사 야코벡 교수와 그리고 이 일에서 그를 돕는 몇몇 다른 분들에 의해 시작되었다. 그것이 처음 시작된 곳은 신시(新市)의 아달베르트(St. Adalbert)에 있는 몇 교회들과 구시(舊市)에 있는 성 마르틴(St. Martin-in-the-Wall), 성 미카엘(St. Michael), 베들레헴 채플(Bethlehem Chapel) 교회들이었다.[31]

이러한 혁신적 양종배찬주의를 드레스덴의 니콜라스(Nicholas of Dresden)는 적극 수용하였다. 적그리스도에게 지배받고 있는 로마 가톨릭에 저항할 것을 부추기는 동시에 투쟁을 준비하라고 선동한[32] 그는 양종배찬주의는 예수가 제도화하고 실천한 것이며, 초대 교회도 그를 따라 실시했기 때문에 두 종류로 집전하는 성체성사를 반드시 실천하여야 한다는 점을 분명히 하였다.[33]

12세기경부터 실시되어 오면서 그동안 아무런 반대에 부딪히지 않았던 빵 한 가지로만 실시되던 평신도의 성체성사가 이제 처음으로 후스파에 의해 거부되었다. 이에 다급해진 종교회의는 후스를 처형하기 직전인 1415년 6월에 후스파의 양종배찬 의식을 금지조치하였다. 종교회의의 박사들에 의하면, 두 종류로 실시되는 성체성사는 그리스도에 의해 제도화되었고 초대 교인들에 의해 실시되어 왔다는 사실은 부정할 수 없지만

---

31) Lawrence of Brezova, "Vavrince z Brezove kronika husitska", in Jaroslav Goll, ed., *Fontes Rerum Bohemicarum*, V(Prague, 1893), p. 329. 이하 Lawrence로 약기함.

32) Macek, *The Hussite Movement in Bohemia*, pp. 32~33.

33) Kaminsky, "Hussite Radicalism and the Origin of Tabor", p. 107.

오랫동안 지켜져 온 기존의 성체성사를 임의로 변경할 수 없다는 것이었다.[34] 그러나 이러한 조치가 후스파들을 돌이킬 수는 없었다.

후스 후임으로 베들레헴 교회에서 설교한 하브릭(Havlík)과 후스가 소환되었을 때 그의 대리인 역할을 하였고 가톨릭교도들에게는 가장 위험한 후스파 지도자로 알려진 제세닉의 존(John of Jesenic) 같은 교수들의 강력한 반대에도 불구하고 양종배찬주의는 점차 후스파에 설득력 있게 받아들여졌고, 결국에는 후스파 운동의 핵심사상으로 정립되었다. 이로써 양종배찬주의는 종교적 관용을 측정하는 척도로서 후스파의 상징이 되었다. 그것은 후스파 개혁 사상의 축소판으로서의 가치와 놀라운 대중성으로 말미암아 여러 다른 경향들이 공통으로 의존할 수 있는 기반이 되었고, 전 급진적 프로그램의 이상적인 전달수단이 되었다.[35] 후스파는 성직자와 평신도의 평등화를 이루는 이 양종배찬주의를 끝까지 고수하면서 로마 가톨릭에 대항하였고, 민족고회 체제로 개편하는 데 성공할 수 있었다. 후스파들은 로마 가톨릭 의식을 양종배찬주의 의식으로 대체함으로써 개혁운동을 확대해 갈 수 있었고, 이렇게 함으로써 후스파 성직자들은 많은 하층민들의 지지와 후스파 귀족들의 후원을 얻을 수 있었다.

둘째로 프라하 신시의 후스파는 정치적 봉기를 일으켰다. 이들의 정치적 행동은 중립정책의 실시로 후스파를 지원하던 웬체스라스 4세(Wenceslas Ⅳ)가 가톨릭 세력의 집요한 설득과 위협에 굴복하여 취한 정책에 대한 반발로 표출된 것이었다. 기존의 중립정책에서 가톨릭 복고정책으로 전환한 왕은 후스파식 예배를 드릴 수 있는 곳을 셋으로 제한하고 후스파 참사원들은 반후스파로 교체하였다. 새로 임명받은 참사원

---

34) *Ibid.*, p. 116.
35) *Ibid.*, p. 107.

들은 후스파 운동을 와해시키기 위해 후스파 교회는 물론이고, 후스파 교구 학교를 폐쇄시키며 가톨릭 체제를 구축해 갔다. 7월 내내 취해진 이러한 억압정책에 격분한 프라하 후스파들은 정치적 봉기를 일으켰다.

프라하 신시의 후스파를 이끈 지도자는 존 젤리프스키였다. 그는 <성 마리아 교회>(St Mary Church)에서 설교자로 봉직하였다. 그는 주로 요한계시록에 기초한 설교를 통해 적그리스도와 대립하는 시기가 다가왔음을 알렸다. 또한 그는 성직자, 귀족, 고관들의 삶 속에서 적그리스도의 영이 출현했다고 보고, 후스의 추종자들이라면 무장하고 그 적들에게 칼을 꽂아야 한다고 설교하였다.[36]

그런 가운데 후스파 참사원들이 전원 추방되는 사태가 벌어지자 젤리프스키는 7월 30일 즉각적인 봉기를 촉구하고 나섰다.[37] 그는 적그리스도를 멸망시킬 날이 다가왔음을 선포하고, 적그리스도의 무리들을 향해 무장봉기할 것을 적극 권고하였다. 그는 <성 마리아 교회>에서 드리는 일상적인 예배에서 왕을 신랄히 공격하고 신법(神法)을 어기는 자들을 진멸하기 위한 칼에 대해 설교하였다. 그는 프라하를 한탄하며 여러 성구들을 인용하는 가운데[38] 거기 모인 청중들에게 무장봉기할 것을 말하였다. 설교를 들은 청중들은 교회 밖으로 나와 신시 거리로 가서 최근 당국으로부터 금지된 행렬 기도를 시작하였다. 젤리프스키를 선두로 한 행렬은 15분간의 짧은 행진 끝에 <성 스데반 교회>(St Stephen Church)에 도착하였다. 거기서 그들은 가톨릭 미사를 드리고 있던 그 교회의 문을 부수고 들어가서 두 종류로 성체를 나누고 후스파 교회로 인수하였다. 그러고 나서 그들은 <성 마리아 교회>로 되돌아가다가 시청 앞에

---

36) Macek, *The Hussite Movement in Bohemia*, p. 33.

37) 그는 자신의 추종자들과 함께 지난 6월 18일에 가톨릭 예배를 드리던 〈St. Nicholas 교회〉를 점유한 적이 있었다.

38) 에스겔 6:3~5, 잠언 7:26, 예레미아 14:13~16, 예레미아 애가 1:2~4 등.

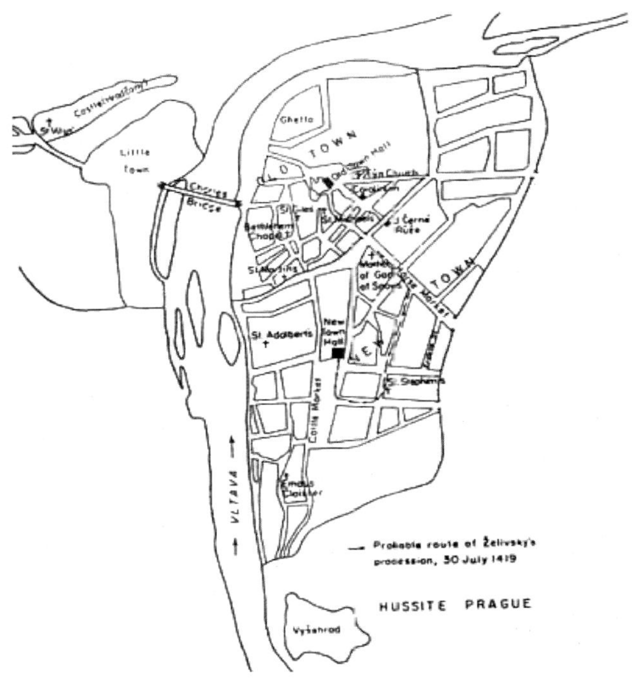

[Kaminsky, *A History of the Hussite Revolution*, p. 270.]

후스파 프라하

멈추어 서서 청사 안에 있는 시장을 비롯한 여러 인사들에게 감금되어 있는 후스파들을 석방하라고 요구하였다. 그러나 이 와중에서 이미 군대 지원을 요청해 놓고 기다리던 시의 고위관리들은 그들의 요구를 거절하였고, 시간을 끌면서 후스파에는 모욕적인 언사를 던졌다. 이에 격분한 군중들은 청사 안으로 뛰어 들어가 그 안에 있던 인사들을 창밖으로 내던졌다. 밖에 있던 군중은 창 밖으로 던져진 자들 가운데 살아 있는 자들을 죽였다. 반란 소식을 접한 왕실에서는 300명가량의 기마병을 보내어 진압하려 하였으나 엄청난 군중 때문에 손도 쓰지 못한 채 퇴각하였다.

　무장봉기한 사람들은 주로 직인(職人)과 도시 빈민들이었다. 프라하의 직인들은 경제적으로는 많은 혜택을 누리고 있었지만 시 행정에는 일체의 영향력을 행사할 수 없었다는 점에서 당국에 대한 불만을 갖고 있었다. 이들이 도시의 과격한 운동을 조직하고 그 방향을 주도하였지만 그 운동에 참여한 대다수는 최하층의 도시빈민들이었다.[39] 'chudina'로 불리는 그들은 날품팔이로 생계를 꾸려 갔고, 그들의 직업은 건축노동자, 대장장이, 제빵기술자, 통제조공, 방적공, 제화공, 자수공, 재단사, 목수, 새끼 꼬기, 양털깎이 등이었다.[40] 이 외에 매춘부, 거리악사, 부랑자, 건달, 거지 등 사회 최하층민들도 끼어 있었다. 이들 각자는 사회의 새로운 변화를 통해 열악한 자신들의 처지가 개선되기를 바라면서 그 봉기에 가담하였다.

　청사를 인수한 후스파는 다시 시 참사회를 후스파로 구성하는 동시에 상당수의 시민들을 동원하여 무장시키고 지즈카를 최고 지휘관으로 임명하였다.[41] 이로써 프라하는 2월 이전의 상황으로 되돌아갔다. 왕의 정책에 정면 도전하여 후스파 시 참사회를 구성한 것은 일종의 정치혁명이라 할 수 있다. 이 봉기의 성공으로 직인길드는 그 권한을 증대시켜 시 행정을 통제할 수 있게 되었다. 직인들은 많은 가톨릭 권세자들을 추방하고 그들의 집과 재산을 몰수하고 직무와 특권을 박탈하였다. 또한 그들은 수도원을 약탈하고 많은 재산을 프라하 시 소유로 귀속시켰다.

---

39) Cohn, *The Pursuit of the Millennium*, p. 208.

40) R. R. Betts, "The Social Revolution in Bohemia and Moravia in the Later Middle Ages", *Past and Present*, 1(1952), p. 208.

41) Źelivský는 전투 상황을 대비하여 미리 용병 지휘관인 John Źiźka의 도움을 청해 놓고 있었다. 이 제의를 받은 Źiźka는 왕에 대한 의무와 神法에 대한 의무 사이에서 고민하였다. 그러다가 그는 신법에 봉사하는 것이 더 우위라고 생각하고 후스파 혁명에 가담할 것을 결정하였다[Heyman, *John Źiźka and the Hussite Movement*, p. 65].

이처럼 신시는 직인들에 의해 시가 통제되고 있다는 사실만으로도 급진적 변혁의 중심지가 되었다.[42]

셋째로 후스주의가 프라하 시를 넘어서 지방으로 급속히 확산되면서 지방의 후스파가 생겨났다. 지방의 후스파에 관한 자료에 따르면, 우스티(Ústí)에서는 양종배찬주의를 둘러싸고 후스파 성직자와 가톨릭 성직자 간의 다툼이 있었고, 피섹(Písek)에서는 후스파식 예배를 요구하는 후스파들이 주교대리를 몰아내고, 그의 하인들에게 고문을 가하는 폭력사태가 있었다.[43] 이처럼 후스주의는 남부 보헤미아 지역과 모라비아 지역 등지에 광범위하게 퍼졌다.

지방에서도 후스주의가 잘 받아들여진 것은 우선 도시에 비해 매우 열악했던 사회적·경제적 조건 때문이었다. 15세기 초에 농민들은 영주제의 위기를 맞이하여 영주의 법정에 불복하여 상소할 수 있는 전통적 권리를 빼앗기고 차지(借地) 매매, 잉여 생산물의 보유 그리고 소유의 세습에 대한 권리마저 박탈당하였다. 거기에다 농민들은 세금의 증가와 부역의 가중 등의 질곡도 떠안았다.[44] 이런 상황에서 농민들은 자신의 상황을 타개시켜 줄 새로운 국면을 기대하였고 후스주의에서 그 해결의 실마리를 찾았다. 다음으로 왈도파사상(Waldensianism)의 전파로[45] 형성된 지적 풍토 때문이었다. 사도적 청빈과 도덕적 순결을 목표로 삼는 왈

---

42) Cohn, *The Pursuit of the Millennium*, p. 283.

43) Kaminsky, "Hussite Radicalism and the Origin of Tabor", pp. 110~112.

44) M. Malowist, "The Problem of the Inequality of Economic Development in Europe in the Later Middle Ages", *The Economic History Review*, 19(1966), pp. 17~21.

45) 1330년대 말 Ulrich of Jindřichův Hradec의 영지에서 발생한 왈도파 폭동에 관한 자료는 그 지역에 왈도파가 널리 퍼져 있었음을 확인시켜 준다. Písek의 Johlin가의 2세대가 믿은 이단에 대한 1381년 증명서는 프라하 주교 회의가 처음으로 회칙을 통해 왈도파 활동을 언급한 것인데, 이를 통해서 알 수 있는 것은 왈도파 이단이 보헤미아 교회의 권위에 문제를 야기했다는 사실이다. 1390년대부터 후스파 시기까지의 보헤미아 고본(稿本)들 모음집은 일련의 왈도파 오류에 관한 목록이 담겨 있는데, 그만큼 체코인들이 왈도파에 몰두하였음 보여 준다[S. Harrison Thomson, "Pre-Hussite Heresy in Bohemia", *English Historical Review*, 48(1933), pp. 35~41].

도파사상을 접하고 있던 사람들은 1415년경에 와서 교리적 · 사회적 · 감정적으로 후스파 메시지를 쉽게 동조할 수 있었을 뿐만 아니라 그것을 취하고 확장시켜 혁명적 종파운동의 이데올로기로 만들 수 있었다.[46]

그러나 가장 큰 요인은 하급 성직자들의 역할이었다. 그들은 지속적으로 지방을 다니며 설교함으로써 지방민들을 후스파로 끌어모아 조직화하였다.[47] 이처럼 하급 성직자들의 지방에서의 활동은 사회구조적 원인에서 기인한 것이었다. 성직자와 교회에 과다한 헌납을 하는 풍토에서 많은 사람들이 무분별하게 서품 지원에 나섰고, 그 결과 지나치게 많은 성직자가 배출되었다. 14세기 말, 인구 4만 정도의 규모인 프라하에만 천이백 명의 성직자가 있었고, 그중 이백 명만이 교회조직에 소속되어 활동할 수 있는 상황이었다. 그리하여 많은 성직자들이 할 일을 찾지 못하고 궁핍하게 생활하였다.[48] 이렇게 교회조직에서 제외된 하급성직자들이 지방으로 가서 후스주의를 전파하는 일을 하였다.

이상의 세 후스파들은 다른 지역적 기반을 가진 것 외에는 별다른 차이점을 드러내지 않았다. 그러나 그들의 개혁목표가 종교적 · 민족적 관심에서 벗어나 사회경제적 국면에 집중되자 그동안 잠재되었던 입장차가 표면화되었다. 그것은 각 계층 간의 이해관계에 입각한 것이었다. 귀족들은 교회의 재산을 탐내었고 그 재산은 파문과 맞바꿀 만한 값어치가 있는 것으로 생각하였다. 직인장(職人長)과 같은 중간 계층은 시 참사회에서 프라하를 지배하고 보헤미아에 대한 통치권을 행사하는 귀족들에게 대항할 수 있을 만큼의 권력을 갖고 싶어 하였다. 농노 특히 교회 영지의 농노들은 그 축복받은 토지가 자신들에게 분배되거나 아니면 최

---

46) Kaminsky, *A History of the Hussite Revolution*, pp. 177~178.

47) Macek, *The Hussite Movement in Bohemia*, p. 34.

48) Lambert, *The Medieval Heresy*, p. 280.

악의 경우 자신들이 농노의 신분에서 벗어나게 되기를 꿈꾸었다.[49) 이
처럼 각 계층들 간의 이해관계가 서로 얽히면서 후스파의 내부분열은
불가피하였다.

온건한 대학교수들, 부유한 시민 그리고 귀족들을 중심으로 보수파가
형성되었다. 이들은 '성배파'(聖杯派) — 라틴어로 '두 종류로'라는 의미
가 담긴 우트라퀴스츠(Utraquists) 혹은 성배라는 라틴어 calix에서 유래한
칼릭스틴스(Calixtines) — 로 불렸다. 이들은 후스와 가장 가까운 개혁 개
념을 갖고 있었으나 종교적 반란이나 급격한 사회적·경제적 변화를 원
치 않았다. 반면에 후스가 생각했던 것을 훨씬 넘어서는 개혁을 추구한
급진파는 대체로 농민, 도시빈민 그리고 약간의 중간 계층이 참여하였
다. 이 같은 타보르파의 성향은 보수파들의 종교개혁에 만족하지 않고
종교개혁의 실질적 완성과 새로운 사회의 추구를 구현시키려는 급진파
의 행동양식에서 나온 것이었다.

후스파 운동의 전체적 맥락에서 보면, 수적(數的)·군사적 우세를 차
지하고 있던 타보르파가 주도권을 행사하였다. 그러나 그 주도권은 국
제적 정치변화에 민감하게 대응하면서 정치적 권한과 역량을 발휘하던
성배파에 넘어갔다. 성배파는 타보르파에 교묘한 정치적 압박을 가하며
주도권을 확립하였다. 이에 고립 상태에 빠지게 된 타보르파는 천년왕
국주의를 수용함으로써 새로운 돌파구를 찾았다.

2) 타보르파의 급진노선

가톨릭 체제에 대한 저항운동으로 전개되던 후스파 운동이 새로이 사

---

49) Will Durant, *The Reformation: A History of Europe Civilization from Wyclif to Calvin, 1300~ 1564*(New York,
1957), p. 169.

회적 성격의 운동으로 변모해 갔다. 그것은 내부분열로 야기된 것이었다. 그 내부분열의 직접적 발단은 웬체스라스 4세가 후스파의 7월 봉기에 대한 충격으로 1419년 8월 16일 급서한 후 떠오른 정치적 쟁점에서 생겼다.

보수파와 급진파의 첨예한 대립을 야기한 쟁점은 다음 두 가지였다. 첫째는 보헤미아의 왕위 계승권 문제였다. 보수파는 합법성의 원칙을 내세워 웬체스라스의 이복형제인 지기스문트(Sigismund)를 보헤미아 왕으로 추대할 것을 주장하였다. 만약 지기스문트가 후스주의를 허용하고 보호해 준다면 그를 거부할 아무런 이유가 없다는 것이다. 반대로 급진파는 지기스문트는 적이지 결코 보헤미아의 왕이 될 수 없다는 입장을 견지하였다. 급진파 입장에서 보면 지기스문트에게 보헤미아의 왕위를 내어 주는 것은 간신히 이룩해 놓은 민족국가 체제를 송두리째 무너뜨리는 것이나 다름없는 것이었다.

둘째는 가톨릭과의 관계설정 문제에 따른 개혁 개념의 차이였다. 민족교회를 향한 대과제를 놓고 보수파는 평신도에게도 빵과 포도주로 성찬 예식을 행하고, 로마 가톨릭으로부터 얼마간의 자율권을 얻는다면 만족한다는 입장이었다. 보수파가 말하는 자율권이란 로마 가톨릭 교회가 왕의 동의 없이 영향력을 행사하지 못하고, 신앙의 문제에 대한 조정권은 대학 당국에 맡긴다는 것이다. 그러나 급진파에게는 적그리스도인 로마 가톨릭과 타협한다는 것은 절대로 있을 수 없는 일이었다. 그와 타협한다는 것은 적그리스도에게 속아 넘어가는 것이었다.

급진파는 웬체스라스 코란다(Wencelas Koranda)의 지도하에 9월 플첸(Plzeň)이라고도 불리는 필센(Pilsen)의 언덕 브지 호라(Bzí Hora)에서 산상집회를 개최한 후 베네스코브(Benescov)로에 있는 교차로에 다시 모였다. 거기서 그들은 귀족들이 지기스문트와 협정을 맺을지 모르는 불운한 조짐을 알아채고 그에 대한 반대 투쟁을 벌이기 위해서 그날 밤 프라하로 갔다. 그들은 프라하 신시의 후스파들과 함께 그것은 독자적으로 주교와 군주를 세우고 로마 가톨릭과 단절함으로써 자주적인 민족 교회와 국가를 세우자는 정치적 대안을 귀족들에게 제시하였다.

그러나 급진파의 정치적 행동은 수구 세력의 결속을 돕는 결과만을 초래하였다. 보수파는 비록 수적 면에서는 훨씬 열세였으나 양종배찬주의의 확보만을 강조하면서 급진파들에 그 계획을 단념하게 할 대책을 모색하는 정치력을 발휘하였다. 우선 보수파는 가톨릭과의 연합세력을 구축하는 일부터 시작하였다. 양측의 연합은 지기스문트가 왕권을 인수할 때까지 평화롭게 공존한다는 정치적 합의로 성사되었다. 그들의 현상 유지 정책은 대학 내의 지도 세력을 보수파로 끌어들이는 성과를 낳았다. 대학 교수들은 후스주의를 통일된 민족적 개혁운동으로서 유지, 발전시키려는 의지를 갖고 있었고, 대학이 전 후스파 운동에 대한 종교적 권위를 주장할 수 있는 발판을 찾을 수 있기를 바랐다. 그런 가운데 그들은 자신들의 권위가 위협받고 있음을 깨달았고, 과격해진 급진파들의 행동에 우려를 갖게 되면서[50] 자연스럽게 귀족들의 보수화에 동조하였다.

이후 보수파는 프라하와 지방의 급진파에 대해 적극적인 공세를 펼쳤다. 그들은 웬체스라스 치세 시의 종교적 현황을 유지하라는 지기스문트의 메시지를 내세워 급진파를 옥죄었다. 그들이 전달한 메시지는 자신들의 입장을 덧붙인 일종의 협박이나 다름없는 것이었다. 그 메시지에는 소요, 교회 파괴, 불법 집회를 즉각 중단할 것, 추방당한 수도사·수녀들과 달아났던 프라하 도시민들의 복귀를 용인할 것, 왕권에 대한 도전을 중지할 것, 양종배찬주의에 관해서는 황제가 올 때까지 주교, 성

---

50) Clair, *Millenarian Movements in Historical Context*, p. 126.

직자, 교수, 귀족들과 상의할 것, 그동안 성체성사는 가톨릭식과 후스파식을 병행할 것, 끝으로 이에 불복하는 자들에 대해서는 황제의 교시에 따라 진압에 나설 것 등의 내용이 담겨 있었다.[51]

그러나 젤리프스키를 위시한 급진파들은 황제의 메시지에 결코 동조할 수 없었고, 보수파의 행동도 후스주의에 대한 배신행위로 보였다. 따라서 급진파는 보수파에 강경하게 맞설 수밖에 없었다. 이에 보수파와 가톨릭 연합 세력의 지도자 체넥 경은 급진파에 대한 진압 계획을 세우고 독일인과 비체코인 용병을 고용하였다. 보수파와 급진파 간의 무력 충돌은 불가피하였다.

프라하에 모여 있던 급진파는 신법을 반대하는 도시들을 공격하라는 젤리프스키의 설교를 듣고, 무장하였다. 그들은 뛰어난 군사지도자 지스카의 지휘하에 뷔세라드(Vyšehrad) 요새를 공격, 점령하였다. 마침내 보수파 세력을 물리치는 데 성공한 급진파는 프라하에 지휘 본부를 세우고 자신들의 정책을 관철시키고자 하였다. 그런 가운데 보수파와 급진파 간에 협상이 진행되었는데, 11월 9일에 일시적인 휴전이 선포되었고, 4일 만에 정식 협약이 타결되었다. 이 협약의 내용은 급진파 측이 뷔세라드를 포기하고 성상, 교회, 수도원 파괴를 자제하기로 하였고, 보수파 측이 프라하와 보헤미아 전역에 걸쳐 양종배찬주의와 신법의 전파를 보장한다는 것이었다.[52]

급진파들은 보수파와의 협약 내용만을 믿고, 프라하를 떠나 자신들의 근거지로 흩어져 갔다. 그러나 그것은 보수파의 심한 박해를 초래하는 결과만을 낳았다. 로렌스(Lawrence of Březová)에 따르면, 양종배찬주의를 지지하는 성직자와 평신도들은 체포되어 잔인한 독일인 박해자로서 체

---

51) Kaminsky, *A History of the Hussite Revolution*, p. 304.

52) *Ibid.*, pp. 307~308.

코인의 적으로 알려진 쿠트나 호라 사람에게 팔려 갔다. 거기서 그들은 각종 벌을 받았을 뿐만 아니라 광산으로 보내져 비인간적인 강제 노역을 강요당하였는데, 그 수는 천육백 명이 넘었다.[53] 이 같은 일들이 1419년 겨울을 지나는 동안 내내 급진파에 일어났다. 급진파가 그렇게 당할 수밖에 없었던 것은 자신들을 민족운동에 결속시켜 줄 정치적 유대를 갖고 있지도 못했고, 후스파 연합체 안에서 정치적 성과를 얻어 낼 만한 가능성도 갖고 있지 못하였기 때문이다.[54] 11월 13일 협약은 보수파의 급진파에 대한 박해를 종식시키는 것을 내용으로 하고 있었지만 결국은 급진파에 대한 야만적인 박해의 징표에 불과한 것이었음이 판명 났다.

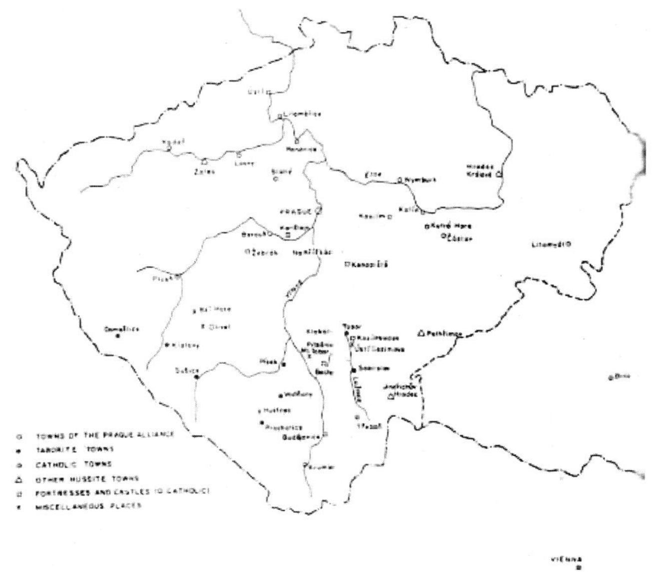

[Kaminsky, *A History of the Hussite Revolution*, pp. 268~269.]

1420~1424년 기간의 보헤미아와 모라비아 지역

---

53) Lawrence, p. 351.

54) Kaminsky, "Chiliasm and the Hussite Revolution", p. 46.

국내적으로 탄압을 받던 급진파는 이듬해 국외적으로도 교황과 황제의 압박에 직면하면서 더욱 곤경에 빠지게 되었다. 보헤미아의 왕권 인수를 바라던 지기스문트는 군사적 방법으로 자신의 목적을 달성하려고 시도하였다. 그는 1420년 3월 초 브레스라우(Breslau)에서 프라하의 저명한 후스파 상인 얀 크라사(Jan Krása)를 화형시킴으로써 보헤미아 이단에 대한 척결 의지를 표명하였다. 크라사는 후스파들의 안전을 보장한다는 황제의 약속을 믿고 후스파 명분에 대한 자신의 열의를 알렸다. 이에 그는 곧바로 체포되어 주교의 심문을 받았다. 그는 다음 항목을 인정하라고 요구받았다. 첫째, 콘스탄스 종교회의는 성령 안에서 합법적으로 개최되었다. 둘째, 종교회의가 인정한 것은 무엇이든지 올바른 것이었으며 믿어야만 하는 것이었고, 종교회의가 선한 것은 무엇이든지 마땅한 것이었다. 셋째, 종교회의는 후스와 프라하의 제롬에 대해 의롭고 거룩하게 선고를 내렸다. 넷째, 종교회의가 두 종류의 성체성사에 대해 내린 이단선고는 올바른 것이었다. 크라사는 그것을 거절하였고, 3월 15일 지기스문트의 동의로 처형되었다. 그리고 이틀 후 위클리프파, 후스파 및 다른 이단들의 근절을 요구하는 십자군 교서가 정식으로 공표되었다.[55]

교황과 황제의 십자군 원정은 급진파는 물론이고 보수파까지도 심각한 생존의 위협을 느꼈다. 이에 모든 후스파는 크라사가 거절한 항목들을 기꺼이 받아들일 수 없다면 저항하는 것 외에 달리 선택할 수 있는 것이 없었다. 더욱이 애국적인 체코인들은 대체로 독일인들로 구성된 십자군을 침략군으로 규정하고, 그들과 싸우는 것을 당연하게 여겼다.[56] 이로써 분열되었던 후스파는 민족의식을 바탕으로 재차 단결하였다. 그

---

55) Lawrence, pp. 358-359.

56) Kaminsky, *A History of the Hussite Revolution*, p. 365.

들은 일시에 대규모의 군대를 일으켰고 붉은 성배가 그려진 깃발 아래 양종배찬주의와 조국을 위해 외국 침략자들과 싸웠다.[57] 민족적 유대감으로 결집된 후스파 군대는 신법의 방어를 위해 필사적으로 전투에 임하였다. 유능한 지즈카의 지도력에 힘입어 후스파 군대는 1420년 7월 14일 비트코브(Vítkov) 언덕 전투에서 결정적인 승리를 거둠으로써 십자군을 완전히 격퇴시켰다. 이후 지기스문트가 일으킨 다른 십자군 원정도 있었지만 후스파는 그마저도 분쇄하였다.[58] 이로써 급진파가 보여 준 혁명적 열정과 용기의 진가가 입증되었다.

십자군으로 인해 다시 하나가 되었던 후스파는 여전히 좁혀지지 않는 입장차를 갖고 있었다. 이들에게 필요한 것은 모든 후스파가 동의할 수 있는 규범을 만드는 것이다. 그리하여 보수파와 급진파는 1420년 4월 20일 '프라하 4개 강령'(the Four Articles of Prague)을 도출해 내었다. 그 내용은 첫째, 신의 말씀은 방해받지 않고 전파되어야 한다. 둘째, 성체성사는 빵과 포도주 두 종류로 집전되어야 한다. 셋째, 성직자들의 과다한 재산소유는 제한되어야 한다. 넷째, 공공연히 자행된 모든 죄악상은 금지되어야 한다는 것이었다.[59]

양자 간의 합의를 통해 작성된 것임에도 불구하고 그 강령은 성배파의 요구를 최대한 반영한 것이었던 반면에 급진파의 요구에는 매우 미흡한 것이었다. 십자군과의 전투에서 지대한 공헌을 하였음에도 불구하고 급진파는 이번에도 정치적으로 배제당한 좌절감을 맛보았다. 그들은 보수파와 함께 민족적 차원의 개혁을 추진할 수 없다는 것을 깨달았다.

---

57) 이때 후스파 여성들도 남성과 함께 전투에 적극적으로 임하였다. 이에 관해 Lawrence of Brezova는 목격자의 증언을 토대로 하여 다음과 같이 묘사하였다. 여성들도 남성처럼 싸웠는데, 어떤 여성은 적군에게 한 치의 땅도 내주지 않겠다는 각오를 보이면서 진실한 그리스도인은 적그리스도 앞에서 결코 물러서지 않는다고 외쳤다[Lawrence, pp. 383~387].

58) Macek, *The Hussite Movement in Bohemia*, pp. 48~49.

59) Lawrence, pp. 391~395.

그들은 전에도 경험했듯이 자신들이 프라하에 머묾으로써 보수파와 계
속적인 갈등을 겪게 되고 그로 인해서 상처만 더욱 커질 뿐이라는 결론
에 도달한 것이다. 그들은 후스파 전체에서 얻을 수 있는 정치적 몫을
포기하고, 타보르에서의 이상을 지속적으로 구현시키는 것이 현명하다
는 판단을 내렸다. 그리하여 그들은 성배파와의 결별을 선언하고 남부
보헤미아에 있는 자신들의 근거지로 갔다.

타보르 Mariano의 지형도(1650년)

이때부터 급진파들은 타보르, 오렙(Oreb), 베라넥(Beranek) 등지의 여러
산간지역을 근거지로 삼고 독자적인 노선을 걸어갔다. 그곳들은 1416년
부터 순례 형식으로 열리던 산상집회가 점차 정례화되어 정착지가 되었
는데, 그중 대표적인 곳이 타보르로서 루츠니카(Lužnica) 강변의 베키네
(Bechyně) 근처의 한 언덕이었다.

타보르는 원래 그리스도가 부활하여 승천한 곳이며 영광 중에 재림하
기로 예언된 산의 이름이다.[60] 젤리프스키는 첫 산상집회가 열린 지 5

---

60) 구약(사사기 4:6~10)에서 타보르는 드보라가 가나안 왕과의 결정적 전투를 준비하기 위해 일만 명의 군대를

일째 되는 날에 마태복음 28장 16~20절을 강해하면서 타보르의 의미를
밝혔다.

이런 타보르는 유대인들을 도피처로 지시된 신성한 곳, 예수가 죽은
후 초대 교회가 부흥한 곳, 교회를 제도화하는 법이 고전적 형태로 부과
된 곳이라는 상징적 의미를 담고 있다. 타보르가 지닌 상징적 의미가 남
부 보헤미아의 한 언덕에 적용되면서 그 이름의 이상성은 더욱 중요시
되었다.[62]

참여자의 정신이 그대로 반영되어 있는 타보르라는 명칭이 사용되기
시작한 것은 1419년 7월 22일 산상집회 때부터였다. 이때 약 4만 명 정
도의 군중들이 모여 형제애를 나누며 초대 교회의 회복을 목표로 하였
다. 이 산상집회를 조직한 후스의 니콜라스(Nicholas of Hus)는 프라하에
서 쫓겨나 이 지역으로 옮겨 온 성직자로서 놀라운 조직력을 발휘하여
모임을 이끌었다.[63] 순수한 종교적 성격을 띠었던 이 모임에 급진파가
모여들면서 타보르는 급진파 활동의 중심지가 되었다. 이후 급진파 모

모은 곳이었다. 신약의 복음서(마태 17:1~2, 마가 9:1, 눅 9:28~29)에서 타보르 산은 예수가 변화되었던
곳이었다. 이것을 Želivský는 선택된 제자들의 특별한 피난처로 제시하였다. 그는 마태복음 18장 16~20절을
강해하면서 다음과 같이 말하였다. "주님은 자신이 제자들보다 앞서 갈릴리로 갈 것이라고 종종 제자들에게
말씀하셨다. 주님이 제자들에게 나타나신 곳이 갈릴리의 타보르 산이다. 그곳에서 제자들은 유대인들을 두려
워하지 않았다. 왜냐하면 그리스도는 유대에 있을 때는 감람산에서 기도하셨지만 갈릴리에 있을 때는 타보르
산에서 기도하셨기 때문이다."[Kaminsky, *A History of the Hussite Revolution*, p. 282.]

61) Aeneas Sylvius, *Historia Bohemica*, in Kaminsky, *A History of the Hussite Revolution*, p. 282에서 재인용.

62) *Ibid.*, pp. 282~283.

63) Heyman, *John Žižka and the Hussite Revolution*, p. 62.

두는 타보르파로 통칭되었다.

한때 후스가 은거했던 곳과 가까운 여러 산간지역에 모인 타보르파는 정신적 박탈감에 빠져 있었다. 그들은 재차 당한 정치적 고립에서 오는 허탈감, 여전히 벗어날 수 없는 경제적 빈곤, 아무런 삶의 희망을 기대할 수 없는 절망감에 허덕일 수밖에 없는 상태에 있었던 것이다. 이들에게 새로이 활로를 제시한 사람들은 하급성직자 출신의 예언자들이었다.

예언자들은 이미 타보르파에 마지막 시대에 살면서 적그리스도와 싸워야 한다는 점을 일깨웠다. 코란다가 1919년 9월 30일 교차로 집회에 모여 달라는 호소를 했을 때 그가 강조한 것은 적그리스도의 악행을 제거하자는 것이었다.

> 우리는 신법에 역행하는 적그리스도에게 이끌리는 위선적인 거짓 예언자들이 우리의 영을 교활하고 해롭게 미혹한다는 것을 인정하고, 그들을 잘 알아차려 경계하는 데 게으르지 않음으로써 그들이 더 이상 우리를 속이거나 주 예수와 사도들의 진실한 믿음을 호도하지 않게 해 달라고 신께 구한다. 왜냐하면 우리들은 이제 예언자 다니엘이 예언한 것처럼 거룩한 곳에 서 있는 극도에 달한 추악 곧 거룩함과 자비의 미명하에 자행되는 신의 진리에 대한 조롱, 모독, 은폐, 부인(否認) 그리고 적그리스도의 위선적인 모든 악에 대한 대대적인 찬미를 명백히 보기 때문이다.[64]

이처럼 적그리스도와 싸운다는 의식을 가지고 행동한 타보르파에 종말의식이 있었음은 자명한 일이다.

타보르파의 종말의식은 성배파의 배신과 십자군 전쟁을 겪고 난 후 더욱 강화되었다. 성배파의 배신과 십자군 전쟁을 통해서 타보르파는 적그리스도의 출현과 재앙의 시작을 보았다. 그런 사건들은 타보르파에는 분명 세상의 종말이 일어나기 전 나타나는 시대적 징조로 이해되었

---

64) Wenceslas Koranda, *Archiv cesky*, in Kaminsky, *A History of the Hussite Revolution*, p. 300에서 재인용.

던 것이다.

산으로 들어오라는 예언자들의 설교는 타보르파에 종말론적 행동을 하도록 이끄는 원천이었다. 예언자들은 주(主)가 적그리스도와 그 교활한 무리들로부터 타보르파를 해방시켜 줄 것이기 때문에 주 안에서 기뻐해야 한다고 말하였다. 그들은 불신자들에게 주의를 두지 말고 그들을 좇지 말 것을 경고하며 그리스도와 함께 세상의 온갖 고통을 견딜 것을 권면하였다. 그런 가운데 예언자들이 강조한 것은 롯의 아내처럼 뒤를 돌아보지 말고 그리스도가 자신의 재림을 말하면서 산으로 피하라고 하신 명령을 기억하라는 것이었다.[65] 이러한 설교는 산에 들어가 정착하기로 한 결정에 대해 새로운 의미를 부가하였다. 예수가 재림할 곳으로 피한다는 것 자체가 마지막 시대에서 구원을 보장받는 것이 되었다는 사실이다. 이로써 타보르파들은 기존 사회로부터 분리되어 나왔다. 이러한 분리는 그들이 생존할 수 있는 유일한 길이었다. 그들은 공동체를 건설하고 예수가 재림하기를 기다렸다. 이때 그들의 목표는 성찬예식과 설교도 아니고 민족적 개혁 운동도 아니었고, 대재앙이 임박한 시기에서의 자기보존과 현시대를 종식시킬 그리스도와 적그리스도 간의 최후의 전투였다.[66] 이런 상황에서 타보르파는 세상의 종말에 대한 두려움으로 행동하기보다는 구원의 희망 속에서 행동하였다.

타보르파는 예언자들의 말에서 구원을 얻을 수 있는 구체적인 방법을 찾아내었다. 그렇다면 예언자들이 말하는 예수의 재림 시 구원받을 수 있는 방법은 무엇인가? 그것은 요새화된 다섯 피난도시로 가라는 신의 명령에 따르는 것이다. 이 같은 사실은 다음의 서신에 잘 나타나 있다.

---

65) Z. Nejedly, ed., *Dejiny husitskeho zpevu za valek husitskych*, in Kaminsky, "Chiliasm and the Hussite Revolution", p. 47에서 재인용.

66) *Ibid.*, p. 50.

사랑하는 형제들이여! 대환란의 시대가 이미 가까웠음을 알라. 그 시
대에 관해서는 그리스도가 성서에서, 사도들이 서신서에서, 사도 요한
은 물론 다른 여러 예언자들이 계시록에서 예언한 바 있다. 이때에 주
인 되신 신은 그의 선민들에게 악한 자들에게서 도피하라고 명령하신
다. …… 그러나 신의 선민들은 어디로 도피하는가? 신이 대환란의 시
대에 제공하신 요새화된 도시들로 가면 된다. …… 적그리스도와 타협
하거나 굴복하지 않을 다섯 도시가 있다.[67]

여기서 주목되는 것은 그동안 막연한 산으로 지정되던 것이 적의 세력
으로부터 방어가 용이한 요새화된 다섯 피난 도시로 구체화되었다는 점
이다.

예언자들은 신의 지시에 의해 지정된 다섯 도시로 피난 갈 것을 독려
하였고 많은 타보르파 신자들이 그에 따랐다. 이 같은 사실에 대하여 로
렌스는 다음과 같이 기록해 놓았다.

이 무렵 특정의 타보르파 성직자들이 사람들에게 설교하기를, 그리스
도가 새로 도래하는데 그렇게 되면 모든 악인들과 진리의 적들은 멸
망하고 근절될 것이지만 선인들은 다섯 도시에서 구원받게 될 것이라
고 하였다. 이러한 이유에서 두 종류로 성체성사를 자유롭게 받을 수
있는 특정한 도시들은 적들과 타협하기를 거부하였는데, 특히 플첸 시
가 그러하였다.
베키네와 그 밖의 지역의 이 같은 타보르파 성직자들은 탁월한 설
교 방법으로 사람들을 기만하고 있었고, 예언서들을 자신의 머리로 잘
못 해석함으로써 그리고 거룩한 박사들의 가톨릭 교리들을 멸시함으
로써 그리스도교 신앙에 반대되는 많은 그릇된 교리들을 전개하고 있
었다. 그들은 주장하기를, 전 지구를 방문하기로 되어 있는 전능한 신
의 분노로부터 구원받고자 하는 모든 사람들은 롯이 소돔을 떠났듯이
그들의 도시, 촌락, 마을을 떠나 다섯 피난 도시로 가야만 한다고 하
였다. 이들 다섯 도시의 이름은 태양의 도시로 불린 Plzeň, Žatec,
Louny, Slaný, Klatovy이다. 그 다섯 도시로 가야 하는 이유는 전능한 신
은 그 다섯 도시로 피난 간 사람들만 구원하고 나머지 전 세계를 파멸

---

67) *Ibid.*, p. 48에서 재인용. 여기에서 논의되는 다섯 도시에 대한 근거는 이사야 19장 18절에 근거를 둔 것이었
고, '바벨론으로부터 탈출하라'는 것은 예레미야 5장 5절에 근거를 둔 것이었다.

시키기를 원하기 때문이다. 이런 교리를 지지하면서 그들은 거짓되고 잘못 이해된 예언 본문들을 단언하였고 이런 내용을 담은 서신들을 보헤미아 왕국의 전역에 발송하였다. 이에 많은 단순한 사람들은 이 하찮은 교리들을 진실로 받아들이고는 열정을 갖고는 있지만 사도들이 말한 것처럼 분별력 있게 행동하지 못함으로써 그들의 재산을 팔거나 싼 가격에라도 처분하고 처자식들과 함께 보헤미아와 모리비아의 각 지역으로부터 이들 성직자들에게 몰려들었고 그들의 돈을 그 성직자들의 발에 내놓았다.[68]

이렇듯이 종말을 기정사실로 받아들인 타보르파 신자들은 예수의 재림을 준비하고 그에 따른 다섯 도시로 피난하라는 예언을 그대로 따랐다. 예를 들어, 플첸 시로 가라는 코란다의 말에 많은 급진파들이 따랐다. 거기에는 브레넥(Brenek of Ryzmburk) 경, 발코운(Valkoun of Adlar) 경, 존 지즈카 그리고 다른 군사들도 합세하였다. 특히 지즈카의 도착은 급진파 진영에 주목할 만한 변화를 가져왔다. 그가 뛰어난 군사적 지도력을 발휘함으로써 조직력과 구심력이 약한 급진파 운동을 조직화시켰기 때문이다. 이로써 영적 운동에 머무는 데 그칠 뻔했던 타보르파 운동은 군사적 조직력을 갖춘 대중의 사회운동으로 발전할 수 있었다.

플첸으로 온 이 군사 지도자들은 반대파 세력을 몰아내고 플첸 시를 완전히 장악하였다. 스스로 방어 능력을 갖추자 코란다는 다음과 같은 사실을 확신시켜 주었다. "우리는 어느 날 일어나서 다른 사람들이 코를 공중으로 세운 채 죽어 누워 있는 것을 발견할 것이고 그날 플첸에는 여전히 살아 있는 악인들보다 더 많은 집들이 있게 될 것이다."[69] 또한 그는 설교하기를, 서책이 필요 없게 될 것이며 모두는 신으로부터 직접 배우게 될 것이라고 하였다.[70] 이러한 예언을 들으면 그곳 사람들은 임박

---

68) Lawrence, pp. 355~356.

69) *Ibid.*, p. 330.

70) *Ibid.*, p. 340.

한 예수의 재림을 기다리며 어려운 현실을 견뎌 내었다.

피섹 시도 타보르파들이 모여든 곳 중의 하나였다. 타보르파를 적극 반대한 존 프리브람(Příbram) 교수에 따르면, 타보르파 성직자들은 피섹 시에서 자기들을 찾아 피난 온 사람들을 형제들로 부르며 모든 것을 공동 부담해야 한다고 설교하였다. 이 목적을 위하여 성직자들은 매튜 라우다(Mathew Lauda)를 관리 책임자로 세우고 한두 개의 공동금고를 설치하여 운영하였다.[71] 이처럼 사람들이 공동금고에 재산을 내놓는 것은 구세계에서 가져온 것을 포기함으로써 새 세계로 들어섰다는 것을 확인하려는 일종의 종교의식이었다. 이렇게 해서 마련된 공동금고는 초기의 산상집회에서 추구하였던 사도행전 2장 44~45절에 기록되어 있는 초대교회의 전통을 따른 것이라고 할 수 있다. 그 공동금고의 재원 마련은 타보르파의 자진 헌납으로만 채워지지 않았고 비타보르파의 자산을 몰수한 것으로 충당되기도 하였다.[72]

그러나 플첸과 피섹은 얼마 못 가서 왕당파 세력에 넘어갔다. 피섹은 2월 중순쯤에 왕당파의 공격을 이겨 내지 못하고 무너졌다. 피섹에서 쫓겨난 타보르파들은 우스티-나드-루츠니치(Ústí-nad-Lužnici)로 갔다. 그들은 숲에 숨어 지내다가 2월 21일 수요일 새벽에 우스티 시로 쳐들어가 점령하였다. 가톨릭교도들은 도피하거나 쫓겨났고, 그들의 소유는 타보르파에 넘어갔다. 이후 주변의 급진파들이 이 새 피난 도시로 몰려들었다. 그러나 방어하기가 용이하지 않은 관계로 이 우스티도 타보르파 도시로서 오래 유지되지 않았다. 이곳의 지도자 흐로마드카(Hromádka)는 걱정되는 방

---

71) *Ibid.*, p. 331.

72) 이 외에도 신자들이 피난 간 다른 도시들이 있었다. 다섯 피난도시로 거론된 Žatec, Louny, Slaný에 관한 구체적인 기록은 찾을 수 없지만 여러 다른 도시들에서도 신의 진리를 방어하기 위해 사람들이 모여들었다는 기록이 있다. Plzeň과 Písek 이외의 다른 도시들에 관한 언급은 1420년 2월 10일에 Sigismund가 Žatec 지역의 성직자, 고관에게 보낸 편지에서 찾을 수 있다. 그는 어떤 도움도 주지 말아야 할 도시들의 목록을 제시하였는데, 거기에는 Plzeň, Písek 외에 Hradec Králové도 구체적으로 언급되어 있고 나머지에 대해서는 그 밖의 다른 도시들이란 말로 총괄하고 있다[Kaminsky, *A History of the Hussite Revolution*, pp. 332~333].

어문제에 대해 플첸에 있는 지즈카와 상의하였다. 지즈카는 그에게 치발 (Cheval of Machovice)과 일단의 군사들을 파견하였다. 그러나 우스티의 타보르파들은 더 안전한 장소로 가기를 원하였다. 결국 그들은 우스티를 떠나기로 결정하고 가까운 흐라디스테(Hraciště) 요새로 이동하였다. 완전히 포기된 우스티는 3월 30일에 불탔다.

왕당파의 끈질긴 공격을 받던 플첸의 안전도 불안정한 상태였다. 따라서 지도자들은 이 문제를 협의하여 플첸의 전 타보르파 공동체를 새로운 장소로 옮겨 갈 것을 결정하였다. 3월 23일경에 그들은 코란다와 지즈카의 지휘 아래 태양의 도시를 떠나 이동하였다. 그러나 그들은 도중에 왕당파 공격을 받아 치열한 전투를 벌였다. 이 전투는 큰 손실을 입기는 하였지만 지즈카가 이끄는 타보르파의 승리로 끝났다. 생존자들은 계속하여 흐라디스테로 갔다.

이제 모든 타보르파들이 한곳으로 집결하게 되었다. 그들이 모인 흐라디스테는 요새를 겸비한 도시로서 1277년 파괴되었다가 다시 점유된 도시였으나 1420년에는 완전히 버려진 상태에 있었다. 따라서 흐라디스테는 도시의 편리함도 없고 집조차 없는 불리한 조건에 있었으나 새로운 정착지로서는 대단한 장점을 지닌 곳이었다. 타보르파들은 이 새로운 요새를 타보르로 명명하였다. 주로 산이란 뜻을 가리키던 타보르는 이제 선민들의 도시이자 공동체라는 의미를 새로이 담게 되었다. 바꾸어 말해서 그것은 무장 방어하기 위해 모이고 성전을 치르기 위해 조직된 공동체들의 영적 연합을 의미하는 것이자 타보르파가 바빌론으로 규정한 기존 사회에 대한 대안으로 세워진 공동체들의 영적 연합을 의미하는 것이었다.[73]

이 같은 타보르파들의 행동에 대해서 이미 보수파인 야코벡은 그의

---

73) Clair, *Millenarian Movements in Historical Context*, p. 138.

동료들과 함께 적극적인 공세를 폈다. 그는 말하기를, 바벨론, 그로부터의 탈출, 다섯 도시 등의 개념은 영적으로 해석되어야 하며, 그리스도의 신자들은 그들이 어디에 있든지 간에 구원될 것이라고 강조하였다. 또한 야코벡은 신자들이 소돔에 남아 있다면 멸망할 것이라는 설교는 분명히 거짓말이라고 말하였다. 왜냐하면 마을을 떠나 플첸이나 다른 곳으로 떠난 사람들은 멸절될 것이지만 집에 남아 있는 사람들은 멸망하지 않을 것이기 때문이다.[74] 바꾸어 말해서 고난에 직면한 신자들이 구원받기 위해서 필요한 자세는 탈출 혹은 저항이 아니라 복음적인 생활이라는 것이다. 따라서 야코벡과 그의 동료들은 타보르파 성직자들의 주장이 터무니없는 것임을 보여 주고자 노력하였고, 동시에 그들에게 복음대로 살면서 죄악과 억측을 포기할 것을 강력히 경고하였다.[75]

그러나 타보르파 예언자들은 그러한 프라하 대학 교수들의 말은 한낱 신앙 없는 유혹자의 말에 불과하였다. 따라서 그들은 예수의 재림이 곧 올 것이라고 강조하며 유혹자들의 꾐에 절대 넘어가서는 안 된다고 설교하였다.

> 사자가 굴에서 뛰쳐나오고, 이교도 약탈자가 신과 그의 법에 대항하여 일어났다. 마찬가지로 헝가리 왕[Sigismund]이 …… 당신의 땅을 황폐화시키기 위해 그의 도시 곧 헝가리로부터 뛰쳐나왔다. 당신의 도시들은 소탕되어 아무도 남지 못할 것이다. 그러므로 이러한 사실을 알아서 주 하나님께만 열심을 내고 지체 말라. 그분은 문 앞에 계신다. …… '이 일이 우리 시대에 일어나지 않을 것이라'고 말하는 신앙 없는 유혹자로 말미암아 돌아서지 말라. 그것은 이미 실현되었다. …… 그러므로 당신이 신실하다면 거룩한 예언들을 경멸하지 말라. 왜냐하면 주 하나님은 아모스를 통해서 다음과 같이 말하시기 때문이다. '우

---

74) Jaroslav Goll, *Quellen und Untersuchung zur Geschichte der Böhmischen Brüder*, Vol. II (New York, 1878, rep. , 1977), p. 58.

75) 예수재림사상에 대한 반박에 관해서는 Kaminsky, *A History of the Hussite Revolution*, Appendix III, pp. 519 ~525.

리 시대에도 우리 자녀 시대에도 오지 않을 것이라'고 말한 자들과 똑같이 '화가 우리에게 미치지 아니하며 임하지 아니하리라'고 말하는 모든 죄인은 칼에 죽으리라[아모스 9:10].[76]

이러한 설교를 들은 타보르파들은 당시 돌아가는 현실과 예언이 그대로 맞아떨어진다고 믿었다. 성배파들의 끈질긴 권유와 설득은 적그리스도 세력의 유혹이고 교황 마틴 5세(Martin V)와 황제 지기스문트가 일으킨 십자군과의 전쟁은 마지막 시대의 도래를 알리는 징조라는 사실은 타보르파들에 매우 생생한 현실로 인식되었다. 또한 타보르 공동체의 설립 자체가 타보르파에는 바벨론으로부터의 탈출, 선민들의 집결, 적그리스도 세력에 대한 방어 같은 예언들이 성취된 결과였다.[77] 이 같은 예언들의 성취를 목도하였다고 믿은 그들은 예언자들의 말에 더욱 몰두할 수밖에 없었다.

2, 3월을 지나면서 예언자들은 분노의 날(the Day of Wrath)을 상기시켜 주었다.

> 신께서 당신들과 함께하시고 슬픔과 고통 중에 있는 당신들의 영혼을 일깨우며 위로하기를 즐거워하시기를 빈다. 사랑하는 형제자매여! 그리스도, 사도, 거룩한 예언자들이 예언한 힘들고 무섭고 위험한 이 시대를 보라. 그 시대는 대분노의 시대인데, 그리스도에 의하면 특히 많은 유혹과 전쟁이 있을 것으로 알려진 시대이다.[78]

현시대를 모든 죄인이 파멸당하는 분노의 시기라고 간주하는 예언을 들은 타보르파는 더욱 긴박감을 느꼈다. 그런 가운데 그들은 모든 악인과 진리의 적들에게 떨어질 신의 분노 내지 징벌에 주목하였다. 더욱이 대

---

76) Kaminsky, "Chiliasm and the Hussite Revolution", p. 48에서 재인용.

77) Kaminsky, *A History of the Hussite Revolution*, p. 336.

78) Kaminsky, "Chiliasm and the Hussite Revolution", p. 49에서 재인용.

파국의 시대가 1420년 2월 중에 도래할 것이란 예언이 공공연하게 선언
되자79) 타보르파는 비장함을 가지고 사태의 추이를 지켜보고 있었다.

야코백은 그때는 아무도 모르기 때문에 두고 보면 그 예언이 거짓인
지 진실인지 밝혀질 것이라며 타보르파 예언자들의 주장에 대해 강한
반론을 제기하였다.80) 그렇지만 그의 말은 타보르파들에 한낱 적그리스
도의 유혹으로밖에 들리지 않았다. 그들이 강하게 공격해 오면 올수록
그것은 대파국의 시대가 가까웠다는 시대적 징조로 받아들여졌다. 타보
르파는 자신들이 받는 고통을 선민들이 당하는 고통과 동일시하면서 지
금이 대파국의 시대임이 틀림없다는 사실에 집착하였다.

그러나 예언자들이 종말의 날로 예언한 날들이 아무 일 없이 지나갔
다. 이럴 경우 운동 자체가 와해되기도 하지만 예언자가 다른 돌파구를
제시함으로써 운동의 활력을 새로이 불어넣기도 한다. 예언자가 새 의
식을 가르치고 새로운 도덕을 설파함으로써 그 추종자들을 재정비하는
것이다.81) 이처럼 타보르파 운동도 예언의 실패에 직면해서 그대로 와
해되지 않고 예언자의 새로운 역할을 통해 중대한 변화를 맞이하였다.

타보르파 공동체에 일어난 중대한 변화는 본격적인 천년왕국에 대한
소개가 있었다는 것과 과격한 폭력주의로의 전환이 있었다는 것이다. 반
타보르파 입장에 서 있던 존 프리브람 교수는 이 사실을 "타보르의 성직
자 이야기"(The Story of the Priests of Tabor)에 기술해 놓았다. 이 기록은
사건발생 10년 정도 후인 1429년에 쓰였고, 타보르파를 깎아내리려는 의
도에서 보고된 것이기는 하지만 1420년 2월과 3월을 지나면서 타보르파

---

79) John Příbram은 26명의 타보르파 성직자의 이름을 들면서 이들이 최후의 심판날이 1420년에 올 것이라고
　　 공언했음을 전해 주고 있다. 그 가운데는 2월 10일과 14일 사이에 심판날이 올 것이라는 것도 포함되어 있다
　　 [John Příbram, "The Story of the Priests of Tabor", in Kaminsky, *A History of the Hussite Revolution*, p.
　　 342에서 재인용].

80) Goll, *Quellen und Untersuchung zur Geschichte der Böhmischen Brüder*, Vol. II, p. 58, 60.

81) Talmon, "Pursuit of the Millennium", pp. 133~134.

가 새로운 단계로 나아갔다는 사실을 분명하게 지적해 주고 있다.

프리브람 교수는 타보르 성직자들은 예언대로 일이 되지 않자 또 다른 거짓말로 사람들을 위로하였다고 말하면서 그들은 일종의 정치적 필요에 따라 천년왕국을 소개하였다는 사실을 지적한다.

> 모든 죄인과 악인들은 완전히 멸망당하고 지상에는 신의 선민—산으로 도피한 사람들'—만이 남게 될 것이다. 그리고 그들은 말하기를, 신의 선민은 그리스도와 함께 천 년 동안 가시적이고 촉각적으로 세계를 다스릴 것이다. 또 그들은 설교하기를, 산으로 도피한 신의 선민은 파멸당한 악한 자들의 모든 물품들을 소유할 것이고 그들의 모든 영지들과 마을들을 자유로이 통치할 것이다. 그러면서 그들은 '당신들은 모든 것들이 풍성하여서 은, 금, 돈은 귀찮은 것이 될 뿐이다'라고 말하였다. 또 그들은 '이제 당신들은 더 이상 당신들의 영주에게 지대를 지불하지 않게 될 것이고 그들에게 예속되지도 않으며 방해받지 않고 자유로이 그들의 마을, 양어장, 목초지, 숲 그리고 모든 소유지를 소유할 것이다'라고 설교하였다.[82]

이어서 프리브람 교수는 타보르파 성직자들이 폭력주의 노선으로서의 또 다른 변신을 꾀하였다고 지적한다.

> 그때 사람들을 그 같은 자유상태로 끌어오뎌 다소 자신들의 거짓말을 실증해 보이고 싶어 하는 유혹자들은 괴단한 잔인성, 전대미문의 폭력, 부당행위를 설교하기 시작하였다. 그들은 말하기를, 이제 분노의 시대, 모든 죄인이 파멸당하는 시대, 신의 분노의 시대이다. …… 이때에 모든 악인과 죄인은 어느 날 갑자기 죽음으로써 멸망당할 것이다. …… 이런 일이 일어나지 않았을 때, 곧 신이 그들이 설교한 대로 일을 일으키지 않았을 그때 그들 자신은 어떻게 그 같은 일이 발생했는가를 알아차렸으나 그들은 다시 새롭고 가장 악랄한 잔인한 것들을 생각해 내었다. …… 또다시 잔인한 짐승인 타보르파 성직자들은 사람들을 자극하고 부추겨서 이런 괴로움으로부터 움츠러들지 못하게 만

---

82) Přibram, "The Story of the Priests of Tabor", in Kaminsky, *A History of the Hussite Revolution*, p. 340에서 재인용.

들려는 의도를 가지고 이제는 더 이상 자비의 시대가 아니라 분노의
시대라고 설교하였다. 그리하여 사람들은 모든 죄인들을 쳐서 죽일 수
밖에 없었다.[83]

타보르파에 천년왕국 교리를 소개하고 그 운동을 주도한 인물은 마르
틴 후스카(Martin Húska)였다고 브레조바의 로렌스(Lawrence of Březová)는
말하였다. 후스카는 천년왕국 교리의 주된 저자, 출판인, 옹호자로서 훌
륭한 지성과 뛰어난 기억력을 소유한 모라비아 출신의 젊은 성직자였
다.[84] 그는 지상에 세워질 성도들의 새 왕국에 관하여 말하였다. 피터
첼칙키(Peter Chelčický)는 그의 말을 다음과 같이 전해 준다.

> 마르틴은 초라한 사람이 아니라 그리스도를 위해 고통을 달게 받는
> 사람이었다. …… 그가 우리에게 선포한 것은 지상에 성도들의 새 왕
> 국이 세워질 것이며, 선민은 더 이상 고통받지 않을 것이라는 그의 믿
> 음이었다. 그리고 그가 우리에게 말한 것은 다음과 같은 것이었다. '그
> 리스도인들은 항상 고통받아야만 한다면 나는 신의 종이 되려고 하지
> 않았을 것이다.'
> 이것은 그가 한 말이다.[85]

이처럼 지상에 성도들의 새 왕국이 세워질 것이란 후스카의 선포는
타보르파에 커다란 활력이 되었다. 더욱이 "그리스도인들이 항상 고통
을 받아야만 한다면 나는 신의 종이 되지 않을 것"이란 후스카의 말은
천년왕국 신앙의 동기 안에 스며 있는 과격한 행동을 자극하는 묵시를
담고 있었다.[86] 후스카가 제공한 이 같은 천년왕국주의적 희망은 구약
의 시대, 신약의 시대, 갱신된 왕국의 시대로 3분된 역사적 전망에서 나

---

83) *Ibid.*, p. 341.

84) Lawrence, p. 413.

85) Peter Chelcicky, *Replika proti Mikulasi Biskupcovi*, in Kaminsky, *A History of the Hussite Revolution*, p. 400
에서 재인용.

86) Zagorin, *Rebels and Rulers*, p. 165.

온 것이었다. 그것은 타보르파들이 함께 나누게 된 시대인식이었다.[87]

타보르파 천년왕국주의자들은 예수의 재림으로 이루어질 대파국을 세상의 종말이 아닌 현시대의 종말로 이해하였다. 'seculum'이란 단어가 세상(world)으로 해석되기보다는 시대를 의미하는 것으로 받아들여진 것이다.[88] 이로써 그들은 현시대가 종말을 고하면 이어서 새 시대의 도래가 뒤따를 것인데, 새 시대에는 그리스도의 '갱신된 왕국'(*regnum reparatum*)이 세워질 것이며 거기서 모든 사람들은 성령으로 충만한 삶을 살 것이라고 생각하였다.[89] 이 같은 갱신된 왕국의 시대는 구법(舊法)의 시대와 신법(新法)의 시대 다음에 오는 것이다. 구법의 제1시대가 신법의 제2시대로 바뀌었듯이 이제 제2시대는 갱신된 왕국의 제3시대로 바뀔 것이다. 어떤 이들은 제3의 시대에 세워질 갱신된 왕국은 요한계시록 20장 4절에 근거하여 천 년 동안 지속될 것이라고 주장하였는 데 반해, 다른 이들은 천 년이란 한정된 기간에 국한하지 않고 그 갱신된 왕국에서의 영원한 삶을 누릴 것이라고 예언하였다.[90]

이로써 새로운 활력을 얻은 타보르파는 그들의 공동체 건설에 적극적

---

87) 이 점에서 요아킴사상의 영향이 발견된다. 타보르파 천년왕국주의에 요아킴사상의 영향이 나타난다는 견해를 표명한 학자들은 Werner, Smirin, Leff 등이다. Leff는 현재의 법이 폐지되고 성령의 법이 시행될 것이고 제1시대가 제2시대로 대체되었듯이 제2시대는 제3시대로 바뀔 것이란 타보르파의 주장은 요아킴사상의 변형이라고 하였다[Leff, *Heresy in the Later Middle Ages*, Vol. II, p. 691]. Smirin은 그들이 생각한 제3시대는 세계의 사건으로가 아닌 자신의 종파에 가입함으로써 개인적 완성을 성취하는 것으로 이해되었다고 하였다[M. M. Smirin, *Die Volksreformation des Thomas Müntzer und der Grosse Bauernkrieg*(Berlin, 1952), p. 275]. 그러나 Macek는 부정적 태도를 표명하였다. 그 이유는 요아킴은 타보르파처럼 교회나 교황을 공격하지 않았고, 요아킴은 제3시대의 중심적 위치를 수도사적 질서로 지정하였으나 타보르파는 수도사들을 강하게 반대하였기 때문이다. 타보르파 천년왕국주의는 교리 체계상 여러 후기 요아킴파의 천년왕국주의와 다르지 않다 하더라도 타보르파의 천년왕국주의는 사회정치적 현상으로서 더 완전하였다고 주장한다[Kaminsky, *A History of the Hussite Revolution*, p. 352 n 121]. 이러한 Macek의 주장에 대해서 같은 마르크스주의자인 Werner는 앞의 두 사람과 같은 입장에서 비판하였다[Ernst Werner, "Die Nachrichten über die böhmischen Adamiten in religionshistorischer Sicht", in Theodora Bütter and Ernst Werner, *Circumcellionen und Adamten: Zwei Formen mittelalterlicher Haeresie*(Berlin, 1959), pp. 74~79].

88) Lawrence, p. 418.

89) Kaminsky, *A History of the Hussite Revolution*, p. 345에서 재인용.

90) *Ibid.*, p. 345.

으로 임하였다. 이러한 공동체 건설에 임하는 타보르파의 심성은 시대의 종말을 맞는 비장함과 함께 새로운 왕국의 도래라는 희망으로 혼합되어 있었다.

시대의 종말이 일어날 것으로 예언된 날들이 그냥 지나가고 또 다른 날짜들이 계속 수정 발표되었으나 그날들도 아무 일 없이 넘어갔다. 그리하여 타보르파 안에서 가장 광신적인 사람조차도 이제 그 날짜에 대해서 어떤 확신도 갖지 않게 되었다. 그리고 예언이 이루어지지 않은 사실에 대해서는 예수의 강림은 두 번 이루어진다는 논리로 해결하였다. 그들에 따르면, 그리스도는 먼저 '밤의 도적같이' 강림하고, 그 다음에는 공개적으로 강림한다는 것이다. 첫 번째 강림은 이미 이루어졌고, 두 번째 강림은 불과 칼로써 적그리스도를 섬멸한 후에 이루어질 것이다. 여기에서 예수가 공개적으로 와서 그의 왕국을 건설함으로써 새 시대를 열게 하기 위해서는 타보르파가 감당하여야 할 사명이 있다는 논리가 도출되어 나왔다. 곧 타보르파는 이제 각처에 있는 신실한 성도들을 산으로 피난시키는 천사의 역할과 지상의 모든 악을 파괴하기 위해 신이 파견한 군대의 역할을 해야 한다는 것이다.[91] 이에 대해 로렌스는 다음과 같이 기술하고 있다.

> 이 징벌의 시대에 타보르파 형제들은 소돔 사람들 가운데서 롯을 인도해 내었던 것처럼 신자를 모든 도시, 마을, 성에서 산으로 인도하도록 파견된 천사들이다. 그리고 형제들은 지지자들과 함께 있는 곳마다 독수리들이 모일 몸이다. 그에 관해서는 또한 다음과 같이 이야기되고 있었다. '너희 발이 밟는 모든 곳이 너희 것이 되고 너희 것으로 남을 것이다.'(신명기 11:24) 왜냐하면 그들은 신이 전 세계로 보내 모든 추문을 그리스도의 왕국으로부터 제거하게 하고, 공의의 한복판에서 악한 것을 추방하며, 그리스도 법의 적이 사는 나라, 마을, 요새화된 지역에 대해

---

91) Kaminsky, "The Free Spirit in the Hussite Revolution", in Thurpp, ed., *Millennial Dreams in Action*, p. 169.

분노와 고통을 발하게 한 교회전사(the Church Miltant)들이다.[92]

이제 타보르파는 소극적으로 기적을 기다리던 태도를 버리고 교회전사로 자처하고 나섬으로써 예수의 강림을 적극적으로 준비하는 자세를 갖추었다. 그들은 단순히 교회 공동체의 덕 있는 구성원이 아니라 교회전사의 일원으로서 행동하였다. 이것은 예수재림사상에서 천년왕국사상으로 발전하였음을 명백히 보여 주는 증거이다.

이로써 타보르파들은 그동안 취했던 평화주의 노선을 버리고 폭력주의 노선을 택하였다. 그들은 징벌과 복수와 고난의 시기에는 그리스도를 모방하되 점잖음과 자비가 아니라 열정과 분노와 보복으로 해야 할 것이라고 주장하였다. 적의 피를 흘리게 하기를 거부하는 자는 비난받아야 한다. 오히려 적의 피에 손을 씻음으로써 정화해야 한다. 성직자들도 이 명령에서 예외일 수는 없다.[93]

타보르파는 이제 천년왕국을 결연히 기다리는 수동적인 천년왕국주의자에서 적극적인 혁명가로 변신하였다.[94] 교회전사의 일원으로서 그들은 복수(復讐)의 천사들과 자신들을 일치시켰고, 적그리스도의 앞잡이들과 죄인들이 득세하고 있는 땅을 청소하는 자 곧 사회적·교권적 계급을 심판하는 사람들이라고 생각하였다. 그들은 역사적 현실 속에서 적그리스도를 발견하고, 그를 멸망시키는 활동에 몰두하는데, 이 과정에서 드러나는 그들의 폭력성은 신의 권위에 의해 정당화되었다. 그들은 자신들이 신의 대리자가 되어 모든 죄를 소멸하고 죄인을 섬멸할 때 천년왕국이 도래할 것이라고 믿었다. 따라서 천년왕국 건설에 방해가 되는 모든 것들은 과감히 제거되어야 한다는 명분 아래 무참히 자행되

---

92) Lawrence, p. 414.

93) *Ibid.*, p. 355.

94) Goll, *Quellen und Untersuchung zur Geschichte der Bönmischnen Brüder*, Vol. Ⅱ, p. 58.

는 살육과 파괴행위가 합법화되었다.

이 같은 맥락에서 과격한 폭력론을 주창한 대표적인 인물은 존 카펙(John Čapek)이었다. 그는 "연못의 물보다 더욱 많은 피"라는 글에서 천년왕국의 건설에 방해가 되는 모든 것을 과감하게 제거할 것을 요구하였다. 그는 성령의 뜻에 따라 적들에게 가할 폭력에 대해 언급하면서 죄인들의 살육과 구세계의 파괴를 역설하였다.[95] 그의 주장을 받아들인 다른 설교자들은 다음과 같이 선언하였다. 죄인들에게는 어떠한 동정도 보여서는 안 되는데, 그 이유는 모든 죄인들은 그리스도의 적이기 때문이다. 따라서 선민인 모든 신자들은 그리스도의 적들이 피를 흘리도록 칼을 사용하는 데 주저하지 말아야 하며, 그들의 피에 손을 씻어야만 한다.[96] 이에 입각해서 일반 신자들은 물론이고 성직자들도 자원하여 적그리스도를 진멸하는 일에 열정적으로 가담하였다. 그들이 그렇게 한 것은 천년왕국은 모든 죄가 소멸되고 죄인이 섬멸될 때 비로소 도래한다고 믿었기 때문이다.

새 시대를 열기 위한 정화작업은 일면 일종의 계급전쟁의 양상을 띠었다고 할 수 있다. 카펙은 상류층 사람들은 쓰러져서 나뭇조각처럼 조각나야 한다고 주장하였고, 이러한 설교를 들은 타보르파 군대는 봉건주의에 대한 과격한 공격을 감행하였다.[97] 이 같은 타보르파의 투쟁은 주로 상류층을 겨냥한 것이었기 때문에 계급투쟁처럼 보인다. 그러나 타보르파의 폭력이 계급적 이해관계에서 나왔다는 것을 뒷받침할 만한 증거는 찾기 어렵다.[98] 따라서 타보르파의 투쟁을 계급투쟁으로 단정한다는 것은 무리이다. 오히려 타보르파의 폭력은 종교적 관점에서 주신적(呪神的)・제의

---

95) Kaminsky, *A History of the Hussite Revolution*, p. 347.

96) Cohn, *The Pursuit of the Millennium*, p. 212.

97) Werner und Erbstösser, "Sozial‒religiöse Bewegung im Mittelalter", p. 278.

98) Kaminsky, *A History of the Hussite Revolution*, pp. 397~398.

적(祭儀的) 폭력으로 파악하는 것이 더 타당하다고 하겠다. 왜냐하면 그들이 폭력을 사용하는 목적은 빈자들의 상류층을 향한 공격에 있지 않고, '시대의 완성'(consummation of the age)을 준비하기 위한 세상 정화에 있었기 때문이다. 그리고 그 폭력이 허용되는 근거도 불의한 상류층의 제거에 있다기보다는 모든 전통적인 행동 지침을 폐지시킬 그리스도의 재림에서 기인하는 새로운 상황에 있었기 때문이다.[99]

타보르파는 지상에서 실현될 천년왕국에 대한 신념에 따라 과격한 행동을 취하였다. 그 결과 그들은 평등주의적 공유제 질서를 구현하게 되었다. 이 타보르 공동체는 후스파 운동의 목표가 갱신된 변혁세계였다는 관점에서 볼 때 후스파 운동이 이룩한 우일한 성공이자 최대의 성취였다고 평가된다.[100] 그것은 비록 수개월 동안만 유지된 것이긴 하지만 중세 사회에 큰 반향을 불러일으키는 것이었다.

3) 타보르 공동체의 이상과 좌절

타보르파는 자신들의 도시가 재림한 예수에 의해 새로 건설될 새 왕국이 될 것이라고 확신하였고, 자신들이 천년왕국을 향유할 신의 선민이란 의식을 갖고 있었다. 이런 그들의 생각은 이론적 사고를 통해 습득한 것이 아니었다. 그것은 시대적 상황에 따른 반응을 하여 실제로 타보르에 이주해 가는 실천을 통해 깨달은 것이었다. 그렇다고 할 때 여기서 관심을 갖고 살펴보아야 할 문제는 타보르파가 추구한 천년왕국에서의 새 생활은 어떤 것이었는가 하는 것이다.

타보르는 하나의 공동체적 실험으로서 새 시대에 세워질 선민의 완전

---

99) *Ibid.*, p. 347.

100) Kaminsky, "Hussite Radicalism and the Origins of the Tabor", pp. 103, 129.

한 공동체이자 구원받기로 예정된 모든 성도들이 지상에서 재연합을 이루는 실제적 공동체였다. 이 공동체는 초대 교회와 비교할 수 있는 것이기도 하지만 그 이상의 의미를 지니는 것인데,[101] 타보르는 과거의 황금시대로의 복귀와 미래의 완성의 시대로의 진입이라는 두 가지 욕구를 동시에 충족시켜 주는 일종의 이상사회를 목표로 한 것이었기 때문이다.

타보르 공동체가 지향하는 특징은 크게 다음 두 가지이다. 그 첫 번째는 타보르가 완벽한 행복과 기쁨의 생활을 가능케 하는 완전 사회라는 것이다. 그 같은 가르침은 후스카에게서 잘 나타나고 있다.

> 생존해 남은 선민들은 에녹과 엘리야처럼 낙원에 살던 아담의 순수한 상태로 되돌아갈 것이다. 그들은 배고픔과 갈증 그리고 어떠한 정신적·육체적 고통을 알지 못할 것이다. 거룩한 결혼과 순결한 결혼 생활을 통해 그들은 이 지상에서 고통이나 걱정 없이 그리고 원죄 없는 자녀들을 출산할 것이다. 이렇게 되면 물로 주는 세례는 없어지게 될 것이다. 왜냐하면 그들은 성령으로 세례를 받게 될 것이기 때문이다. 또한 유령의 성체성사도 필요 없게 될 것이다. 왜냐하면 그들은 그리스도의 수난이 아닌 승리의 기억 속에서 새로운 천사들의 방식으로 성만찬을 받을 것이기 때문이다.
> 이 갱신된 왕국에는 죄도, 추문도, 가증 행위도, 거짓도 없을 것이지만 모두는 선택받은 신의 자녀들이 될 것이며 그리스도와 그의 어린 양들의 모든 고통은 그칠 것이다. …… 여자는 고통과 원죄 없이 아이를 낳을 것이고 …… 그 왕국에 태어난 아이들은 그들이 왕국에 있다면 죽음이 더 이상 없기 때문에 결코 죽지 않을 것이다.[102]

이 후스카의 가르침에서 알 수 있는 것은 우선 타보르파의 천년왕국은 정신적·육체적 고통이 제거된 사회라는 점이다. 배고픔이나 갈증 같은 육체적으로 느끼게 되는 고통이 없어지고 억압과 시련 속에서 정신적으로 겪는 고통이 사라지게 된다. 이것은 고난의 현실 속에서 타보

---

101) Kaminsky, *A History of the Hussite Revolution*, p. 348.
102) Lawrence, p. 416.

르파가 가장 갈구하던 것인데, 그것의 실현은 대연회의 개념과 연결되어 있다. 바꾸어 말해서 타보르파의 천년왕국에서는 성도들을 위한 대연회가 준비되고, 그것에 참여함으로써 정신적·육체적 고통을 떨치게 된다는 것이다. 다른 천년왕국주의적 예언에 따르면, "그리스도가 하늘로부터 강림하여 공개적으로 그의 사람에게로 와서 그의 현세적 왕국을 인수할 것인데 그는 육안으로 확인될 것이다. 그리고 그는 그의 배우자인 교회를 위한 혼인잔치로서 대연회와 양(羊)의 만찬을 준비할 것이다."[103] 이 연회는 성만찬에 대한 확대된 해석이었으나 실제로 그것은 타보르파에 새 시대의 천년왕국주의적 비전의 실현을 의미하는 것이었다.[104] 그리하여 후스카는 빵과 포도주가 그리스도의 살과 피로 변화된다는 화체설(化體說)을 거부하고 그 대신 일차적으로 애찬의 의미를 지닌 그리고 나아가서 재림한 그리스도가 그의 선민들과 나눌 메시아의 축제를 예행연습한다는 의미를 지닌 성만찬을 주장하였다.[105] 이처럼 고통이 제거된 상태에서 대규모의 연회에 참여하는 것은 풍요와 행복을 보장받는 것이란 점에서 타보르파에는 커다란 매력이 아닐 수 없었다.

다음으로 타보르파의 천년왕국은 낙원에 살던 아담의 순수한 상태를 회복하는 것이다. 이 점에서 타보르파의 천년왕국운동은 순진무구한 낙원으로의 복귀운동이라 할 수 있는데, 그것의 구체적인 의미는 개인 본성의 전면적 변화에 있다고 할 수 있다. 타보르파는 갱신된 왕국에서는 모든 죄가 사라지고 개인의 본성이 전면 개조된 상태로 들어간다는 것을 믿었다. 그들의 말로 한다면 그들은 '새로운 천사적 본능'을 갖게 된다는 것이다. 이렇게 개인 본성이 전면적으로 변할 수 있는 것은 새 왕

---

103) *Ibid.*, p. 415.

104) Kaminsky, *A History of the Hussite Revolution*, p. 425.

105) Cohn, *The Pursuit of the Millennium*, p. 220.

국에 참여하게 된 선민들은 성령에 충만하여 완전한 죄 씻음을 받기 때문이다.

또한 갱신된 왕국에서 누리게 될 모든 삶의 원동력으로 강조되는 것은 성령이란 점이 주목된다. 선민들이 과거의 모든 죄인의 상태를 벗어나서 완전히 개조된 본성으로 살아갈 수 있는 것은 오로지 성령으로 세례를 받고 성령충만한 생활을 하기 때문이다. 이처럼 성령의 권능에 대해 강조하는 것은 타보르파의 전형적인 특징이다. 타보르파의 핵심 지도자인 후스카는 그리스도조차도 성령으로 대체시켜 이해하였다. 그는 '내가 또 다른 보혜사를 너희에게 보낼 것이라'(요한복음 14:16)는 성구가 자신의 말을 잘 입증해 주고 있다고 말하면서 그 보혜사는 실제로 그리스도 자신이라고 주장하였다.[106] 그러므로 성체에 그리스도의 영이 현존한다는 것은 사실상 성령이 현존하는 것이라고 보고, 그리스도와 하나 되는 것도 성령을 받는 것이라고 보았다.[107]

성령이 지배하여 인간 본성이 전면 개조된 세계에서 타보르파는 완전한 개인의 자유를 지향하였다. 그리하여 그들은 인간이 완전한 경지에 도달하면 모든 제약에서 해방되어 원하는 것은 무엇이나 자유롭게 행할 수 있다는 원칙에 충실하였다. 그들은 기존의 전통과 권위를 부인하였으며, 도덕적 제약으로부터의 해방을 선언하였다.[108] 타보르파가 완벽한 행복과 기쁨을 누릴 수 있는 것은 바로 완전한 자유를 행사할 수 있다는 데 있다.

이 같은 타보르파의 완전한 자유의 추구는 천년왕국주의자들에게서 흔히 발견되는 도덕폐기론적 성향을 띠었다. 특히 아담파(the Adamite)로

---

106) Werner, "Popular Ideologies in Late Medieval Europe", p. 346.

107) Kaminsky, *A History of the Hussite Revolution*, p. 424.

108) Kaminsky, "The Free Spirit in the Hussite Revolution", p. 170.

알려진 극단적인 타보르파의 경우, 그들은 마치 타락 이전의 순수한 상태에서 사는 것처럼 행동하였다. 그들은 옷을 입게 된 것이 타락한 결과라는 논리에 따라 나체 생활을 하였고, 자유로운 성관계를 가지면서 그것은 죄가 아니라고 말하였다.[109] 이로써 그들은 기존 형태의 결혼제도를 사실상 폐지하였다. 그렇게 해서 임신을 하면 그들은 성령으로 잉태되었다고 주장하며 이렇게 태어난 아이는 원죄도 없고 죽지도 않을 것이라고 주장하였다.

완전한 자유를 추구하던 타보르파에 교회의 성사와 예식은 아무런 의미가 없는 것이었다. 따라서 그것들은 자연히 폐기되어야 할 것이었다. 왜냐하면 성령의 법이 새로이 시행될 것이기 때문이다. 성령의 역사로 말미암아 물세례와 성체성사 그리고 로마 가톨릭 식의 미사 등이 불필요하다고 하는 타보르파의 주장은 프리브람 교수의 논박에 잘 표현되어 있다.

> 갱신된 왕국에는 죄가 없다는 것이 진실이라면 죄가 없기 때문에 고해성사도 없을 것이다. [죄에 대한] 저항이 없기 때문에 공로도 없을 것이다. [영혼의] 상처가 없기 때문에 성사도 없을 것이다. 주의 기도도 사실상 그치게 될 것이다. 왜냐하면 그들은 '우리가 우리에게 죄지은 자를 사하여 주옵시고, 우리를 시험에 들게 마옵시며 악에서 구하옵소서'라고 기도할 필요가 없기 때문이다.
> 또한 성서의 가르침 가운데 기도하고, 회개하고, 구제하고, 금식하고, 자비를 베풀라는 것뿐 아니라 전부는 아닐지라도 신구약의 대부분의 법이 폐기될 것이다.[110]

타보르 공동체에서 발견되는 두 번째 특징은 기존의 봉건 질서와는 전혀 다른 평등주의적 공유제 질서가 실천되었다는 점이다. 이 주목할

---

109) Lambert, *Medieval Heresy*, p. 323.

110) John Příbram, *Contra articulos picardorum*, in Kaminsky, *A History of the Hussite Revolution*, p. 350에서 재인용.

만한 질서는 1419년 7월 22일 산상집회 때부터 타보르파 공동체 안에서 싹튼 것이었다. 이러한 사실에 대해 로렌스는 성직자들이 설교 전담, 고 해성사 전담, 양종배찬 및 기타 성사 전담 세 부류로 나뉘어 사역을 하였다는 사실을 언급한 후 다음과 같이 말하고 있다.

> 앞에서 묘사한 대로 이 모든 일들이 마쳐지면 그들(성직자들)은 육체적 원기를 회복하기 위해 산상 곳곳에 마련된 장소로 갔고, 욕망 내지 술에 탐닉하지도, 경거망동하거나 방탕하지도 않는 가운데, 신에게 더 크고 더 강한 헌신을 향하면서 형제애 속에서 함께 연회를 즐긴다. 거기서 모두는 서로 형제와 자매로 불렀고, 가진 자는 그들 스스로가 준비한 음식을 없는 자와 나누었다. 취하게 할 술은 허용되지 않았다. 어른들은 물론이고 어린아이들도 어떤 춤, 도박, 공놀이 혹은 경거망동의 다른 게임을 하는 것을 그만두었다. 끝내는 어떤 논쟁, 절도 혹은 교회의 축일에 관습적인 행사였던 파이프나 튜우트 연주도 찾아볼 수 없었으나 모두는 초대교회의 일 곧 영혼을 구원하고 성직자가 원 사역지로 복귀하는 것에 관계된 것 외에는 아무것도 하지 않는 사도들의 방식대로 한마음, 한뜻이었다.[111]

여기서 보면 금욕적 생활의 면모를 보이는 가운데 타보르파는 신분이나 빈부의 차이 없이 모두가 한 형제와 자매라는 평등주의적 의식을 가지고 있었다. 또한 타보르 공동체에 들어오면 누구나 하나 되어 형제애를 가지고 음식을 함께 나누는 공유제 정신을 표출하고 있었다.

타보르파가 추구한 평등주의적 공유제 이상은 1419년과 1420년 겨울 기간 동안 천년왕국신앙을 갖게 되면서 더욱 확고하게 추구되었다. 그들이 도입할 계급 없는 평등사회의 질서에 대한 그들의 강령은 다음과 같다.

> 왕은 이제 이 땅에서 더 이상 세워지지 않을 것이다. 왜냐하면 그리스

---

111) Lawrence, pp. 401~402.

도 자신이 통치할 것이기 때문이다. 이 시기에는 왕이 다스리지도 영
주가 통치하지도 않을 것이고, 농노제도 없어질 것이다. 모든 이자와
세금이 폐지될 것이다. 또한 어떤 사람이 다른 사람에게 무슨 일을 하
라고 강요하지 못할 것이다. 왜냐하면 모든 사람은 평등하고 한 형제
자매이기 때문이다.[112]

타보르파가 자신들의 공동체 안에서 왕도 노예 같은 계급 없는 평등사
회를 추구한 것은 그들이 '신의 아들과 딸'이란 의식을 상징적으로 이해
하지 않고 문자 그대로 받아들인 데서 기인한다.[113] 그들에게는 오로지
형제, 자매만 있을 뿐이지 다른 지배계급이 따로 있을 수 없었다. 봉건
사회체제에서 억압을 당하던 타보르파에 계급의 폐지는 새 시대로 돌입
했음을 확인시켜 주는 징조였다.

타보르가 천년왕국주의적 질서로서 새로이 받아들인 것은 공유제 질
서였다. 타보르파 강령에는 다음과 같은 말로 묘사되어 있다.

> 타보르에서는 아무것도 내 것, 네 것이 없다. 모든 것이 공동의 것이
> 다. 그리하여 모든 것은 영원히 공동 소유가 될 것이고, 아무도 자기
> 의 소유물을 갖지 않을 것이기 때문이다. 외냐하면 누구라도 어떤 것
> 을 소유하면 큰 죄를 범하는 것이기 때문이다.[114]

이러한 공유제 질서는 이미 지적한 바와 같이 전 재산을 처분해서 타
보르로 이주해 왔을 때부터 자연스럽게 수용되었다. 타보르파는 타보르
에 도착하여 자신들의 전 재산을 성직자들의 발 앞에 헌납하고 공동금
고를 마련하여 각자의 필요에 따라 공동분배되는 것에 기꺼이 순응하였

---

112) "From the Taborite Chiliast Articles of 1420", in Macek, ed., *The Hussite Movement in Bohemia*, App. ,
   p. 133.

113) Werner, "Popular Ideologies in Late Medieval Europe", p. 348.

114) "From the Taborite Chiliast Articles of 1420", in Macek, ed., The Hussite Movement in Bohemia, App. ,
   p. 132.

던 것이다. 이처럼 타보르파가 형제애 속에서 필요한 것들을 서로 통용하는 공유제 질서를 실천하였다는 사실은 타보르파에 대해 적대적이었던 사람들조차도 인정하는 것이었다. 한 익명의 적대적 관찰자는 평화, 경건, 사랑, 형제애적 단결의 모임에서 타보르파들은 달걀과 한 조각의 빵조차도 나누었다고 진술하였다.[115] 이 같은 공유제 이상에 따라 세금 부과나 부역의 강요는 더 이상 필요 없는 것이 되어 버렸다.

타보르파가 당대의 봉건 질서와는 전혀 다른 평등주의적 공유제 질서를 창출해 낸 것은 놀라운 일이라 하지 않을 수 없다. 그러나 그것이 전혀 새로운 것만은 아니다. 왜냐하면 그것은 초대교회에서 이미 실시한 바 있는 것을 타보르파가 재현시키고자 했을 뿐이기 때문이다. 그럼에도 불구하고 평등주의적 공유제 질서는 당대인들에게는 여전히 생소하고 위험한 것이었다는 사실을 지나쳐서는 안 된다. 사도행전 2장 43~47절에 묘사되어 있는 대로 타보르파는 자신들의 천년왕국에서 어떤 권위자를 따로 세우지 않고, 모두가 형제자매로서 동등한 지위를 누리는 계급 없는 평등사회를 구현시켰다. 또한 그들은 사유재산을 폐지하고 모든 것은 내 것과 네 것이 없는 공동 소유로서 각자의 필요에 따라 분배되는 공유제를 실시하였다. 이처럼 원시 그리스도교의 공산주의 체제를 모방한 것은 구질서와는 영적, 육체적으로 단절하고 완전한 새 질서의 도래를 확신한 타보르파에는 그들의 당면 과제를 풀어 갈 수 있는 유일한 해결책으로 보였다. 그들은 억압과 고통을 주는 지배 영주도 없고, 각자의 필요에 따라 쓸 수 있는 공동금고가 설치되어 지대나 부역의 제도가 폐지된 타보르 공동체를 목도하면서 새로운 시대로 돌입하였다는 사실을 더욱 실감하였다.

타보르파의 천년왕국주의적 이상은 성공적으로 수행되었다. 예언자

---

115) Kaminsky, *A History of the Hussite Revolution*, p. 285.

의 요구에 상당히 일치되는 민중의 호응이 있었던 것이다. 십자군의 위협, 정치적 탄압, 경제적 곤궁에 직면하여 고통받던 민중은 천년왕국의 실현을 제시하는 예언자들의 요구에서 희망을 발견하였고, 따라서 예언자가 요구하는 것 그대로를 행동에 옮겼다. 예언자와 민중의 일치된 호흡으로 인해 타보르파 이상은 다른 천년왕국운동과 비교하여 훨씬 더 공고하게 실천되었다고 할 수 있다.

천년왕국으로서의 타보르의 이상이 언제까지 유지되었는가는 확실하지 않다. 그러나 그러한 이상의 실천이 점차 강제적인 성격을 띠면서 1420년 봄까지는 계속 유지되어 갔다는 것이 일반적인 견해이다. 여름을 지나면서 그런 이상에 대한 변질의 조짐이 나타나기 시작하였고 늦어도 1420년 9월에는 타보르파의 천년왕국주의적 이상이 포기되었다.

타보르의 이상이 변질된 것은 그 내부적 한계에 따른 것이었다. 우선 변하지 않은 인간의 욕구와 하나의 가정에 지나지 않는 인간본성의 변화 사이에 내재하는 모순에 부딪혀서 그 이상은 포기될 수밖에 없었다.[116] 타보르파는 원죄가 제거된 상태에서 아담처럼 낙원에서 완전한 만족을 누리는 삶을 산다고 생각하였다. 그들은 실제로 허기와 갈증을 느끼지 않고, 어떠한 육체적 고통이나 슬픔 내지 번뇌도 겪지 않은 채 살 수 있다고 믿었던 것이다. 그러나 그들은 여전히 그러한 생리적·정신적 제약에서 완전히 벗어나지 못하고 있다는 사실을 점차 인정하지 않을 수 없게 되었다. 더욱이 천년왕국의 도래가 계속 연기되면서 부딪히게 되는 세속적 현실 속에서 그 이상은 더 이상 유지되기 어려웠다. 그들은 식량과 기타 생필품에 대한 욕구를 갖고 있고 또한 제한된 사고력과 도덕성을 지니고 있는 한, 이상만으로 살 수가 없었다. 그리하여 그들은 생활필수품의 관리와 도덕적 규범의 적용이 시급한 상황에서 초

---

116) Kaminsky, "Chiliasm and the Hussite Revolution", p. 58.

기에 지키던 엄격성을 멀리하고, 사도적 이상의 계승을 단념하기에 이르렀다.117) 이러한 타보르파의 불가피한 선택은 타보르가 변질되어 안정된 사회로 후퇴하기 시작하였다는 뚜렷한 증거가 된다. 타보르 이상의 변질은 제도화와 폭력화 두 가지로 집약된다.

첫째로, 9월에 주교가 재선출되고 10월에 조세제도가 부활됨으로써 사회의 제도화를 꾀하였다는 사실은 타보르 이상이 변질되었다는 것을 반증해 준다 할 수 있다. 이에 대한 로렌스의 연대기를 인용하면 다음과 같다.

> 1420년 9월에 흐라스디테(Hrašditě)의 타보르파들은 영적 지도자 없이 있기를 원치 않아 학사 성직자 펠흐리모브의 니콜라스(Nicholas of Pelhřimov)를 그들의 주교 내지 장로로 선출할 것에 동의하였다. 모든 그들의 성직자들은 그의 지도를 받았다. 어느 누구도 그 주교의 동의가 없다면 신의 말씀을 사람들에게 설교할 수 없었다. 더욱이 그는 다른 성직자들과 함께 신실하게 공동체의 기금을 분배하였는데, 그가 형제들 각자에게 필요하다고 생각하는 것에 따라 그렇게 하였다 ……. 또한 같은 해에 여름 동안 타보르의 성직자들이 농민과 지대지불인은 더 이상 그들의 영주에게 지대나 어떤 다른 세금을 지불하지 않아도 될 것이라고 공공연하게 가르쳤다. 왜냐하면 모든 착취자는 이 갱신된 왕국에서 존재하지 않을 것이기 때문이다. 이런 사실에도 불구하고 골(St. Gall)의 축일[10월 16일]에 이르러서 그들은 타보르파에 가담한 사람들을 포함해서 모든 농민들로부터 관습적으로 영주에게 냈던 모든 지대를 매우 엄격히 부과시켰다.118)

왕이나 고위 성직자같이 남을 지배하는 직분을 없애고 최소한의 제한도 허용하지 않았던 타보르 공동체에 공동금고를 관리하고 성직자의 설교를 통제하는 주교가 선출된 것은 타보르 이상이 세속적 현실에 부딪혀 더 이상 유지될 수 없음을 드러낸 것이었다. 주교 선출이 오늘의 관

---

117) Karl Bosl, *Handbuch der Geschiche der Böhemischen Länder*, I (Stuttgart, 1967), p. 519.

118) Lawrence, p. 438.

점에서 볼 때 민주적 선거의 선구적 사례로 평가된다고 하더라도 그것
은 그동안 엄격하게 지켰던 계급 없는 사회의 이상을 포기하는 것을 의
미하였다.

주교로 선출된 니콜라스는 1409년 학사학위를 받고 1414년 서품을 받
은 인물로서 1419년 이후에 지도적인 타보르파 성직자가 되었는데, 후
스카의 안수를 받았다고 한다. 모든 성직자들은 이제 그의 인도를 받아
야 했으며, 이 주교의 동의 없이 사람들에게 신의 말씀을 설교할 수 없
었다. 이것은 주교의 권위에 복속되어 있는 천년왕국 설교자들이 자의
적으로 설교하지 못하도록 규제하기 위한 조치였다.[119] 그는 공동금고
를 관리하여 몫을 구성원들에게 할당해 주는 경제적 기능을 담당하였
다. 이러한 종교적·경제적 역할 외에도 그는 타보르파 성직자들 사이
에서 일종의 군사 행동을 조직하는 일도 하였으나 그의 태도는 온건한
편이었다. 이처럼 타보르 사회는 니콜라스를 중심으로 안정된 사회질서
로 환원되어 갔고, 그의 독립성을 지탱하려고 하는 한에서 실제성이 더
욱 두드러져 갔다.

주교 선출에 뒤이어 조세제도가 부활되었다. 농민들은 골의 축일에
지대를 지불하였는데, 이와 같이 재실시된 조세제도는 이전보다 더 강
화된 것이었다. 타보르파 사람들은 관례적인 지대만을 납부한 것이 아
니었다. 그들은 이전에 없었던 체코 말로 'holdy'라 불리는 강제적 기부
금도 지불하지 않으면 안 되었던 것이다.[120] 이러한 부과금은 얼마 안
가서 급증하였기 때문에 그들의 생활은 이전 영주들 밑에서 생활할 때
보다 더욱 어렵게 되었다. 아울러 타보르 사회에 장인수공업과 지역 간
무역도 다시 발전되기 시작하였다. 이는 타보르가 더 이상 그리스도의

---

119) Macek, *The Hussite History of Bohemia*, p. 51.

120) Mollat and Wolff, *The Popular Revolutions of the Later Middle Ages*, p. 267.

통치가 구현되는 천년왕국이 아니고 이전 사회로 다시 환원되었음을 알
려 주는 것이다.

둘째로, 타보르파가 극단적인 폭력화로 치달림으로써 타보르 사회를
유지시키려 하였다는 사실에서 타보르 이상의 변질이 발견된다. 타보르
파는 공동체 실험을 함에 있어 공유소유에 지나치게 몰두한 나머지 생산
활동의 필요성을 무시하였다. 그들은 새로운 이상 사회의 주민들은 아담
과 이브처럼 노동하지 않고도 살 수 있다고 믿었던 듯이 보인다. 공동금
고의 자금이 떨어지자 그들은 스스로를 신법 아래에 있는 사람이라고 규
정하고, 생계를 꾸리기 위한 약탈과 노략질을 정당화하였다. 지즈카의 지
휘 아래 수행된 모든 종군(從軍)은 강도들의 습격과 다를 바 없었다.[121]
구체적으로 그들은 고위 성직자, 귀족, 부유층의 재산을 탈취하였고, 얼
마 안 가서 그들의 대상은 타보르파가 아닌 모든 사람들에게까지 확대
적용되었다. 이로써 타보르파의 명분에 가담하지 않고 단순히 집에 머물
렀던 농민들은 많은 희생을 치렀다. 농민들은 봉건 영주와 타보르파 양
측으로부터 수난을 당하였다. 타보르파는 농민들을 영주 측의 협력자로
몰아 복종하지 않으면 천벌을 받게 된다고 위협하였고, 가톨릭 측과 영
주들은 이단의 지지자로 간주하여 핍박하였던 것이다.[122]

타보르파의 극단적인 폭력에 대해서 성배파의 신랄한 비난이 있었음
은 물론이고 타보르파 내부에서도 비판을 제기하였다. 야코벡은 천년왕
국 예언자 지친의 존(John of Jičín)에게 보낸 편지에서 다음과 같이 질문
하였다. "당신들은 이전에 살인 행위를 반대하지 않았는가? 그런데 어떻
게 지금은 모든 것이 그 반대로 바뀌게 되었는가?"[123] 타보르파들조차

---

121) Cohn, *The Pursuit of Millennium*, p. 217.

122) Guy Fouquin, *The Anatomy of Popular Revellion in the Middle Ages*(New York, 1978), p. 105.

123) Goll, *Quellen und Untersuchungen zur Geschichte der Böhmischen Bruder*, Vol. II, p. 60.

도 회의석상에서 그 폭력성에 대한 비판을 제기하였다. 콘의 인용구에 따르면, "많은 공동체 사람들은 결코 그들의 손으로 일함으로써 생계를 꾸려 가려고 생각하지 않고 다른 사람들의 소유로 살려 하고 약탈만을 목적으로 하는 부당한 전투를 수행하려 할 뿐이다." "모든 공동체 사람들은 폭군과 이교도처럼 매우 비인간적인 형태로 이웃의 평민들을 괴롭히며 억압하며 아주 신실한 신자들로부터도 가혹한 지대를 강제적으로 징수한다. 그들 중 일부는 그들 자신들과 같은 신앙을 가지고 있고 그들과 함께 똑같은 전쟁의 위험에 노출되어 있으며 적에 의해 잔혹하게 학대와 강탈을 당했음에도 불구하고 말이다."124)

타보르파의 폭력에 대해 그 누구보다도 논리적인 비판을 가한 사람은 한때 타보르파 일원이었던 피터 첼칙キ였다. "전쟁의 참여는 그리스도인의 생활 방식과 상반된다"125)는 입장에서 평화주의를 지향한 그는 타보르파의 방화, 약탈, 살육 등의 잔인한 폭력 행위를 개탄하였다.

매우 수치스럽고 슬프게도 우리의 형제들이 사탄에게 어떻게 교묘히 유혹당했고, 그들이 어떻게 성서에서 이탈하여 전대미문의 이상한 사고와 행동을 하였는가를 우리는 알아야 한다. 사탄이 처음 그들에게 왔을 때 사탄은 악마로서 공개된 얼굴을 하고 나타난 것이 아니라 그리스도가 성직들에게 유지하라고 한 자발적 청빈의 빛나는 겉모양을 하고 사람들에게 설교하고 봉사하는 열정적인 사역을 하면서 그리고 그들에게 신의 몸과 거룩한 피를 주는 모습으로 나타났다. 이 모든 것으로 인해 대단히 많은 사람들이 그들에게 모여드는 논지가 번성하게 되었다. 그때 악마는 다른 겉모양으로, 즉 예언자와 구약으로 옷 입고 그들에게 다가왔고 이로써 그들은 그리스도의 왕국으로부터 모든 추행을 제거해야만 하는 천사들이며 세상을 심판하기로 되어 있다고 말하면서 임박한 심판날을 만들어 내었다. 그리하여 그들은 많은 살육을 저질렀고 많은 사람들을 메마르게 만들었다. 그러나 그들은 그들의 말

---

124) Cohn, *Pursuit of the Millennium*, pp. 217~218.

125) Peter Brock, *The Political and Social Doctrines of the Unity of Czech Brethren in the Fifteenth and Early Sixteenth Centuries*(London, 1957), p. 58.

대로 세상을 심판하지 않았다. 왜냐하면 그들이 사람들에게 많은 예언
자들로부터 수집한 이상한 것들을 이야기해 주면서 그들을 두렵게 만
든 예언된 시간이 지나갔기 때문이다.[126]

결국 타보르파의 극단적인 폭력화는 타보르라는 독립적인 체제 유지를
위한 하나의 방편이었다. 그러나 그러한 현실적 대응에 불만을 가진 사
람들은 변질된 타보르 공동체를 기꺼이 떠나고자 하였다.

타보르 이상이 변질되어 가는 상황에서 1420년 11월 성배파 귀족들이
폴란드 왕을 등극시키려는 계획을 내놓자 타보르파 내부에서 분열이 생
겼다. 일단의 타보르파 사람들은 천년왕국 신앙을 더욱 강화시킴으로써
새로운 상황에 대응하고자 한 데 반해서, 많은 수의 타보르파 사람들은
당면 문제에 현실적으로 적응하려고 했던 것이다. 드디어 12월 10일 타
보르파는 두 파로 나뉘어 각자의 길을 선택해 갔다. 하나는 요아킴주의
와 자유성령파의 전통을 계승한 철저한 천년왕국주의의 신봉자들로서
일체의 종교적 · 사회적 제도를 부인하고 예수의 적에 대한 전면적인 섬
멸전을 전개할 것을 주장하는 급진적 좌파이고 다른 하나는 광신적인
천년왕국주의에서 탈피하여 현실적 안정을 도모하면서 사회개혁을 추
진하려는 온건한 우파이다.[127] 후스카를 따르는 전자의 무리들은 아담
파를 형성하였고, 니콜라스(Nicholas of Pelhřimov)의 지도력하에 모여 타
보르파 이상을 축소하거나 초기 평화주의를 지향한 후자의 사람들은 유
화파(宥和派, the party of order)로 남았다.

그동안 타보르파를 지도해 오던 후스카는 대부분의 추종자들을 잃었
다. 이미 니콜라스가 타보르의 최고 지도자로 선출된 상황에서 후스카

---

126) Peter Chelcicky, *O boji duchovnim*, in Kaminsky, "Chiliasm and the Hussite Revolution", p. 51에서 재인
용, M. Spinka, "Peter Chelcicky, the Spiritual Father of the Unitas Fratrum", *Church History*, 12(1943), pp.
271~291을 참고할 것.

127) 김영한, "중세 말의 천년왕국사상과 하층민의 난", p. 32.

의 영향력은 거의 미치지 못하고 있었다. 그동안 피카르트(Pikart)도 아니면서 그를 보좌해 왔던 지친의 존, 웰체스라스 코란다(Wenceslas Koranda)도 입장을 달리하고 그와 결별하였고, 최고의 군사지도자로서 타보르를 방어하고 십자군을 물리치는 데 가장 중요한 역할을 했던 지스카도 그를 따르지 않았다. 마침내 후스카는 '모든 타보르파 오류의 주요한 유포자'[128)로 낙인찍혀 배척받았다.

이에 후스파는 1421년 2월 그의 추종자들을 데리고 타보르를 떠날 수밖에 없었다. 300명 정도 되는 그들은 자유성령파 전통을 계승하는 피카르트로서 프리베니체(Pribenice) 시에 가까운 숲에 정착하였다.[129) 그들은 그동안 타보르파 안에서 있으면서 충분히 실현시킬 수 없었던 새로운 황금시대를 구현하고자 시도하였다. 이재 후스카는 유화파와는 완전히 다른 새로운 성찬 예식을 가르치기 시작하였다. 그는 빵은 그리스도의 몸이라고 말하면서 성직자가 성체 빵을 성찬을 받는 사람의 입에 넣어주는 것을 거부한 것이다. 그는 빵을 전 회중 앞에 놓고 직접 그것을 떼어 서로 나누라고 요구하였다. 그러면서 그는 그리스도 자신이 최후의 만찬 때 이렇게 하지 않았는가라고 물었다.[30) 이러한 후스카의 주장은

---

128) Lawrence, p. 470.

129) 이 Pikart들은 타보르 공동체에 있는 동안 상당한 영향을 끼치고 있었다. 타보르파에서 자유성령파의 영향이 발견된다는 것에 이에 대한 학자들 간의 특별한 이견은 별로 없는 듯하다. Lawrence of Březová의 기록에 따르면, 1418년에 40명의 Pikart가 그들의 아내와 자식들과 함께 프라하로 왔다고 쓰여 있다. 그들은 신법 때문에 자신들의 성직자들에게 추방되었다는 것과 그들은 보헤기아가 복음적 진리를 위한 최대한의 자유를 제공하고 있다는 소문을 들었다는 것을 말하였다. 그러나 프라하에 정착하게 된 후에 그들이 예배에 참석하고 두 종류로 성체성사를 하는 것이 목격되지는 않았다[Lawrence, p. 431]. 이들의 종파가 후스파 시기의 보헤미아인들에게는 성만찬의 실재적 실존을 거부하고 천년왕국주의를 따르는 Pikartism으로 알려져 있었다. 이에 대해서 Kaminsky는 Pikarts가 〈자유성령파 형제단〉을 지칭하는 명칭인 Beghardi의 한 형태였다는 점을 강조하면서 자유성령파 사상이 타보르파에 영향을 주었다는 점을 밝히고 있다[Kaminsky, *A History of the Hussite Revolution*, p. 354]. Werner는 그동안 간과되어 왔던 Hohenfurt의 Cistercian 수도원 고본(稿本)에서 발견된 1421년의 타보르파 소책자를 소개하면서 타보르파 스스로의 고백을 인용하고 있다. 그가 인용한 것은 "우리들, 〈그리스도의 자유성령파 형제회〉는 우리의 올바른 딛음의 파괴자이자 전복자로 돌아섬으로써 자신들을 둘로 나누는 모든 우리의 유명한 보헤미아인들에게 공감을 느낀다"는 부분이었다. 이는 타보르파 스스로가 자유성령파의 영향을 인정하는 것이라 할 것이다[Werner, "Popular Ideologies in Late Medieval Europe", p. 349].

130) Heyman, *John Žižka and the Hussite Revolution*, p. 211.

새로운 완성의 시대, 즉 성령의 제3시대에서는 그리스도의 수난은 기억
될 필요가 없고 다만 기념되어야 할 뿐이라는 그의 입장이 발전된 것이
었다. 그러나 후스카의 사상은 유화파의 입장에서 보면 빵과 포도주는
그리스도의 실존으로 변화한다고 믿었기 때문에 매우 위험한 이단사상
이 아닐 수 없었다. 또한 만약 성만찬이 강력한 실재가 아니라 단순한
제스처에 불과하다면 후스파가 목숨 걸고 싸우는 목적마저도 아무런 의
미 없는 것이 되어 버리고 말 위기에 놓이게 되었다.[131] 따라서 유화파
는 후스카를 체포하였다. 12월 초까지만 해도 타보르파에서 중요한 위
치를 차지했던 후스카는 7주 후에는 죄수의 몸이 되어 8월 21일 화형당
하였다.

　지도자를 잃은 아담파는 피터 카니스(Peter Kániš)의 지도를 받으며 계
속해서 자신들의 이상을 포기하지 않고 과격한 전투적 활동을 전개하였
다. 그들은 마지막 날의 성도들 곧 자기 자신들 가운데 신이 임재하며
그로 인해 자신들은 죽음으로써 그저 인간일 뿐임을 보여 준 그리스도
보다 더 우월하다고 주장하였다. 따라서 그들은 성서, 신조, 기도문을 포
함한 모든 학습서를 불필요하게 만들었다. 또 그들은 천국과 지옥은 따
로 있는 것이 아니라 의인과 악인 각자 속에만 있을 뿐이라고 주장하고,
의인인 자신들이 지상의 천년왕국 주민으로 영원히 살 것이라고 결론을
내렸다.[132] 그들은 선민인 자신들 말고는 모두 가치 없고 파멸당할 짐승
이라고 간주하였다. 특히 그리스도와 자신들의 길을 가로막고 있는 사
람이라면 더욱 그렇다고 생각한 그들은 밤에 밖으로 나가 이웃마을을
습격하여 음식을 탈취하고 살인을 일삼았다. 그들은 자신들을 공격하려
는 자는 눈이 멀 것이고 아무도 자신들을 해치지 못할 것이라고 믿는 가

---

131) Clair, *Millenarian Movement in Historical Context*, p. 146.

132) Cohn, *The Pursuit of the Millennium*, pp. 219~220.

운데 광기 어린 무자비함을 가지고 싸웠다.[133]

아담파의 극단적인 행위를 잠재우기 위하 지즈카가 나서서 진압을 시도하였다. 지즈카는 1421년 4월 피터 카니스를 포함하여 75명가량을 체포하여 화형시켰는데, 그 가운데는 화형을 당할 때 웃으면서 불 속으로 뛰어들었다 한다. 생존자들은 새 지도자를 세우고 아담과 모세로 불렀다. 그는 세상의 통치를 위임받을 자로 기대되었다. 그들은 자유분방한 공동체 생활을 추구하였다. 어느 누구도 자신의 소유를 주장하지 않았고 배타적 결혼을 죄로 간주하며 자유연애를 규칙으로 삼았다. 창녀와 세리에 관한 그리스도의 말에 근거하여 그들은 정절을 지키는 자들은 메시아 왕국에 들어갈 수 없다고 보았다. 그런데 그들은 반드시 아담-모세에게 승낙을 얻고 나서 "가서 생육하고 번성하여 땅에 충만하라"는 그의 축복을 받은 후에야 성관계를 가질 수 있었다. 그리고 그들은 찬송가를 부르며 불 주위를 돌면서 나체로 춤추는 의식을 자주 가졌다.[134]

남은 아담파는 지즈카의 추격에 밀려 베셀리(Vesely)와 진드리쿠브 흐라덱(Jindrichuv Hradec) 사이에 있는 네자르카(Nezarka) 강의 섬으로 도피하여 계속 저항하였다. 그러나 1421년 10월 21일 그들은 천연 요새에서 4백 명의 지즈카 군대를 맞아 선전하였으나 끝내 모두 진압되었다. 이로써 타보르파에서 추구되었던 천년왕국주의는 공식적으로 종식되었다. 그럼에도 불구하고 아담파의 생활은 완전히 소멸되지는 않았다. 아담파의 신조를 지지하는 극소수의 무리들이 유별나지만 해롭지 않은 방식으로 18세기까지 잔존하였던 것으로 보인다.[135]

자유성령파의 천년왕국주의를 표방한 아담파가 진압된 상황에서 유

---

133) Clair, *Millenarian Movement in Historical Context*, p. 147.

134) Cohn, *The Pursuit of the Millennium*, p. 220.

135) Heyman, *John Žižka and the Hussite Revolution*, p. 264.

화파는 성배파와 차별성을 유지한 채 진로를 모색해 나갔다. 이제 타보르파의 장래는 유화파에 달려 있었다. 니콜라스(Nicholas of Pelhřimov)는 성배파와 타협한다는 것이 매우 불쾌한 일이기는 하지만 자신의 체제하에서 타보르파 체제를 강화하기 위해서는 불가피하게 지불해야 할 대가로 간주하였다. 그의 입장에서 볼 때 학자는 정치가들에게 양보하고 타보르파 성직자들은 권력을 가진 자들의 정책에 따르는 것은 시대적 요청이라고 보았던 것이다. 타보르파 종교개혁의 독립적 지위가 끝나는 1452년까지 주교직을 맡았던 그는 주민들에게 민족적 정치체제와 후스파 교회에 일익을 담당하라고 강권하였다.[136] 그런 가운데 타보르파의 급진주의는 점차 평범한 후스주의로 환원되어 가고 있었다.

타보르의 극단적 천년왕국주의자들을 진압하는 와중에서 성배파 귀족들은 폴란드 왕을 보헤미아 왕으로 등극시키기 위한 계획을 진행시키고 있었다. 이에 이전의 보수파와 급진파의 논쟁이 재연되었다. 성배파 귀족의 계획을 알아챈 프라하 신시의 젤리프스키가 반대의 입장을 분명히 하였다. 그는 신시의 빈민들을 등에 업고 구시에 압력을 넣을 수 있었기 때문에 군중을 동원하여 기존의 참사원들을 물러나게 하고 새로운 참사원을 선출하라고 강요하였다. 그러나 새로 선출된 참사원들이 젤리프스키에게 반발하는 사태가 벌어졌고, 거기에 젤리프스키는 아무런 손을 쓸 수 없는 처지가 되었다. 그는 결국 '프라하 동맹'이라 할 적대 세력의 반동적 공격에 의하여 그는 결국 1422년 3월 9일에 9명의 추종자들과 함께 시청에 소환되어 갔다가 살해당하고 말았다.

젤리프스키가 죽자 도망 내지 피신했던 독일 관료들은 잃었던 집과 소유를 되찾았고 이전 관직에 복직하였다. 그들의 발언권은 아직도 독립적인 세력을 유지하는 지방의 유화파에까지 미치면서 그들의 영향력

---

136) Kaminsky, *A History of the Hussite Revolution*, p. 428.

은 더욱 확대되었다. 마침내 그들은 1422년 5월에 폴란드 왕 블라디스로(Wladyslaw)의 조카 지그문트 코리붙(Sigmund Korybut)이 보헤미아 왕으로 프라하에 들어오도록 도왔다. 왕은 성배파와 함께하며 옛 교회체제를 복원시키려고 시도하였다. 이러한 왕의 행동은 유화파라도 지지할 수 없는 것이었다. 그리하여 그는 보헤미아로부터 떠나지 않으면 안 되었다.[137]

지즈카와 신의 타보르파 전사들

　한편, 지즈카는 코리붙이 보헤미아로 왔을 때 타보르와 결별하고 독자적인 활동을 모색하기 시작하였다. 도시민과 하급귀족의 협력만이 혁명운동을 완수시킬 것이라고 믿었던 그는 자신의 정치적 목적을 일관되게 지키려면 점점 더 가톨릭 귀족과 제휴를 모색하려는 경향이 짙은 프라하와 장차 닥쳐올 전투를 대비하고자 하였다. 그러나 천년왕국주의적 강령을 주장하는 타보르는 그에게 너무 과격한 것이었다. 그리하여 그는 동부 보헤미아 지역에서 새로운 세력을 결집하여 신타보르(the New Tabor) 혹은 제2타보르(the Lesser Tabor)를 만들고 자신의 군대를 오르판스(Orphans)로 불렀다.[138] 그들의 중심지는 오렙(Oreb)파 운동이 지속되던 흐라데 크라로베(Hradec Kralove)였다.[139] 이로써 제도권파로 남아 있

---

137) Macek, *The Hussite History of Bohemia*, pp. 60~61.

138) Heyman, *John Žižka and the Hussite Revolution*, p. 10.

139) Sigismund가 언급한 Hradec Kralove 도시는 동부 보헤미아 지격으로서 왕당파들에 고통을 당하고 있는 곳이었다. 여기서도 Luznice 지역과 마찬가지로 정례화된 산상집회가 열렸고, 그 참여자들은 그곳을 특히 Oreb이란 이름으로 불렀다. Oreb은 이사야 10:20, 26, 사사기 7:25를 근거로 하여 붙여진 호전적인 명칭이다. 이들을 지도한 사람은 Ambros of Hradec이었다. 그는 강한 영적·정치적 지도력을 발휘하여 Hradec Kralove를 후스파 운동의 중심지로 남아 있도록 큰 역량을 발휘한 인물이었다. 이들의 적대 세력의 관점에서 Oreb의 참여자들은 타보르에 소속한 자들처럼 엄격하고 수도운 성직자를 주된 적으로 간주하는 것으로 보

던 타보르파는 다시 둘로 나뉘었다. 1423년 보헤미아 내에 세력 판도는 프라하 동맹, 타보르, 제2타보르 세 그룹으로 형성되어 있었다.

가톨릭 귀족 세력이 다시 코리붙을 왕으로 추대하려고 시도를 하였다. 그러나 그들의 시도는 지즈카로 말미암아 성공하지 못하였다. 그들은 1424년 6월 말레소브(Malesov)전투에서 지즈카에게 대패하였던 것이다. 최종적으로 지즈카는 프라하의 문전에 서서 반역의 도시를 파괴하겠다고 위협하였다. 이에 프라하 사람들은 무조건 항복하고 지즈카에게 충성을 다하겠다고 약속함과 동시에 모라비아로 원정을 가는 그와 합세하였다. 후스파 보헤미아가 다시 한 번 더 단결한 것이 이때였다. 그러나 지즈카는 1424년 10월 11일 전염병에 걸려 죽음으로써 원정에는 참여하지 못하였다.[140]

지즈카를 잃은 제2타보르는 대머리 프로콥(Procop)을 지도자로 받아들였다. 그는 일시적으로 젤리브스키의 후원 아래 프라하에서 설교자로 있었으나 일찍이 타보르파 운동에 가담하였다. 그는 피카르트로 의심받아 체포되었으나 곧 풀려났고 계속 타보르파에 속하였다. 지즈카의 계승자가 된 그는 군사적 지도자로서도 그만큼 뛰어난 역량을 발휘하여 1426년 우스티 전투에서 독일군을 물리쳤고 1427년 타르코브(Tarcov) 전투에서 십자군을 패퇴시켰다. 그는 외교 면에서는 지즈카보다 앞서서 1429년 코리붙을 직접 만나 '프라하 4개 강령'에 서명을 한다면 보헤미아 왕으로 추대할 용의가 있다는 점을 밝히기도 하였다.

그러나 프로콥은 강인함과 탄력성을 보인 지즈카와는 달리 자신감과 용기가 부족하였다. 또한 그는 십자군과 외국군의 외침이 계속되는 상

였다. 그러나 그들은 타보르파와는 좀 다른 발전을 하였다. 그들은 로마 가톨릭의 가르침과 실천에서 벗어나는 정도는 타보르의 급진파들에 못 미쳤고, 타보르의 급진파들을 특징짓는 천년왕국주의도 발전시키지 못하였던 것이다[Heyman, *John Žižka and the Hussite Revolution*, pp. 131~133].

140) Macek, *The Hussite History of Bohemia.*, pp. 61~63.

황에서 전 후스파 공동체가 인정하는 새 전략을 쉽게 개발해 내지 못하였다.[141] 그런 가운데 그는 중대한 실수를 하였다. 1432년 2월 귀족, 프라하, 두 타보르파를 대표하는 프라하 국회가 12명의 섭정 의회 구성을 결의하였다. 이로써 떠오른 현안은 전 보헤미아인의 강제적인 종교 통합이었다. 이에 주된 장애는 필센이었는데, 따라서 그 도시의 정복만이 문제 해결이라는 가톨릭 귀족들의 판단이 우세하게 되었다. 이에 프로콥이 동조하여 필센을 습격하였다. 그러나 오히려 그가 패했고 이로 인해 떨어진 사기는 심각한 것이었다. 체포되어 구금되었던 프로콥의 굴욕감은 더 말할 나위 없었다. 석방된 그는 타보르파 지도자 자리에서 물러났다. 이 같은 그의 사임은 두 타보르파와 군대의 민족적 위신에 해를 입혔다. 1433년 12월 국회에서 12명의 약한 섭정 참사회를 보헤미아와 모라비아를 위한 단일한 섭정 참사회로 바꾸려 했을 때 프로콥은 그러한 조처에 반대하지 못하고 만 것이었다. 1434년 3월 국내의 치안 유지를 명목으로 귀족들은 섭정 참사회에 순종하기를 거부하는 타보르파를 진압할 계획을 세우고 전열을 가다듬었다. 5월에 그들은 구시로 가서 아직도 오르판스와 가까운 동맹 관계를 유지하는 신시를 향해 최후통첩을 하였다. 신시가 그를 거절하자 그들은 신시를 쳐들어가 정복하였다. 프로콥은 이때 탈출하여 나와 그동안의 무기력에서 벗어났다. 그는 제2타보르파에 편지를 띄워 지원을 얻어 내고 그들과 함께 귀족들의 동맹군과 맞섰다. 5월 30일 양 군대는 리파니(Lipany)에서 치열한 전투를 벌였다. 그 결과 귀족들의 동맹군이 타보르파 연합군을 섬멸하였다. 수천 명이 희생되고 프로콥 등의 지도자가 참수됨으로써 타보르파 운동은 사실상 막을 내렸다.[142]

---

141) Heyman, *John Žižka and the Hussite Revolution*, pp. 457~459.
142) *Ibid.*, pp. 466－469.

이제 타보르파는 군사세력으로서는 해체하였다. 그러나 그들은 새로
운 형태의 후스주의로 변모하였다. 복음적 타보르파와 그 외에의 다른
종파 출신들이 대다수의 성배파와 소수의 가톨릭교도와는 별도로 평등
주의적이고 평화주의적 태도를 가지고 사도적 초대교회의 이상을 추구
하는 모임을 결성하였다. 그들은 스스로를 <형제단>이라고 불렀다.[143]

1419년 겨울에서 1420년 봄까지 타보르파는 기존의 봉건 질서와는 전
혀 다른 타보르 혁명사회를 세웠다. 비록 천년왕국으로서 타보르 공동
체가 매우 짧은 시기 동안 유지되었지만 당시 유럽사회에는 전혀 새로
운 사회체제를 실천하였다는 점에서 큰 의의를 지닌다고 하겠다. 이러
한 타보르파의 영향력은 보헤미아 안에만 머물지 않았다. 그 인접국의
부자와 특권층은 성직자나 평신도 가릴 것 없이 타보르파의 여파가 전
체 사회 질서를 전복시키는 혁명을 낳을지도 모른다는 두려움에 사로잡
혔다. 성직자뿐 아니라 귀족들까지도 뒤집어엎는 데 목표를 두고 있는
타보르파의 선전은 프랑스와 스페인에까지 파급되어 많은 공감을 불러
냈다. 부르군디(Burgundy)와 리옹(Lyon) 주변의 농민들이 교회 및 세속 영
주에게 반기를 들었을 때 프랑스 성직자들은 즉각 이 반란을 타보르파
책자의 영향으로 돌렸다. 그러나 타보르파가 가장 큰 영향을 끼칠 수 있
는 기회를 가진 곳은 독일에서였다. 왜냐하면 1430년에 타보르파 군대
가 라이프치히(Leipzig), 밤베르크(Bamberg), 뉘른베르크(Nuremberg)까지
침투해 들어갔기 때문이다. 그래서 독일은 타보르파 영향을 가장 큰 걱
정거리로 여겼다. 이것은 다음의 사실에서 뒷받침된다. 마인츠(Mainz),
브레멘(Bremen), 콘스탄스, 바이마르(Weimar), 스테틴(Stettin)의 길드가 귀
족들에 대항하였을 때 그 혼란의 책임은 타보르파에 있다는 비난이 나
왔다. 또한 1431년 울름(Ulm)의 귀족들은 동맹 도시들에 호소하여 자신

---

143) Clair, *Millenarian Movements in Historical Context*, p. 149.

들과 함께 후스파 보헤미아를 향한 새로운 십자군에 가담하자고 요청하
였다. 그들은 지적하기를, 독일에 타보르파와 공통점이 많은 혁명적 요
소들이 있다며 빈자들의 반란이 보헤미아에서 독일로 퍼지는 것은 너무
쉬운 일이라고 하였다. 그리고 같은 해에 도인 바젤 종교회의도 독일의
평민들이 타보르파와 연대하여 교회 재산을 강탈하지 않을까 하는 우려
를 표명하였다.[144] 이러한 우려가 과장되고 시기상조인 것처럼 보일지라
도 그것은 약 1세기 후에 현실로 나타났다. 토마스 뮌처(Thomas Müntzer)
와 뮌스터(Münster)의 재세례파 사건이 바로 그것이었다.

---

144) *Ibid.*, p. 222.

04

토마스 뮌처의 천년왕국주의

토마스 뮌처

토마스 뮌처(Thomas Műnzter, c. 1488~1525)는 루터를 중심으로 시작된 고전적 종교개혁에 반하여 급진적 종교개혁을 주도했던 대표적인 인물이다. 1525년 농민전쟁에서 농민들과 함께 정치적 요구와 군사적 행동을 했다는 이유로 참수당한 그는 루터를 비롯한 그의 적들로부터 '악마의 화신'[1]이란 혹평을 받았다. 그 이후 뮌처는 그러한 오명을 씻지 못한 채 '종교개혁의 의붓자식'[2]으로 취급받아 왔다. 그러나 고전적 종교개혁자들보다 재세례파들과 성령주의자들 같은 급진적 종교개혁자들이 더 진보적인 성과들을 낳았다는 점이 인정되면서[3] 뮌처에 대한 적극적인 평가가 부각되기 시작

---

1) Hans-Jürgen Goertz, "Thomas Müntzer: Revolutonary in a Mystical Spirit", Walter Klaassen, ed., *Profiles of Radical Reformers: Biographical Skeiches from Thomas Müntzer to Paracelsus*(Scottdale, 1982), p. 29.

2) Eric Gritsch, *The Reformer without Church: The Life and Thought of Thomas Müntzer 1488?~1525*(Philadelphia, 1962), p. 172.

하였다. 이처럼 긍정적 관점과 부정적 관점이 엇갈리는 가운데 뮌처에 대한 평가는 역사서술에 대한 이데올로기적 관심에 따라 달리 나타났다.

뮌처 연구는 대체로 그의 모습을 신학자로서 다루려는 경향과 혁명가로서 그의 역할을 묘사하려는 경향으로 나뉜다. 루터파와 메노파(the Mennonite) 역사가들은 뮌처를 신학자로 다룬다. 루터파는 뮌처를 광신자(Schwämer)로 몰아세우고자 하였고,[4] 메노파는 그들의 비폭력적 전통에 입각하여 재세례파 전통 속에서는 뮌처가 설 위치가 없다는 점을 부각시키고자 하였다.[5]

이들과는 달리 뮌처의 생애와 행동이 혁명적이었다는 관점은 빌헬름 짐머만(Wilhelm Zimmermann)에 의해 프랑스 혁명기 동안 먼저 제기되었다.[6] 그러나 뮌처를 혁명가로 부각시킨 것은 프리드리히 엥겔스[7]에 그 원류를 둔 마르크스주의적 연구자들이었다.[8] 이들에 따르면 뮌처는 종교적 열정으로 움직인 것이 아니라 자신의 정치적 열망을 증진시키기 위해서 종교를 잘 이용하였다고 주장하였다. 이러한 뮌처는 그들에게

---

3) Ernst Troeltsch는 루터와 멜랑크톤(Melanchthon) 이래 광신도라고 일컬어지는 인물들을 따로 구별해 내어 적극적인 평가를 시도하였다. Troeltsch, *Protestantism and Progress: A Historical Study of the Relation of Protestantism to the Modern World*, tr., W. Montgomery(Boston, 1958), pp. 50~52, idem, *The Social Teaching of the Christianity Church*, Vol. I , tr., Olive Wyon(New York, 1960), pp. 331~343.

4) Karl Holl은 뮌처 사상의 독창성과 깊이를 인식하였으나 뮌처가 광신자라는 시각에는 변함이 없었다[idem, "Luther und die Schwämer", in *Gesammelte Aufsätze zur Kirchengeschichte*, 3 Vols.(Tübingen, 1928~1932), pp. 420~467]. Franz Günther는 실증사학의 보수적 틀을 유지하며 뮌처를 주로 종교에 관심을 둔 주변적 광신자였다는 점을 강조하였다. 그의 저작은 최근까지도 11판을 거듭하면서 뮌처 연구에 많은 영향을 끼쳤다[idem, *Thomas Müntzer: Schriften und Briefe. Kritische Gesamtausgabe*(Gütersloh, 1968)].

5) Rufus M. Jones, "The Anabaptists and Minor Sects in the Refomation", *Harvard Theological Review*, 11(1918), pp. 223~247, Robert Friedman, "Conception of Anabaptists", *Church History*, 9(1940), pp. 341–365, idem, "Thomas Müntzer's Relation to Anabaptism", Mennonite Quaterly Review, 31(1957), Herold S. Bender, "Die Zwickau Propheten, Thomas Müntzer und die Täufer", *Theologische Zeitschrift*, 8(1952), pp. 262~278.

6) Wilhelm Zimmermann, *Geschichte des grossen Bauernkrieges*, Bd. II (Stuttgart, 1856).

7) Fridriech Engels, *Der deusche Bauern Krieg*(Berlin, 1850, rep. 1955).

8) 마르크스주의자들의 연구 경향에 관해서는 Abraham Friesen, "Thomas Müntzer in Marxist Thought", Church History, 34(1965), pp. 306~327, 특히 동독 마르크스주의자들에 관해서는 Helmar Junghans, "Der Wandel des Müntzerbildes in der DDR von 1951/52 bis 1989", *Luther*, 60(1989), pp. 102~150을 참고할 것.

혁명적 영웅이었다.9)

이처럼 뮌처의 연구가 연구자의 이데올로기적 관점에 따라 양분되어 있는 경향에 직면하여 문제가 제기되었다. 한스 위르겐(Hans-Jürgen)은 말하기를, "그리스도교 신학은 대체로 혁명을 향한 경향에 대해 호의적이지 못하고, 마르크스주의는 일반적으로 신학에 대해서는 모른다. 그러나 뮌처는 혁명가이자 동시에 신학자라는 사실이다."10) 같은 맥락에서 톰 스코트(Tom Scott)는 다음과 같이 지적하였다. 풍부한 마르크스주의적 연구는 대중 반란을 조장하고 적법화시키는 데 종교적 급진주의가 지닌 객관적 기능만을 언급한 채 종교가 갖고 있는 주관적 의도를 배제하였다. 반면에 대부분의 서구 학자들은 뮌처의 신학적 비전의 우위성에 역점을 두었는데, 사회적, 정치적 관심은 기껏해야 그 신학적 비전에 종속적인 것이거나 빗나가는 것이었다.11) 이에 연구자들은 뮌처에게서 발견되는 신학자와 혁명가의 모습을 어떻게 통합적으로 이해할 것인가를 과제로 삼았다. 그리하여 근래에 뮌처 연구는 신학자와 혁명가라는 양면을 일관되게 파악하기 위해 뮌처를 천년왕국주의자로서 다루려는 경향을 보이고 있다.12)

뮌처를 천년왕국주의자로 파악하는 데 있어 선구적 업적을 내놓은 사람은 마르크스주의 신학자 에른스트 블로흐(Ernst Bloch)였다. 그는 뮌처가 1523년 7월 이후 루터와 공개적으로 결별하면서 천년왕국주의적 공산주의자가 되었다고 주장하였다. 그에 따르면 뮌처가 지닌 실질적 중요성은 농민과 도시 프롤레타리아에게 천년왕국주의적 비전을 고무시

---

9) Friesen, "Thomas Müntzer in Marxist Thought", pp. 308~309.

10) Hans-Jürgen, "Der Mystiker mit dem Hammer", *Kerygma und Dogma*, 20(1974), p. 26.

11) Tom Scott, "The 'Volksreformation' of Thomas Müntzer in Allstedt and Mühlhausen", *Journal of Ecclesiastical History*, 34(1983), p. 194.

12) Tom Scott, "From Polemic to Sobriety: Thomas Müntzer in Recent Research", *Journal of Ecclesiastical History*, 39(1988), pp. 561~562.

켰다는 점인데, 그러한 천년왕국주의적 비전의 영향은 농민과 도시 물질적 상황이 악화됨으로써 특별히 컸다.[13] 블로흐 이후 뮌처를 천년왕국주의자로 파악하려는 연구성과는 별로 눈에 띄지 않는다. 뮌처는 개괄적 천년왕국운동 연구의 한 부분으로 다루는 정도에 그치고 있다. 그런데 해방 직후에 김재룡 교수가 천년왕국신앙과 관련하여 뮌처를 국내에 소개한 것은 두드러진다고 하겠다. 뮌처는 천년왕국신앙에 입각하여 루터의 개혁과는 다른 개혁을 과감하게 실행해 갔고 그 어느 개혁가나 혁명가보다도 맹렬한 공격을 받은 그는 비록 그것이 시대적 한계를 안고 있다 할지라도 천년왕국신앙의 가장 헌신적인 사도였다고 소개되었다.[14]

뮌처의 천년왕국주의적 특징은 천년왕국에 관하여 구체적으로 묘사한 것에 있지 않고 천년왕국주의적 비전을 실천한 것에 있다. 고든 럽(Gordon Rupp)의 지적에 따르면, 뮌처에게는 요한계시록 21장 6절에 설명되는 천년왕국에 관한 개념 내지 그리스도와 그의 성도들의 통치에 관한 개념이 없다고 한다. 그의 비전도 그리스도의 재림에 중심을 두지 있지 않고, 개인의 성화(聖化)에 관한 그의 개념도 그리스도 중심이 아니며 '새 교회'가 형성될 것이라는 비전을 제외한다면 다가올 것에 관한 그 어떤 종류의 프로그램도 갖고 있지 않다는 것이다.[15] 사실상 뮌처는 다른 천년왕국주의자들에 비해 천년왕국주의적 프로그램에 관한 언급을 별로 하지 않았다. 그 이유는 그의 관심은 곧 다가올 천년왕국에 관한 묘사보다는 그것의 실현을 위한 실천에 치중되어 있었고 미래 사회의 본질을 알아내는 것보다는 그 선행단계에서 일어날 대재앙에 관심이

---

13) Ernst Bloch, *Thomas Müntzer als Theolgie der Revolution*(Berlin, 1921), p. 21, 44.

14) 김재룡, "Chiliasmus와 Magister Thomas Müntzer", 『역사학 연구』(19490, in 홍치모 편, 『급진종교개혁사론』(느티나무, 1985), pp. 83~84.

15) Gordon Rupp, "'True History': Martin Luther and Thomas Müntzer", Derek Beales and Geoffre Best, eds., *History, Societ and the Churches: Essays in Honor of Owen Chadwick*(Cambridge, 1985), pp. 83~84.

있었기 때문이라 생각된다. 그래서 그는 당시 농민들의 물질적 운명을 개선하는 일에도 별로 관심을 기울이지 않았다. 그는 오로지 종말의식을 가지고 선민들로 구성된 새 세상을 꿈꾸면서 어떻게 그런 세상을 실현시킬 것인가에 집중하여 행동을 취하였다. 그리하여 그는 예언자 의식을 가지고 선민을 각성시킴으로써 새 세상의 도래를 실현시킬 수 있다고 보고, 그에 따른 실천적 행동에 집중하였다. 이러한 그의 행동은 다른 천년왕국주의자들의 그것과 다를 바 없는 것이었다.

뮌처를 천년왕국주의자로 다루면서 이 글은 뮌처가 어떻게 천년왕국주의자로 행동하였으며 그에 따른 당대의 사람들은 어떻게 반응하였는가를 살펴보고자 한다. 우선 루터파로 출발한 뮌처가 신비적 성령주의자에서 천년왕국주의자로 옮겨 간 과정을 검토하여 '신사도교회'(the New Apostle Church)의 건설을 통해 달성하고자 한 천년왕국주의적 비전과 방법을 밝히겠다. 다음으로 알스테트(Allstedt)에서부터 프랑켄하우젠(Frankenhausen)에 이르기까지 뮌처가 찾아 나선 선민이 군주에서 평민으로 옮겨 간 사실과 함께 그들의 반응이 뮌처의 기대에는 상당히 거리 있었다는 사실을 살펴볼 것이다.

1) 신비적 성령주의에서 천년왕국주의로

뮌처의 최종목표는 필요하다면 무력을 사용해서라도 지상에 신의 왕국을 건설하는 것이었다. 그러나 그 왕국은 단순히 신자들이 모여 형성한 공동체 형태로 세워지는 것이 아니라 신의 선민이 칼을 가지고 불신자들을 제압하여 그리스도교 국가의 형태로 세워지는 것이었다.[16] 이러

---

16) Harold S. Bender, "Die Zwickau Propheten, Thomas Müntzer und die Täufer"(1952), in Abraham Friesen und Hans-Jürgen Giertz, eds., *Thomas Müntzer*(Datmstadt, 1978), p. 118.

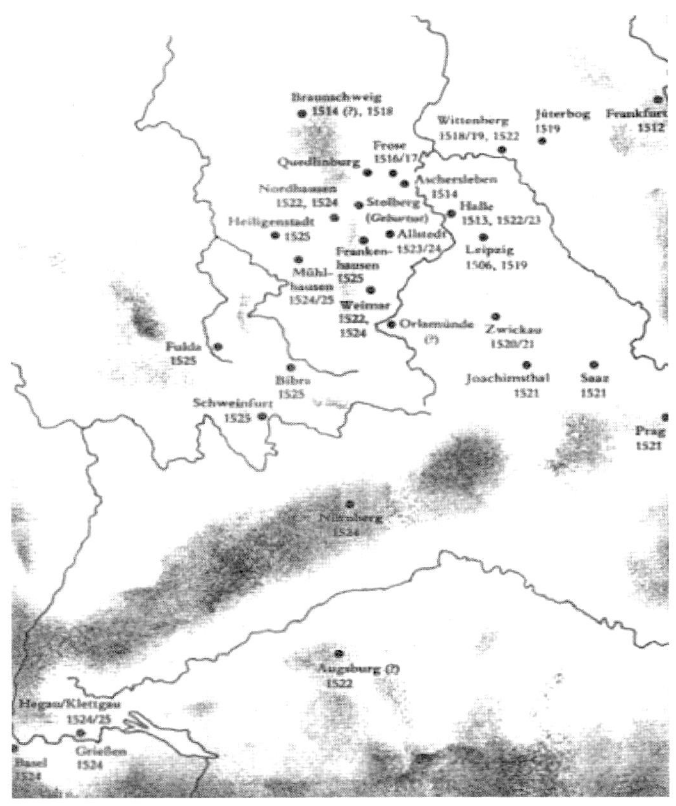

뮌처가 옮겨 다닌 도시와 시기

[Matheson, ed., The Collected Works of Thomas Münzter, p. 94.]

한 그의 목표는 성령주의에 의해 심화되어 천년왕국주의로 결실을 맺었다.

뮌처는 1489년경에 출생하여 하르츠(Harz) 산기슭의 소도시 스톨베르크(Stolberg)에서 유년 시절을 보내고, 1512년 겨울 학기 프랑크푸르트 대학에서 공부하였다.[17] 비텐베르크(Wittenberg)에서 수개월을 머물고 루터

---

17) 'Stolberg의 토마스 뮌처'를 소개하는 첫 공식 자료는 1512년 겨울 학기 Frankfurt 대학의 입학 허가서이다. 거기에 누군가가 이 학생이 사실상 종교개혁의 유명한 급진파였다는 사실을 명확히 하기 위해 '치안방해 죄를 지은'이란 말을 첨가시켜 놓았다[Eric W. Gritsch, Thomas Müntzer: A Tragedy of Errors(Minneappolis, 1989), pp. 2~3].

신학을 접한 그는 고대 철학과 수사학에 대한 휴머니스트적 접근을 맛보았고,[18] '학식 있는 사람'[19]으로 존경받게 되었다. 그리하여 그 비텐베르크의 북동쪽에 있는 소도시 위테르보르크(Jüterborg)의 설교자로 초청받아 루터파로 활동하였다. 그러나 그는 1519년 부활절 설교에서 가톨릭교회의 계서조적에 대해 신랄히 비판을 가함으로써[20] 루터파라는 비난을 받으며 위테르보르크를 떠나지 않으면 안 도었다. 이후 뮌처는 츠비카우(Zwickau)로 갔다가 다시 보헤미아 지역으로 갔고 신학적 전환을 이룬다.

츠비카우로 간 뮌처는 교회 사목(司牧)과 니콜라스 스토르크(Nicholas Storch)와의 만남을 통해 신학적 골격을 세워 나갔다. 직조산업의 발달로 도시의 번영을 구가하던 츠비카우에는 노동분화와 사회계층화의 초기 자본주의적 과정을 겪으면서 초기 산업 프롤레타리아가 생겨났다. 이들은 1516년 부유층이 자신들의 경제적 상황을 더 유리하게 만들기 위해 세제개편을 시도하였을 때 소요를 일으켰다. 이렇게 표면화되고 있던 사회적 갈등을 뮌처는 부유층이 다니는 <마리아 교회>(Marienkirche)를 거쳐 하층민이 주된 구성원을 이루고 있는 <카타린 교회>(Katharinkirche)

---

18) Aesticampianus의 강의를 들으면서 뮌처는 Plato 생애를 메모히였고, 자신이 갖고 있는 고통에 대한 관심과 그에 견주어지는 금욕주의에 대한 강조에 이끌렸다. 뮌처는 또한 Quintilian의 수사학 대저술인 *Instituto Oratoria*에 영향을 받았으며 라틴 교사들의 자연질서(ordo rerum)에 관한 개념을 습득한 듯하다. 전체에 대한 부분들의 관계를 해명하는 자연질서의 개념에서 뮌처는 모든 피조물의 질서에 관한 독특한 체계를 세워 신과 인간은 우주 안에서 원래 상호 연결되어 있다는 주장을 폈다. Ulrich Bubenheimer, "Luther – Karlstadt – Mützer: soziale Herkunft und humanistische Bildung. Auguswählte Aspekte vergleichender Biographie", *Amtsblatt der Evangelisch Lutherischen Kirche in Thüringm*, 40(1987), pp. 66~7, idem, "Thomas Müntzers Wittenberger Studienzeit", *Zeitschrift für Kirchegeschichte*, 99(1988), pp. 172~92.

19) Brunswick의 성 마르틴 학교 교장은 뮌처에게 보낸 편지에서 그를 '가장 학식 있는 사람'으로 부르고 있다 [Franz Günther, ed., *Thomas Müntzer: Schritten und brefe. Kritische Gesamtausgabe*, p. 347. 이하 *MSB*로 약기함; Peter Matheson, ed., *The Collevted Works of Thomas Müntzer*(Edinburgh, 1988), pp. 9~10. 이하 *CWM*으로 약기함].

20) 이에 대한 증거로서 프란체스코 교단 수도사 Bernhard Dappen의 진술이 남아 있다. Dappen의 진술은 반대자의 관점이기에 완전히 믿을 만한 것은 아니다. 그렇지만 그 진술의 진의가 무엇이든지 간에 뮌처가 반성직자적 태도로 가톨릭교회를 공격했다는 것은 사실이다. 뮌처는 교황권이 종교회의(General Council)에 복속되어야 함에도 불구하고 교황은 그렇게 하지 않았다고 비판히였다. 또한 뮌처는 인정되는 박사들이 믿음을 해명하는 데 이성에 의존하고 있고, 주교들은 자신들의 사목적 의무를 경시하며 성직자들을 감금함으로써 폭군처럼 행동하고 있다고 지적하였다[Bernhard Dappen, "Precigten Müntzer in Jüterborg 1519", in *MSB*, pp. 562~563, *CWM*, pp. 449~450].

에서 재직하면서 체감하였다.

여기서 직조공 스토르크를 만남으로써 뮌처는 신학의 방향을 설정하는 데 큰 도움을 받았다. 스토르크는 성직자가 신과 인간을 중재한다는 것을 부인하고 신은 꿈과 환상을 통해 자기를 계시한다고 믿었다. 이러한 그는 성령을 강조하며 성서, 성사, 제도교회를 포함한 구원의 외적 수단을 부정하였다. 그리하여 그가 역설하는 것은 신은 선민과 직접 교통한다는 것이다. 더 나아가서 그는 타보르파 교회의 재현이나 다름없는 주장을 폈다.[21] 그의 주장에 따르면, 지금은 사도의 시대이므로 신이 그의 선민과 직접 교통하는 시기이며 이런 이유에서 마지막 때가 가까웠다. 먼저 터키인들이 세계를 정복하고 적그리스도가 세상을 다스리게 되면 그 다음으로 선민들이 일어나 모든 불신자들을 멸함으로써 그리스도의 재림이 일어나고 천년왕국이 시작될 것이다.[22] 이러한 스토르크의 사상과 접한 뮌처는 신비적 성령주의를 정립하고 종말론적 인식을 갖게 되었다.[23] 이로써 그는 세계를 그리스도교화하겠다는 혁명적 사고를 도출해 내었다.

뮌처의 혁명적 사고는 그의 신비적 성령주의 신학에서 출발한다. 그의 신비적 성령주의의 핵심은 신과 모든 피조물들이 본질적으로 형성해야 할 '내적 질서'를 회복하는 것이었다. 이것은 창조주에 대한 피조물의 관계를 말하는 '창조 질서'로서 인가에 의해 인식되는 피조물에 심어

---

21) Storch와 Zwickau 예언자들이 설명한 것이 무엇이었든지 간에 그들이 뮌처에게 타보르파의 천년왕국 교리를 전수하였다는 증거는 없다. 이 점에 대해서 뮌처와 타보르파의 묵시적 신학을 연구한 Reinhard Schwarz도 역사적 추론을 하는 데 확실한 증거를 확보할 수 없다고 말한다[idem, *Die apocalyptische Theologie Thomas Müntzers und der Taboriten*(Tübingen, 1977), p. 1]. 물론 그렇다고 해서 그들의 영향이 뮌처의 사상에 전혀 반영되지 않았다고 말할 수도 없다[Siegfried Hoyer, "Die Zwikauer Storchianer – Vorläufer der Täufer?", *Jahrbuch für Regionalgeschichte*, 13(1986), p. 74].

22) Tom Scott, *Thomas Müntzer: Theloogy and Revolution in the German Reformation*(New York, 1989), p. 21. Gritsh, *A Tragedy of Errors, p. 26*, Cohn, *The Pursuit of the Millennium*, pp. 235~236.

23) Steven Ozment, *Mysticism and Dissent: Religious Ideology and Social Protest in the Sixteenth Century*(New Haven and London, 1973), p. 66.

져 있는 신적 질서를 말한다. 여기에 뮌처가 '믿음의 기초'라고 부른 것이 있다.[24]

믿음에 관련하여 뮌처가 강력히 설파하고자 한 것은 믿음에 도달할 수 있는 방법에 관한 것이다. 그리스도교의 믿음에 관하여 다른 사람들보다 더 잘 알기 위해 매우 열심히 노력한[25] 그가 깨달은 것은 '경험된 믿음'(erfahrenen Glauben)이 구원에 이르는 참길이라는 사실이었다. 그는 『프라하 선언』(Das Prager Manifest, 1521)[26]에서 다음과 같이 말한다.

> 그들[유대 및 이단적 사제들]은 선행과 덕당의 대가를 치름으로써 신의 분노를 확실히 피할 수 있다고 말한다. 그러나 이 어떤 것으로도 그들은 신을 경험하는 것이 무엇인지, 참믿음이 무엇인지, 강건한 미덕이 무엇인지, 신과 화해한 후의 선행기 므엇인지를 결코 배우지 못한다.[27]

뮌처는 신을 경험하는 믿음이 참믿음이라는 결론에 도달한 것이다. 뮌처가 경험된 믿음을 강조한 것은 인간의 경험 곧 계몽된 이성의 통찰력을 최고의 위치에 새로이 올려놓는 것이었다. 이러한 뮌처의 태도는 루터가 성서의 권위를 앞세워 가톨릭교회가 가르치는 권위에 도전한 것과는 다른 것이었다.[28]

그러면 어떻게 '경험된 믿음'을 가질 수 있는가? 먼저 뮌처는 신을 경험하기 위한 토대로서 마음을 언급한다. 그에게 마음은 '영혼의 심

---

24) Gordon Rupp, "Thomas Müntzer, Hans Huth and the 'Gospel of All Creatures'", *The Bullutin of the John Rylands Library Manchester*, 43(1961), pp. 497~498.

25) Thomas Müntzer, "Das Prager Manifest", in *MSB*, p. 495, *CWM*, p. 362.

26) 『프라하 선언』은 네 개의 판본이 있다. 짧은 독어 판본(A)은 뮌처의 자필로 쓰였고 1521년이라는 연도가 기입되어 있다. 긴 독어 판본(B)은 "보헤미아의 상황에 관한 항의"라는 표제가 붙어 있다. 그 밖의 라틴어 판본(C)과 체코어 판본(D)이 있다.

27) *MSB*, p. 502, *CWM*, p. 369.

28) Michael G. Baylor, "Thomas Müntzer's 'Prague Manifesto'", *The Mennonite Quarterly Review*, 63(1989), p. 39.

연’(Seelengrund)으로 표현되는 ‘신을 경험하는 기관’[29]과 같은 것이다. 그는 주장하기를, 신은 자신의 불변하는 의지와 지혜를 종이나 양피지로 비유되는 마음에 새기는데, 이런 일은 태초부터 줄곧 선민들에게 일어났던 것이라고 하였다.[30]

마음을 통한 신의 경험은 고통의 과정을 수반한다. 사람의 마음은 신으로부터 멀어지려는 욕망으로 더럽혀져 있기 때문에 고통의 과정을 거쳐 살아 있는 신의 말씀을 들을 수 있는 마음의 상태가 만들어져야 하는 것이다. 그러기 위해서 마음에는 그동안 더럽혀진 것이 제거되면서 동시에 신에 대한 두려움으로 가득 차야 한다. 마음이 더러우면 사람은 불안과 두려움과 의심으로 시달리게 되어 있다. 뿐만 아니라 그는 신과 자신 사이에 놓인 극복할 수 없는 거리가 있다는 사실 앞에서 사라갈 의지마저 잃는다. 또한 그는 세속적 욕망과 분리되고 그의 존재성을 잃는다. 이때 그 사람의 마음은 비어 있는 상태가 된다. 이 빈 마음에 ‘신에 대한 두려움’(der Frucht Gottes)으로 채워진다.

신에 대한 두려움으로 가득 찬 마음이란 어떠한 고통도 기꺼이 감수하려는 마음이다. 이 고통의 절정이라 할 수 있는 그리스도의 십자가 고통을 추구해야 할 것이다. 이런 맥락에서 뮌처는 ‘꿀처럼 달콤한 그리스도’(honigsüßen Christus)를 설교하는 거짓 예언자들을 공격하면서 ‘고통의 그리스도’(bitteren Christus)를 배워야 할 것이라고 역설하였다.

이런 마음의 상태에서 성령의 직접적인 임재가 일어난다. 성령은 ‘신이 은총을 내리는 유일한 수단’[31]으로서 사람의 마음에 말하는데, 성령을 통해 사람들은 신의 행동을 실체로 경험한다. 성령의 직접적인 교훈

---

29) Goertz, “The Mystic with the Hammer”, p. 121.

30) *MSB*, p. 492, *CWM*, p. 358.

31) Ozment, *Mysticism and Dissent*, p. 64.

은 비전, 꿈, 영적 방언, 영감받은 주석 등의 형태로 받을 수 있고,[32] 이 러한 성령을 받은 사람만이 참믿음을 경험할 수 있다.

이 같은 살아 있는 신의 말씀은 마음, 뇌, 머리카락, 뼈, 골수, 원기, 힘, 지구력 등을 통해 전달된다. 그럼에도 불구하고 신의 계시를 성서에 한정시켜 신의 말씀을 전한다는 루터의 입장은 잘못된 것이고, 이렇게 전달되는 성서는 왁자지껄하는 소리에 불과한 바벨(Babel) 같다.[33] 이렇게 볼 때 성서를 유일하고도 최고의 권위라고 가르치는 루터는 거짓말 박사이다.

살아서 직접 인간에게 말하는 신을 거부하며 성서의 죽은 문자가 제 공하는 벙어리 신을 말하는 사람들은 비판받아 마땅하다.[34] 이러한 성 직자들은 "들판과 습지에서 개구리들을 모아 소화도 시키지 않고 둥지 에 있는 새끼들에게 그것들을 토해 주는 황새와도 같은"[35] 존재들이고, 이들이 말하는 성서에 입각한 믿음이란 전적으로 배격되어야 할 '날조 된 믿음'(gedichten Glauben)이다.

뮌처의 신비주의적 신학은 내면세계의 변화에만 관심을 두지 않았다. 그는 내면세계의 변화에 뒤이어 나타날 결과로서 외면 세계의 변화에 주목하였다. 이 점에서 뮌처는 중세의 독일 신비주의자들의 영향을 받 았으면서도[36] 그들을 넘어섰다. 그에 따르면, 경험된 믿음을 통해 내적

---

32) Williams, *Radical Reformarion*. p. 49.

33) *MSB*, pp. 501~502, *CWM*, p. 368.

34) Goertz, "'Lebendiges Wort' und 'totes Ding'. Zum Schriftverstädnis Thomas Müntzers in Prager Manifest", *Archiv für Reformationsgeschichte*, 67(1976), p. 159.

35) *MSB*, pp. 500–501, *CVM*, p. 367.

36) 뮌처는 루터와 John Eck 간의 유명한 논쟁을 참관하기 직전에 잠깐 머물렀던 Orlamünde에서 중세의 신비주 의 사상을 접하였다. 그곳에서 그는 Johannes Tauler의 저작에 골두하여 스콜라 체계에 대한 비판적 시각을 얻었고, Taulwe를 주위에 소개하였다. 이후 뮌처는 Weissenfels 근처의 Bauditz라는 수녀원에 고해신부로 들 어가서 Tsuler와 Heinrich Suso의 문헌을 집중적으로 연구하였다. 이로써 그는 Tauler와 비슷한 개종을 경험 하였고 성령을 소유하였다고 느꼈다. 이에 대해 동시대인은 "석사 토마스는 그가 성령을 소유하였다는 사실을 알고 있다는 것에 스스로 자랑스러워하였다"고 설명하였다[Walter Ellinger, *Thomas Müntzer: Leven und Werk*(Göttingen, 1975), p. 66, 122].

질서를 회복한 사람은 세속 사회와 정부로 이해되는 '외적 질서'의 변화를 일으키게 된다. 완성된 내적 혁명으로부터 나오는 급진적 변혁은 개인적 영역에 한정되지 않고, 사회적·정치적 관계까지를 포함하는 것이다. 개인적 내면세계의 변화는 외면세계와 무관하게 일어나지 않기 때문에 그리스도인의 생활은 자연히 그리스도교 세계의 형성이라는 결과를 낳는다는 것이다. 이를 토대로 하여 뮌처는 세계를 그리스도교화하겠다는 목표를 세웠다.[37]

세계를 그리스도교화하겠다는 뮌처의 구상은 혁명의 기도를 함축하고 있다. 세계를 그리스도화하기 위해서 가톨릭교회의 성직자나 루터파 지도자 그리고 이들을 따르는 불신자 무리를 제거해야 하기 때문이다. 이런 일은 경험된 믿음을 가진 선민이 세상을 신의 왕국으로 전환시키기 위해 실천해 가야 할 과제이다. 이를 토대로 하여 뮌처는 주변 상황에 적극 대응해 나갔다.

뮌처는 <카타린 교회> 사제인 루터파 요한 실비우스 에구라누스(John Sylvius Egranus)와 갈등을 일으켜 츠비카우를 떠나게 되고 이어 보헤미아로 갔다. 거기서 뮌처는 십자가의 신비를 전파하려는 열정을 가지고 베들레헴 교회에서 독일어로 설교하여 프라하 시민들에게 자신을 알렸고 타보르파의 근거지 중 하나인 자텍(Zatec)도 둘러보았다. 이러한 그의 행동은 보헤미아에서 신으로부터 직접 영감을 받은 선민들만으로 구성된 새로운 교회가 세워졌다는 믿음에서 나왔다. 그러나 그것은 단지 환성이었음이 판명되었다. 그는 이렇다 할 반응을 얻지 못하고 그곳을 떠나야만 했던 것이다. 그의 사명은 이제 다시 독일에서 시작되어야 하였다. 독일로 돌아온 그는 '그리스도의 전령'(nuntius Christi)으로서 선민을 깨

---

37) Thomas Nipperdey, "Theologie und der Revolution bei Thomas Müntzer", in *Reformation, Revolution, Uropie: Studien zum 16. Jahrhundert*(Göttingen, 1975), pp. 58~59.

우는 예언자의 사명을 다하고자 하였다. 이때 뮌처의 예언자 의식은 타보르파 예언자처럼 천년왕국의 임박한 도래를 알리는 것이 아니라 선민을 각성시켜 참믿음을 경험하게 하려는 것이었다.

이후 약 2년간 중부 독일의 이곳저곳을 유랑하였다. 그는 이런 유랑생활을 의인으로 당연히 받아야 할 고통으로 여기며 지냈다. 그는 투링기아(Thuringia)의 소도시 알스테트(Allstedt)의 사목자로 초청받음으로써 새 생활에 들어갔다. 알스테트에서 그는 지속적으로 루터와의 관계를 유지하고자 하였다. 따라서 뮌처를 일시적인 루터 추종자로 본다는 것은 그렇게 정확한 관찰이 아니라고 할 수 있다. 그렇지만 뮌처가 루터파로 행동하고자 한 것은 그의 의욕일 뿐이었다. 그가 실제로 츠비카우에서부터 루터와의 대립이 예정되어 있는 그 자신의 고유한 관점을 선명히 드러내었기 때문이다. 이제 알스테트에서 선민들을 각성시키려 했던 뮌처는 몇 가지 사건을 겪으면서 루터의 관점과는 첨예하게 대립될 수밖에 없는 천년왕국주의자로 변신하여 갔다.

우선 뮌처는 종말의식을 표출하는 방향으로 예배의식을 개혁하였다. 이러한 예배의식의 개혁은 1522년 9월 루터의 성서번역 작업을 훌륭하게 보완하는 것이었다.[38] 그는 이로써 루터를 앞질렀다는 자부심을 느꼈다. 예배의식의 개혁을 통해 뮌처는 서 가지를 의도하였다. 첫째는 예배를 통해 회중이 신비적 경험을 하도록 이끄는 것이다. 이때 중심적 초점은 그리스도의 수난에 맞추어졌다. 둘째는 독일어를 사용하는 예배를 도입하여 라틴어를 이해하지 못하는 대부분의 가난하고 가련한 민중들도 참된 그리스도교 신앙에 다다를 수 있도록 하는 것이었다. 셋째는 회중을 예배행위의 중심에 놓음으로써 성직자와 평신도 간의 관계를 바꾸는 것이었다. 뮌처에게 예배는 모든 사람들이 동등한 권리를 가지고 모

---

38) Ellinger, *Thomas Müntzer*, p. 256.

이는 회중들이 드리는 것이다. 따라서 예배에서 성직자와 평신도는 따로 구별되지 않고 평등한 관계에 있다. 이 같은 뮌처의 생각은 루터가 주장하는 만인 사제설의 실현이었다. 이처럼 뮌처가 예배를 통해 성직자와 평신도 간의 평등관계를 주장한 것은 타보르파가 양종배찬주의를 통해 성직자와 평신도 간의 평등관계를 구현시킨 것을 한 차원 높인 것이라 할 수 있다.[39]

그러나 무엇보다도 이 예배 의식 개혁에서 주목되는 점은 신비적 요소와 종말론적 요소가 성공적으로 결합되어 있다는 것이다. 예배를 통해 회중은 성령을 경험하며 선민임을 깨닫게 된다. 그런 가운데 회중은 예배 참여 자체를 '불신자의 무리에 대한 신의 전투'에 가담하는 것으로 받아들임으로써 종말론적 소망을 강화해 간다. 그 전투는 단지 성서적으로 이해된 전투가 아니라 종말의 역사적, 사회적 현실 속에서 벌어지는 실제적인 전투이다. 여기서 신 안에서 이룬 하나라는 신비적 경험이 현실과 연관된다.[40]

뮌처는 예배개혁을 통해 종말론적 관점을 갖고 있었지만 그에 따른 정치적 저항을 시도하지는 않았다. 그는 오히려 신학적·목회적 과업만을 수행해 나가고자 하였다. 예배 의식에 관한 글인 『독일 종무국』(Deutsches Kirchenamt)과 두 권의 신학적 저서 『날조된 신앙에 관하여』(Von dem gedichteten Glauben), 『반박과 제안』(Protestation oder Erbietung)

『반박과 제안』의 표제지(1524)

39) Klaus Ebert, *Thomas Müntzer: Von Eifensinn und Widerspruch*(Frankfurt, 1987), pp. 105~108.
40) *Ibid.*, pp. 108~109.

을 통해 그가 목표한 것은 자신의 신학적 통찰과 종교적 경험을 알스테트 공동체에 깊이 심어 주는 것이었다. 그리하여 그는 자신의 고향 스톨베르크에서 소요가 일어났다는 소식을 들었을 때 1523년 7월 18일 불필요한 소동을 피하라고 충고하였다. 그에게는 신이 그리스도교의 불행에 관여하여 속히 도우러 온다고 생각하는 것은 지나치게 어리석은 것으로 보였다. 왜냐하면 구원이 있기 전에 먼저 시련의 시간이 있어야 하기 때문이다. 스톨베르크 사람들이 겪어야 할 곤경과 시련 곧 군주들의 분노가 있어야 하는 것이다. 그러므로 뮌처는 스톨베르크 사람들에게 세상의 종말에 관한 근시안적 기대를 갖지 말 것을 경고하며 신비주의적인 고난의 길을 택하라고 제시하였다.[41] 뮌처의 묵시 읽기에 따르면, 아직 저항하는 시기가 아니지만 선민이 일어날 마지막 때가 다가올 것이다. 따라서 그는 새 시대가 오기 전에 있을 대재앙을 염두에 두면서 시대적 징표에 깊은 주의를 기울였다.

이때 에른스트 폰 만스펠트(Ernst von Mansfeld) 백작의 조치와 말러바크(Mallerbach) 성당의 화재사건이 부딪치면서 뮌처는 천년왕국주의적 태도로 저항을 시작하였다. 먼저 뮌처는 에른스트 백작이 가하는 조처로 인하여 세속 권위에 대한 저항을 개시하였다. 에른스트는 뮌처가 예배의식의 규례집을 인쇄하고 예배의식을 변형시킨 것은 위법 행위라고 간주하고 알스테트로 가서 예배에 참석하는 것을 형벌로 금지시켰다. 이러한 조처는 당시 1521년 5월 8일에 만들어진 「보름스 칙령」(*Worms Edikt*)에 따른 것이었다. 「보름스 칙령」은 종교적 여건상 어떤 종류이든 기존 상태를 바꾸는 것을 금하는 것이었는데, 그 명령의 내용은 독일에서 교황에 의해 소집될 공의회가 있기까지 루터와 그의 추종자들은 더 이상 아무 것도 쓰거나 출판할 수 없다는 것이었다. 이에 관련하여 옛

---

41) *MSB*, pp. 22~24. *CWM*, pp. 61~64.

신앙을 옹호하는 세력과 종교개혁을 지지하는 세력은 각기 다른 해석을 내리고 있었다. 전자는 종교개혁운동을 탄압할 구실을 발견하였고, 후자는 새로 소집될 공의회에서 자신들의 생각을 관철시킬 수 있으리라고 기대하였다. 에른스트의 조처는 전자의 입장에 따른 것이라면 뮌처의 대응은 후자에 입각한 것이었다.

에른스트의 조처에 대해서 뮌처는 즉각 반발하고 나섰다. 그는 1523년 9월 22일에 보낸 편지에서 그를 '이단적인 조악한 인간'이라고 비난하며 자신과 자신의 지지자들을 대적하지 말라고 경고하였다.[42] 그는 어떤 사람도 왕의 명령에 근거하여 예배 참석과 복음 선포를 금지할 수 없음을 강조하며 자신의 책무를 다하지 못하는 군주들은 인정할 수 없다고 분명히 하였다. 이는 이후 뮌처가 갖게 된 군주에 대한 기본 입장을 확정지어 주는 것이었다.

뮌처는 백작에 대해 모욕했다는 이유로 선제후의 심문에 응하여 재판을 받을 것을 약속해야만 하였다. 이렇게 해서 열린 재판에서 백작은 반역적인 설교자를 체포해야 한다고 청원하였으나 그것은 받아들여지지 않았다. 재판은 뮌처에게 백작에 대한 공격을 자제할 것을 요구하는 정도로 마무리되었다. 이는 사실상 뮌처의 승리를 인정하는 것이었다. 이것은 뮌처에게 세속군주에 대한 자신의 사명을 신이 인정해 주는 징표로 생각되었다.

1524년 봄 말러바크의 작은 성당에서 발생한 방화 사건은 뮌처가 시대의 종말을 의미하는 최후의 전투에 착수하게 만든 직접적인 계기였다. 그 성당은 성모상의 기적적 이미지로 인해 순례지로 알려져 있는 곳이었다. 소수의 사람들로부터 은퇴를 권고받고도 물러나지 않았던 그곳 성직자가 수녀원 자체로부터 퇴거 명령을 받고는 마침내 그곳을 떠났다. 이렇게

---

42) *MSB*, pp. 393~394, *CWM*, pp. 69.

비어 있던 성당에 화재가 발생하여 타 버리고 말았다. 이 사건을 둘러싸고 방화자가 누군가에 초점을 맞추어 사건 진상을 확인하는 과정에서 뮌처가 의심받았다.

사건 초기에 담당 관료 한스 자이쓰(Hans Zeiß)는 성당 방화사건을 서둘러 종결지으려고 하였다. 자이쓰의 미온적 태도에 수녀원장과 당국자들이 불만을 제기하여 5월 9일 바이마르에서 회의가 소집되었다. 뮌처도 참가한 듯이 보이는[43] 이 회의의 참여자들은 성당 사건을 뮌처의 사건으로 추정하고 있었다. 뮌처가 직접 그 사건에 연루되었는지의 여부를 밝힐 뚜렷한 증거는 없으나 그가 성상파괴를 고무시켜 방화하게 하고 그것을 직접 목격하게 되었을 것이라는 추측이 우세하였다. 어쨌든 회의는 요한 공이 사건의 진상을 더 조사하라는 명령을 확인한 채 끝났다.

용의자를 검거하지 못하던 자이쓰는 6월 11일 시 참사회의 동의를 얻어 시 참사원 중 한 사람인 질리악스 나우트(Ziliax Knaut)를 체포, 구금시켰다. 이러한 상황에 대해 뮌처는 시 참사회와 전 시민의 이름으로 요한 공에게 편지를 써 보내 항의의 뜻을 전하였다. 그는 이 말러바크 방화사건으로 표출된 충돌의 책임은 전적으로 수도원에 있다고 적었다. 의무 사항이 아님에도 불구하고 도시는 지대와 십일조를 수도원에 주었는 데 반하여, 성당을 소유한 수도원은 부당하게 속여 말러바크 성당에 관심을 갖도록 강요하여 사람들에게 짐만을 안겨 주었다는 것이다. 따라서 뮌처 자신이 볼 때 도시 사람들은 아무런 책임이 없다는 사실을 성서가 증거한다고 말하고, 요한 공은 불신자를 더 이상 비호하지 말라고 권면하였다. 그리고 나서 그는 말러바크의 악마가 계속 숭앙받는 상황에서 형제들이 그 악마의 희생물로 넘겨진다는 것은 용인될 수 없는 것

---

43) *MSB*, p. 556, *CWM*, p. 75.

임을 지적하였다.[44] 이러한 뮌처의 편지는 그의 의도와는 달리 그 자신이 성당 파괴에 적극적으로 참여한 것을 인정하는 것이 되어 버렸다. 따라서 알스테트에서 뮌처의 추종자들이 소요를 일으킬 위험이 있는 것처럼 비쳤다.

실제로 시 참사회는 위협에 처해 있다고 판단하였다. 이는 6월 14일에 시 참사회가 시민들을 소집할 수 있는 긴급 방어 포고령의 초안을 작성하였다는 사실로 뒷받침된다. 당시 상황을 매우 위급하다고 보고 공포심을 느끼던 자이쓰는 전시 참사회의 즉각적인 소집을 명령하였다. 그러나 그것이 받아들여지기 전에 평민들이 먼저 개입하였다 그들은 시 참사원의 소환은 방어 포고령을 위반하는 것이라는 이유를 내세워 시 참사원들의 참여를 방해하였다. 시 참사회의 해결을 불신한 평민들의 움직임은 사건 처리가 시 참사회의 수중에서 벗어났음을 의미한다.

6월 14일 자이쓰는 소요의 기미가 확실해졌다는 판단 아래 주변 마을에 지원을 요청하였다. 그가 전령을 보내 다시 한 번 신참사회의 소집을 알렸다. 이미 지도력을 발휘하고 있었던 뮌처는 도시 전체의 무장 소집을 알리는 종을 쳤다. 뮌처의 독려에 따라 시민들은 모여서 불신자에 대항하는 행동을 취하였다. 부녀자들도 쇠스랑으로 무장하고 나선 이 시민들은 경계 상태로 온밤을 지새웠다.[45]

말러바크 사건은 뮌처에게 세상의 마지막 시대에서 선민과 불신자 간의 투쟁이 시작되었음을 알리는 상징적 사건이었다. 이후 뮌처는 사태의 추이가 심상치 않음을 느꼈다. 루터는 6월 중순에 군주들에게 편지하여 뮌처의 정치적 가르침을 저지하라고 하였다. 그는 뮌처를 '알스테트의 사탄'이라고 비난하여 "그들이 신의 말씀을 가지고 싸우는 것 이상

---

44) *MSB*, pp. 405~406, *CWM*, pp. 80~81.
45) Scott, *Thomas Müntzer*, pp. 66~67.

의 것을 행하고자 하고 심지어는 폭력까지 사용하려는 행위에 대해 군주들이 대응해야 한다"고 말하였다.[46] 이러한 루터의 경고에 따라 프레데릭 공도 6월 말 엄격한 훈령을 내렸고, 알스테트 주민들이 무력으로 파괴하려는 목적으로 결집하겠다는 악행은 신의 권능과 은총만으로 일소될 것이라고 선언하였다.

뮌처는 자기를 공격하는 입장을 향해 자신을 정치적·신학적으로 정당화시킬 필요를 느꼈다. 그는 요한 공에게 자신은 모든 성서 학장들이 그리스도의 영을 공공연하게 부인함에도 불구하고 모든 사람 앞에 보호받아야 할 확고한 진리에 대해 목소리와 펜으로 선언할 것임을 밝혔다. 그리고 그는 청문회를 요구하였다. 그렇지만 비텐베르크 사람들에게 말하는 것이라면 그는 그 어떤 것도 받아들일 수 없다고 분명히 하였다.[47] 이러한 뮌처의 요구가 예기치 않게 받아들여져서 뮌처는 작센(Sachsen) 군주 앞에서 자신의 입장을 설명할 수 있는 기회를 얻었다. 7월 초 요한 공이 프레데릭 공을 대동하고 알스테트를 통과하여 할버스타트(Halberstadt)에 갔다가 돌아오는 길에 알스테트에서 머물렀다. 이때 그는 뮌처의 설교를 듣고자 하였고 뮌처는 그들 앞에서 대표적인 묵시 내용을 함축하고 있는 다니엘서 2장을 본문으로 하여 설교하였다. 이처럼 작센 당국자들이 뮌처의 설교를 들었다는 사실은 뮌처가 아직 루터의 공공연한 적으로 간주될 수 없음을 보여 준다. 이들 앞에서 그는 루터가 격렬히 반대하는 천년왕국주의 표명을 공식화하였다.

뮌처의 천년왕국주의적 구상은 그의 역사 이해에서 시작된다. 그의 역사 이해는 성서적 종말론의 관점에서 파악되어 자기 시대에 적용된

---

46) *D. Martin Luthers Werke. Kirtische Gesamtausgabe*(Weimarer Ausgabe) Vol. XV(Weimar, 1899, rep. 1966), p. 218. 이하 *WA*로 약기함.

47) *MSB*, p. 407. *CWM*, pp. 82~83.

것이라고 할 수 있다. 그러나 그의 역사 이해에는 요아킴파(Joachimite) 역사 이해의 영향이 들어 있다. 뮌처사상에 있어 요아킴의 영향이 어느 정도라고 정확히 말할 수는 없지만 요아킴과 같은 종류의 성령을 인식하고 그가 말한 제3시대의 역사 이해가 있었을 것이라는 사실은 인정할 수 있다. 뮌처는 요아킴 저작들을 인용하지는 않았지만 그가 요아킴을 존경하였던 것은 사실이다. 그는 자이쓰에게 1523년 12월 2일에 보낸 편지에서 다음과 같이 말하고 있다.

> 당신도 알아야 할 사실이 있습니다. 이러한 가르침이 대수도원장 요아킴에게 돌려지는 것이고, 조롱하여 영원한 복음이라고 불린다는 사실에 대해서 말입니다. 나는 대수도원장 요아킴의 증언에 대해 전적인 존경심을 가지고 있습니다. 나는 그의 예레미아 주석만을 읽어 보았을 따름입니다. 그러나 나의 가르침은 높은 데서 온 것입니다. 나는 그로부터 가르침을 가져온 것이 아니라 적절한 때에 성서 전서로부터 생생한 기록을 지정하려는 하나님의 언급으로부터 나온 것입니다.[48]

이 편지를 통해서 볼 때 뮌처는 제3시대라는 묵시의 역할에 관해 민감했으며, 자신의 가르침을 인간의 가르침과 구별하고 있음을 알 수 있다. 이러한 그의 태도는 일차적으로 성서를 읽음으로써 얻은 것이지만 그의 부인에도 불구하고 제3시대의 묵시적 전통에 의해 영향을 받은 것이라고 할 수 있다.[49] 뮌처는 요아킴파가 역사를 해석한 것처럼 새로운 종교적 경험을 역사의 새 시대라는 관점에서 해석해 내었다.

자신의 역사 이해를 바탕으로 뮌처는 현시대가 종말선상에 있음을 피력하였다. 그는 다니엘 2장을 설교하면서 세계의 5왕국을 종식시키는 사역이 한창 진행 중이라는 사실은 분명하다고 말하였다. 이 같은 사실

---

48) *MSB*, pp. 397~398, *CWM*, pp. 70~71.

49) Richard Bailey, "The Sixteenth Century's Apocaliptic Heritage and Thomas Münzer", *The Mennonite Quarterly Review*, 57(1983), p. 33.

은 느브갓네살 왕의 신상 꿈에 대한 그의 해석에 적용해 볼 때 당연한 것이었다. 그는 그때까지 5왕국이 있었음을 보여 준다. 첫째 왕국은 금의 바벨론이다. 둘째 왕국은 은의 메데와 페르시아 왕국이다. 셋째 왕국은 동의 헬라 왕국이다. 넷째 왕국은 철의 로마 왕국이다. 그리고 다섯째 왕국은 자신 앞에 있는 왕국이다. 그런데 이것은 철로 이루어져 있으나 흙이 섞여 있다. 세계사를 종결지으며 역사의 시간을 깨뜨리는 돌은 바로 그리스도 자신이다. 그는 새로운 세계의 모퉁이돌이 될 것이다.[50]

종말과 함께 펼쳐지는 새 시대에는 은사적 각성이 있다고 뮌처는 말한다. 그에 따르면 계시와 꿈과 환상에 대한 개방성은 새 시대의 특징이 된다. 그는 군주들에게 다음과 같이 설교하였다.

> 하나님은 다니엘 2장에서처럼 요엘 2장에 기록되어 있듯이 세계의 변화에 대해 분명히 말씀하신다. 최후의 날에 그는 그의 이름이 정당하게 찬양받게 하시기 위해서 세계의 변화를 일으키실 것이다. 그는 부끄러움으로부터 해방시켜 줄 것이고, 모든 육체 위에 그의 성령을 부어 줄 것이다. 그리고 우리들의 아들과 딸들은 예언하고 꿈을 꾸며 환상을 볼 것이다.[51]

성령은 조명으로 은사가 넘치는 새 시대는 그리스도와 함께 처음부터 씨앗으로 존재했던 것이며 성장해 가야 할 것이었다. 그러나 그러한 성령이 역사하는 것은 사도들의 제자들이 죽은 이후의 세대에서 닫히게 되었다. 이렇게 가로막혔던 성령의 사역이 이제 뮌처의 시대에 와서 다시 활력을 되찾음으로써 성령의 새 시대가 다가온 것이다. 이처럼 은사가 넘치는 새 시대가 되었다는 것은 역으로 현시대의 변화가 임박했다는 주요한 징조이기도 하다. 따라서 뮌처는 자신의 성령 체험과 함께 앞

---

50) "Auslegung des anderen Unterschieds Danielis", in *MSB*, pp. 255-256, *CWM*, p. 244.

51) *MSB*, p. 256, *CWM*, p. 244.

으로 선민들이 경험하게 될 성령의 역사를 생각하면서 세계의 종말을 깊이 의식하였다.

뮌처가 관심을 가진 종말은 역사를 초월하는 것이 아니라 역사 안에 내재하는 것이었다. 따라서 그는 자기 시대의 사회를 완전히 변화시키려는 계획을 세웠다. 악한 시대가 종말을 고하고 성령의 새 시대가 오면 자연히 세계의 변화가 뒤따를 것이다. 이 세계의 변화는 바로 신사도교회의 설립을 통해 달성할 수 있다. 그러므로 뮌처가 때때로 '미래 교회'(future ecclesia)라고도 부른[52] 신사도교회의 설립은 단순한 교회의 설립이 아니다. 그것은 천년왕국이라는 새 세계의 건설과 같은 의를 지닌 것이다. 뮌처가 신사도교회를 설립함으로써 실현시키자 한 신의 왕국은 선민들에 의해서 신의 정의를 실현하는 곳으로서 그가 추구하는 천년왕국의 모습이다.

뮌처가 묘사한 천년왕국은 어떠한가에 관해서는 논란의 여지가 없지 않다. 그럼에도 불구하고 그가 상정한 천년왕국은 평등주의적 공유제 사회의 특징을 갖는 것이라고 말할 수 있다. 뮌처가 상정한 천년왕국에 관한 개념은 고문을 당하면서 진술한 기록에 나타나 있다.

> 6. 그가 소요를 일으킨 목표는 모든 기독교인을 평등하게 하는 것과 복음을 거부하는 군주 및 지주들을 죽여 없애는 것이었다.
> ......
> 8. 그들이[알스테트 언약의 주된 지지자들] 주장하고 실천에 옮기려고 했던 항목들: 모든 것들이 공유되고, 분배는 쓸 일이 생긴 사람에게 그 필요에 따라 주어진 자. 이렇게 하기를 거부하는 군주, 공작, 지주들은 처음에는 경고를 받고, 그 다음에는 참수되어 걸리게 된다.[53]

위의 사실로부터 몇 가지 사실들을 정리할 수 있다. 뮌처의 천년왕국

---

52) *MSB*, p. 380, *CWM*, p. 44.

53) "Bekenntnis und Widerruf", in *MSB*, p. 548, *CWM*, p. 436, 437.

은 첫째로 평등사회를 지향하고 있다는 것이다. 그 주민은 모두 기독교인으로서 불신자는 절대로 배제된다. 그들은 모두 평등한 지위를 누리게 된다. 둘째로 그것은 공유제사회의 특징을 지니고 있다. 그 안에 있는 모든 것들이 공유되고, 그것들은 필요에 따라 각 개인에게 분배되는 것이다. 그것은 그 구성원의 신분과는 상관없이 모두에게 적용된다. 셋째로 그것은 법적 질서를 위해서 엄격한 규제 조치를 취한다는 것이다. 바꾸어 말하자면 모든 행위는 신의 정의 따라야 한다는 것이다. 넷째로 그 주민 구성에 관한 것인데, 이에 관해서는 어떤 특정 계층으로 국한되어야 한다는 특별한 언급은 없다. 따라서 그 참여가 자발적이든지 아니면 강제적이든지 간에 뮌처의 천년왕국에는 여러 계층이 함께 참여할 수 있는 것으로 이해할 수 있다.

이러한 뮌처의 천년왕국상(像)은 내용상 완결된 것으로 보아서는 안 될 것이다. 그는 특수하거나 계획된 장래에 관심을 두지 않고 신의 왕국의 시작에 두었다. 그 신의 왕국을 시즈하게 만들기 위해서 그는 세계 전체를 그리스도교화하는 혁명적 방법을 찾았다. 그의 방법은 선민을 각성시키고 그들을 동맹으로 만들어서 불신자들을 무력으로 제압하고 악의 세계를 일소하는 것이었다. 이 과업을 수행하기 위해서 뮌처가 생각해 낸 현실적 대안은 바로 선민들을 찾아내서 <선민동맹>을 결성하여 과업을 수행하는 것이었다.

2) 선민으로서의 군주

천년왕국을 추구하던 뮌처가 믿는 바에 의하면, 성령의 제3시대가 되면 선민은 일곱 개로 봉인된 책을 풀 다윗의 열쇠를 소유하게 되고 그 자신은 새 시대를 열어 가는 예언자의 책무를 맡게 된다.[54] 그리하여 뮌처가 총력을 기울인 목표는 선민을 각성시켜서 신사도교회를 세워 나가는 것이었다. 이러한 신사도교회가 전 세계로 퍼져 나가기를 기대하면서 뮌처는 사람들을 향해 의분(義憤)을 가지고 선민동맹에 가담할 것을 촉구하였다. 그리하여 '세계의 묵시적 변화를 위한 준비이자 도구'[55]이며 하나의 비밀 군사조직인 선민동맹의 창설에 주력하였다.

선민동맹의 참여는 성령의 부름을 인지한 모든 사람들에게 열려 있는 것이었다. 선민동맹에 가담하여 악을 제거하는 것은 고통스러운 일이지만 그 고통은 신을 위해 달게 받아야 한다. 그렇게 하지 않는다면 그는 악마의 순교자가 될 것이기 때문이다.[56] 따라서 뮌처의 주된 과업은 선민동맹에 가담하여 사악한 현 세계를 일소할 선민을 찾는 것이 되었다.

뮌처가 천년왕국주의적 이상을 함께 실현시켜 가야 할 사람은 '선민'이란 말로 집약된다. 선민은 '성령으로 단련되어서 변화를 경험할 잠재력을 가진 사람'[57]으로서 새로운 신의 왕국을 건설할 구성원이다. 뮌처의 선민이 될 대상은 본래 어느 특정 계층에 국한되어 있지 않다. 말하거나 글을 쓸 때마다 우주적 차원에서 메시지를 구상하였던 그는 전 세계를 선민의 대상으로 삼았다. 그리하여 그는 선민이 유대인 심지어는 터키인 가운데서도 나올 것이라고 믿었다.[58] 이런 의미에서 뮌처에게 선민은 '성도의 소집단이 아니라 그리스도인의 전 공동체'를 뜻한다.[59] 이들이 바로 종말에 세계의 변화를 창출시킬 주역이며 뮌처의 최대 과

---

54) Revees, *The Influence of Prophecy in the Later Middle Ages*, pp. 490~491.

55) Scott, *Thomas Müntzer*, p. 87.

56) *MSB*, p. 454. *CWM*, pp. 140~141.

57) Abraham Friesen, "The Intellectual Development of Thomas Müntzer", in Rainer Postel und Franklin Kopitzsch, eds., *Reformation und Revolution: Beiträge zum politischen Wandel und den sozialen Kräften am Beginn der Neuzeit, Festschrift für Rainer Wohlfeil zum 60. Geburtstag*(Stuttgart, 1989), p. 134.

58) *CWM.*, pp. 189~190.

59) Scott, *Thomas Müntzer*, p. 86.

업인 신사도교회를 형성할 자이다.

선민은 가까운 주변에서 발견되기도 하지만 세계 전역에 흩어져 있다. 이렇게 숨어 있는 선민을 찾아낸다는 것은 그리 쉬운 일이 아니다. 이런 맥락에서 뮌처에게 가장 기초적인 과제는 선민과 불신자를 구별해내는 것이었다.

선민을 가려내기 위해서 뮌처가 동원한 방법으로서 가장 중요한 것은 설교였다. 16세기는 설교의 세기라 할 단큼 모든 계층의 사람들에게 설교를 들을 권리가 인정되고 있었다. 따라서 뮌처는 독일의 여러 지방을 비롯하여 보헤미아, 스위스 등지를 여행하며 설교를 통해 청중을 끌어들였다. 그는 가까운 동료들을 모아 소그룹 모임을 만들어서 교육과 성서연구, 꿈 해석을 함으로써 청중을 만들어 내었다. 그가 택한 다른 방법은 예배의식이었다. 예배, 교회봉사, 찬송, 기도를 모국어로 번역하여 사용함으로써 예배의식을 개혁하였는데, 이러한 그의 접근은 사려 깊고 설득력이 있어서 많은 사람들을 자신의 청중으로 끌어내었다. 또한 편지는 사도들이 그랬던 것처럼 광범한 청중을 끌어내는 수단이었다. 뮌처는 친구와 주민 그리고 권세자들에게 편지를 써서 자신의 목회자적 내지 예언자적 관심이 담긴 훈계, 경고, 교리나 성서본문의 해석을 주었다. 끝으로 저술이 있다. 뮌처는 설교나 신학저술을 책으로 출판하여 확고한 청중을 찾아내는 효과를 거두었다. 그러나 뮌처가 꼭 출판된 것만으로 청중에게 다가가려고 한 것은 아니다. 미출판된 많은 단문들은 그의 친밀한 추종자들을 교육하기 위해 쓴 것으로서 세례 또는 제자도 같은 것들을 다루고 있다.[60]

이상에서 뮌처는 생각하고 있는 선민은 묵시적 관점에서 원리상 상정해 놓은 허구의 청중이다. 이 청중은 현실에서 뮌처에게 반응한 청중이

---

60) Peter Matheson, "Thomas Müntzer's Idea of an Audience", *History*, 76(1991), p. 188.

아니라 뮌처의 상상 속에 존재하는 것이다. 이러한 청중은 '묵시적 청중'으로 파악할 수 있다.[61] 이와는 달리 묵시적 청중을 현실 속에서 찾는 가운데 뮌처가 실제로 접하게 된 청중이 있다. 이는 '현실적 청중'이라 할 수 있다. 현실적으로 뮌처가 접한 청중은 누구이고, 그들의 반응에 따라 뮌처의 현실적 선택은 어떠한 것이었는가를 살펴봄으로써 뮌처의 현실적 청중에 대해서 알아볼 수 있다.

종말론적 관점에서 뮌처가 전 세계에 흩어져 있는 선민을 찾아 일생 동안 이곳저곳을 돌아다녔다. 그것은 자신의 사명에 충실하기 위한 노력이었다.[62] 츠비카우와 프라하(Prague)에서 뮌처의 활동도 실패로 끝난 것이긴 했지만 자신의 사상에 동조할 선민을 찾는 것이었다. 그 후 알스테트에서 1525년 5월 27일 뮐하우젠(Mühlhausen)에서 참수되기까지 뮌처는 일생을 바쳐 선민을 찾는 일에 몰두하였다.

뮌처가 선민을 찾아 나서게 된 직접적인 동기는 바로 자신이 예언자라는 자기인식에서 나왔다. 그는 최후의 시대적 징조들을 해석하고 예언하는 사람임을 자각하고 그에 따라 행동을 하였던 것이다. 이러한 뮌처의 행동은 첫째, 기성교회의 조건을 강력하게 비판하는 것으로 모아졌다. 그는 헤게시우스(Hegesius)와 유세비우스(Eusebius)의 교회사 책을 읽고서 초기 교회는 사도들의 제자들이 죽은 이후 순수성을 잃었다는 사실을 상기시키면서[63] 잘못된 오류들을 바로잡아야 한다는 점을 역설하고 있다. 사악함이 가득 찬 시대에서 할 수 있는 유일한 일이란 "지체

---

61) 청중의 개념은 여러 갈래로 구분지어 생각할 수 있다. 이에 관해서는 박양식, "文學의 社會史的 效用", 『崇實史學』 제4집(1986), pp. 175~203을 참고.

62) 뮌처가 여러 도시를 옮겨 다닌 것을 방랑성향으로 설명하는 Franz Lau의 견해는 지나치게 낭만적이다[idem, "Die prophetische Apocalyptik Thomas Müntzers", in Abraham Friesen und Hans-Jürgen Goertz, eds., Thomas Müntzer(Darmstadt, 1978), p. 5].

63) MSB, pp. 243~244, CWM, p. 232. 이에 대한 뮌처의 지적 발전에 관해서는 Friesen, "Intellectual Development of Thomas Müntzer", pp. 129~133.

없이 신의 정의를 구하고 담대하게 복음의 명분을 취하는 것이다."[64]

둘째, 뮌처의 행동은 사악한 현시대가 종말을 고하고 세계의 완전한 변화를 이끌어 내는 것에 집중되었다. 그는 루터를 대신할 영감받은 예언자로 자처하며 지상에 새롭고 완전한 신의 왕국을 건설하려고 하였다. 그는 현실적 청중에 직면하여 자신의 예언자적 성격을 바꾸어 가며 자기 사명을 충실히 수행하고자 하였다. 프라하에서 엘리야의 의식을 가졌던 그는 군주들 앞에서는 새 다니엘로서, 평민들 앞에서는 새 세례 요한으로서 그리고 농민전쟁 가운데 만난 사람들에게는 기드온으로서 행동하였다.

뮌처가 선민에 대한 신념을 처음 토로했던 것은 보헤미아인들을 향해서였다. 보헤미아인들이 참된 선민이라고 닥연히 믿었던 것이 오류임을 확인한 그는 알스테트로 가서 선민들을 일깨우는 데 적극적이 되었다. 종말론적 위기의식을 가진 그로서는 지상의 모든 교회 곧 사회의 완전한 변혁에 기여할 사람들을 찾아 자신이 세운 원칙대로 선민동맹을 결성하는 일이 무엇보다 급박한 일이라고 생각하였다.[65]

선민동맹이 알스테트에 존재하였다는 증거는 농민전쟁에 참여하였다가 체포되었던 죄르그 센프(Jörg Senff)와 클라우스 라우텐바이그(Claus Rautenweig)라는 두 명의 농민전쟁 참여자들이 1525년 7월에 한 고백에서 나온다. 그들은 알스테트에 두 개의 선민동맹이 별도로 있었다고 말하였다. 하나는 시 참사원 한스 라이하르트(Hans Reichart)에 의해 시 성벽 앞에 비밀리에 맹세한 30명으로 구성되었다. 그들은 복음을 방어하

---

64) *MSB*, p. 257, *CWM*, p. 245.

65) 이 조직의 기원에 대해서 Carl Hinrichs는 Mallerbach 성당을 공격하기 직전에 결성되었다고 추정하고 있다[idem, *Luther und Müntzer: Ihre Auseinandersetzung über Obrigkeit und Widerstandsrecht*(Berlin, 1962), p. 12]. Siegfried Bräuer는 1523년 여름에 기원을 두고 있다고 주장한다[idem, "Thomas Müntzer und der Allstedter Bund", in Jean-Georges Rott und Simon L. Verheus, eds., *Täufertum und radikale Reformation im 16. Jahrhundert*(Baden-Baden, 1987), p. 88]. 그러나 그 어느 것도 확증할 만한 명확한 증거는 없는 상태이다.

고자 하였는데, 그 일환으로 추방해야 할 수도사나 수녀들에게 지대(地代)와 십일조를 내지 않기로 서약하였다. 이 선민동맹의 기원은 1523년 여름 말러바크 소유주인 나운도르프(Naundorf) 대수도원에 대항하는 소요에 있다는 주장이 유력하다.[66]

다른 하나는 500명가량의 규모로 구성되었던 선민동맹으로서 공적 사건으로 알려져 있다. 여기에는 만스펠트 지역의 광부들과 상거하우젠(Sangerhausen)의 피난자들이 참여하였는데, 틸로 반세(Thilo Banse) 같은 개혁 설교자와 니켈 루커(Nickel Rucker) 같은 고관과 약간의 참사원들도 가담하였다. 이들의 명부는 뮌처가 입회한 가운데 시청에서 작성되었다. 이 선민동맹의 시작은 복음의 방어를 위해 시청에서 일어났다. 알스테트에서 조성되어 있는 위기감과 종말의 시기에 뮌처가 악한 적들과 싸우기 위해 무장하라고 독려한 것이 사람들이 선민동맹에 참여하게 된 직접적인 동기였다.[67]

선민동맹을 성공적으로 결성하였던 뮌처는 선민동맹의 확대를 위해 군주와 평민을 차례로 자신의 선민으로 끌어들이려고 공략하였다. 이들 선민에 대한 뮌처의 기대는 선민들이 일어나서 불신자들을 처단함으로써 새로운 신의 왕국을 이 땅에 구현시키는 것이었다. 그러기 위해서 선민들은 고통의 과정을 달게 받으며 칼을 들고 사명을 완수해야 하였다.

뮌처가 선민으로 기대하고 먼저 다가갔던 대상은 군주였다. 그는 군주를 선민동맹에 가담시키기 위해 상당한 노력을 쏟았다. 뮌처가 작센 군주들 앞에서 행한 다니엘서 2장에 관한 설교는 군주에 대한 그의 기대를 잘 표출하고 있다. 거기서 그는 종말론적 신앙을 간결하게 표현하며 세상 종말에 따른 선민으로서의 행동을 보이라고 촉구하였다. 그의

---

66) *Ibid.*, pp. 87~88.

67) Scott, "The 'Volksreformation' of Thomas Müntzer", p. 196, idem, *Thomas Müntzer*, pp. 84~85.

설교에 의하면, 세계 제국은 이제 끝에 와 있다. 지금의 세상은 성직자를 뜻하는 뱀과 세속 통치자와 영주들을 의미하는 벌레들이 서로 물어뜯고 서로 더럽히는 악마의 제국이다. 그러므로 지금이야말로 작센 군주들이 신의 종이 될 것인가 아니면 악마의 종이 될 것인가를 선택해야 할 시점인 것이다. 그러므로 만약 신의 종이 되고자 한다면 그는 마땅히 그의 의무를 이행해야 할 것이다. 뮌처는 군주들에게 다음과 같이 권고한다.

> 선민들 가운데서 그리스도의 원수를 몰아내십시오. 당신들은 그 일을 위하여 부름을 받은 주님의 도구입니다. 사랑하는 형제들이여. 당신들이 칼을 들지 않아도 신이 그 일을 행하지 않겠느냐고 하는 얄팍한 핑계를 대지 마십시오. 만약 그렇게 하면 당신들의 칼은 칼집에서 녹슬어 버릴 것입니다. …… 그리스도는 당신의 주인이십니다. 그러므로 신으로부터 등을 돌릴 저 행악자들을 더 이상 살려 두지 마십시오. 신실한 자를 가로막는 불경건한 자들은 이 땅에서 살 권리가 없기 때문입니다.[68]

임무를 완수함에 있어 군주는 어떠한 고통이라도 감수해야 할 것이다. 이에 대한 뮌처의 말은 다음과 같다.

> 시편 17편에 나와 있듯이, 신은 당신들의 방패이며 적들과의 전투를 위해 당신들을 훈련시키실 것입니다. 그는 당신들의 팔이 빨리 치도록 만드실 것이고 당신들을 해(害)로부터도 보호하 주실 것입니다. 그러나 동시에 당신들은 시련의 시기에 신을 경외함이 당신들에게 나타나도록 하기 위해서 무거운 십자가를 견뎌야만 할 것입니다. 그것은 고통 없이 일어날 수 없습니다. 그것은 당신들에게 어떤 대가를 요구합니까? 신을 위해 받을 위험과 당신의 적들이 주는 공허한 뒷공론뿐입니다.[69]

군주들이 고통을 감수하며 자신들의 임무를 수행하기 위해서는 무엇

---

68) "Auslegung des anderen Unterschieds Danielis", in *MSB*, p. 257, *CWM*, pp. 247~248.
69) *MSB*, 259, *CWM*, p. 248.

보다도 신의 섭리를 알아야 한다. 그러나 군주들은 신으로부터 너무 멀어진 상태이기 때문에 그들 스스로가 신의 섭리를 알 수 없다. 따라서 그들은 궁정에서 자기 부정과 극기 훈련을 통해 꿈과 환상을 해석할 수 있는 자격을 갖춘 사제를 옆에 두어야 한다. 이런 뮌처의 주장은 다니엘이 느브갓네자르의 꿈을 해석해 주었던 것을 당대에 적용한 것이었다.

이로써 뮌처 자신은 거짓 성직자들을 대신하는 새 다니엘(the New Daniel)의 의식을 가지고 행동하기로 결정하고 군주들 앞에 섰다.

> 그리스도의 거룩한 백성의 조건이 가엾게 되어서 이제까지 그 어떤 능숙한 말로도 그것을 제대로 표현할 수 없습니다. 그러므로 새 다니엘이 일어나서 모세가 신명기 20장에서 가르치듯이 당신들에게 당신들의 꿈을 해석해야 하는데, 그는 길을 안내하며 선봉에 있을 것입니다. 그는 군주들의 분노와 백성들의 격노 사이에서 화해를 이끌어 내야 합니다.[70]

시대의 종말과 성령의 새 시대의 도래에 직면하여 뮌처는 새 다니엘의 의식을 가지고 진실한 계시와 거짓된 계시를 구별하여 제시하는 임무에 착수하였다.

새 다니엘로서 뮌처는 군주들에게 거짓 성직자들을 피하라고 권고하였다. 성서가 입증해 주듯이 서기관과 지혜자는 꿈을 해몽할 수 없고 오직 직접적인 신의 계시를 받는 예언자 다니엘만이 그것을 할 수 있다는 것이다. 그리하여 뮌처는 예수 그리스도가 마태복음 7장에서 양의 탈을 쓰고 다가오는 거짓 예언자를 삼가라는 경고에 주의를 기울이라고 말한다.[71] 이런 거짓 예언자들에 대한 뮌처의 경고는 다분히 루터와 그의 추종자들을 염두에 둔 것이었다. 뮌처는 루터를 "살찐 돼지이며 안일한 삶을 사는 형제"[72]로 고발하며 군주들에게 이러한 교활한 자들의 교활한

---

70) *MSB*, p. 257, *CWM*, p. 246.

71) *MSB*, p. 244, *CWM*, p. 232.

술책에 말려들지 말 것을 말하였다. 그는 계속하여 "따라서 지극히 존경하고 사랑하는 신의 대리인들이여, 여러분은 신의 입으로부터 올바르게 판단하는 법을 배우십시오. 위선적인 성직자들에게 유혹을 받지 마십시오"라고 말하였다.[73]

뮌처는 군주들에게 신정정치를 창출하는 데 칼을 적극 사용할 것을 요구하였다. 칼을 가지고 군주들이 해야 할 일은 복음을 방해하는 악한 무리들을 제거하는 것이다. 그들을 제거해야 하는 이유는 그들이 그리스도의 왕국을 파멸시키고 있기 때문이다.[74] 그는 중세 십자군의 설교자들이 그랬던 것처럼 선민에게 칼을 뽑으라고 요구하였는데, 그 이유는 신과 율법이 칼로써 불신앙에 대해 단호히 징벌하라고 명령하기 때문이라고 말하였다.[75] 그러면서 그는 바알 선지자들을 살해한 엘리야를 그리스도인들이 따를 본보기라고 언급하였고, 그리스도가 '나는 평화를 주러 온 것이 아니라 칼을 주러 왔다'고 말한 것을 상기시켰다. 그럼에도 불구하고 군주가 그런 사명을 저버린다면 그는 신의 종이 아니라 악마일 것이다.

그러므로 군주가 그리스도의 적들을 선민들로부터 몰아내는 일을 감당하는 것은 당연하다. 군주는 그런 일을 하는 도구인 것이다. 요컨대 군주들은 복음 전파를 지원하고 복음의 반대자들을 물리침으로써 복음과 참믿음을 장려하는 등의 적극적인 역할을 감당해야 한다는 것이다.[76] 이러한 그의 태도는 악한 세상에서 공공의 안녕과 질서를 유지하는 것으로 군주의 역할을 국한시켰던 루터의 태도와 대조를 이룬다.

---

72) *MSB*, p. 254, *CWM*, p. 242.

73) *MSB*, p. 256, *CWM*, 245.

74) "Auslegung des anderen Unterschieds Danielis", in *MSB*, pp. 257~258, *CWM*, p. 246.

75) James M. Stayer, *Anabaptists and the Sword*(Lawrence, 1976), pp. 77~78.

76) Scott, *Thomas Müntzer*, p. 75.

뮌처는 이제 새로운 왕국 건설에 참여해야 할 군주들에게 시대적 징조를 강조하며 군주의 행동을 독려하였다. 정치적・사회적 불안들, 종교적 불확실성, 교회의 부패, 서민들의 가련한 상황, 이런 모든 것들이 바로 세상의 종말을 암시하는 징조이며 신의 종말론적 행위를 예상하게 만드는 징조이다. 뮌처는 작센 군주들도 이러한 시대적 징조를 올바로 분별하여 종말의 최후 전투에서 선민의 편에 가담할 수 있기를 역설하였다. 그러나 만일 군주들이 이 같은 자신의 경고를 받아들이지 않아 자신들의 사명을 수행하지 않는다면 그들에게 주어졌던 칼은 여지없이 빼앗기고 말 것이다.[77] 그 대신 칼을 받게 되는 사람들은 군주들보다 더 날카로운 안목을 갖고 있을 가난한 평민들과 농민들이다.[78] 그러나 뮌처는 누구보다도 군주가 적극 나서야 하고 군주가 나설 것이라는 확신을 갖고 있었다.

요한 공 앞에서 설교했을 때 뮌처는 작센 군주들이 자신의 말에 응해서 복음의 박해자들에 대한 결정적 행동을 취해 줄 것으로 기대하였음이 분명하다. 그러나 그 군주들의 반응은 뮌처의 기대치를 훨씬 빗나가는 것이었다. 군주의 반응으로 뮌처가 받은 것은 선제후가 그 문제를 심리할 때까지 일체의 선동적 발언을 삼가라는 말뿐이었다. 이로써 보건대 작센 군주들은 뮌처의 설교 내용이 지니는 의미를 발견하고 그에 따라 결단을 내리는 일에는 별로 관심이 없었다. 그들의 주된 관심은 단지 뮌처라는 알스테트 사제의 영향력을 가능한 한 제한하는 것이었다.

이러한 군주들의 냉담한 반응에 대한 뮌처의 심정은 설교를 마치고 난 지 몇 시간 뒤에 요한 공에게 쓴 편지에서 짐작할 수 있다. "나는 공정한 경고를 했기 때문에 나의 비난이 그리스도교 세계를 당황하게 할

---

77) *MSB*, p. 261, *CWM*, p. 250.

78) *MSB*, p. 256, *CWM*, p. 245.

것입니다. 나는 내가 믿음에 다가서는 것에 대해 어떻게 설명할 것인지를 압니다. 그 후 당신이 나의 저술들을 유통시키도록 한다면 그것은 나를 기쁘게 할 것입니다. 그러나 당신이 그렇게 하지 않는다면 나는 그 일을 신의 뜻에 맡기겠습니다."[79] 이러한 뮌처의 경고에도 불구하고 군주들은 뮌처의 기대대로 움직여 주지 않았다. 뮌처의 실망은 7월 15일 상거하우젠 사람들에게 보낸 편지에 잘 드러나 있다.

> 그러나 여러분은 우리가 지상에서 그토록 어리석게 두려워하는 위험을 무릅씀으로써 순수히 신만을 두려워할 수 있습니다. 왜냐하면 우리의 육체적 이해는 본질상 의심스러운 것이기 때문입니다. 신의 선함이 여러분에게 격려하도록 하십시오. 그런 자원들은 이제 너무 풍부해서 선민들의 30여 차례에 걸친 동맹과 언약이 형성되었습니다. 이런 일이 전역으로 퍼져 갈 것입니다. 요약하여 말하자면 우리는 그 결과를 취해야만 합니다. 그 안에 우리들의 목이 놓여 있습니다. 여러분은 신명기 24장에 나와 있듯이 모든 군주들이 그랬던 것처럼 낙심하지 마십시오. 그들의 경우는 그들을 매우 비참하도록 완고하게 만든 신의 참다운 심판입니다. 왜냐하면 여호수아가 11장에서 우리에게 약속하였듯이 신은 그들을 뿌리째 비틀어 놓을 것이기 때문입니다. 여러분의 신, 주님만을 두려워하십시오. 그러면 당신들의 두려움은 순수해질 것입니다.[80]

이제 뮌처에게는 선택의 여지가 없었다. 그는 평민들을 중심으로 한 선민동맹을 강화시키는 쪽으로 돌아섰다.

뮌처는 알스테트 주변 도시의 사람들로부터 지지를 얻는 데 성공하자, 7월 24일 요시야(Josiah)왕에 대한 신의 약속에 관한 이야기를 예로 들어 신의 의지가 담긴 선민동맹에 관하여 설교를 하였다. 이에 약 3백 명 정도가 참여하였고, 알스테트 참사회도 가담하였다.[81] 이는 뮌처가

---

79) *MSB*, p. 407, *CWM*, p. 83.

80) *MSB*, pp. 408~9, *CWM*, p. 84.

81) Gritsch, *A Tragedy of Errors*, p. 72. Josiah 왕에 관한 설교를 했다는 사실은 Zeiß 에게 1524년 7월 25일에 보낸 편지에 언급되어 있다[*MSB*, p. 417, *CWM*, p. 100].

결성한 세 번째 선민동맹이었다. 이후 그는 우선 쉬네베르크 주변 마을들을 포함해서 칼스타드(Karlstadt)와 오를라뮌데(Orlamünde) 사람들을 끌어들이려고 시도하였다. 그러나 그는 그들로부터 거절당하였다. 그들은 세속적 무력에 호소하라는 명령을 받지 않았다고 말하면서 그런 사실은 예수가 베드로에게 칼을 버리라고 하신 것에서 알 수 있다고 하였다. 그러고 나서 그들은 신의 의를 위해 고난을 받아야 할 때가 온다고 할지라도 칼과 창에 의지하지 말자고 부탁하였다.[82] 루터와의 재연합을 기대하고 있던 그들과의 연합을 끌어낸다는 것은 애초부터 기대할 수 없는 일이었다. 다른 도시와의 연대를 이끌어 내는 데 실패한 뮌처는 알스테트 주변 지역에서만 영향력을 발휘할 수밖에 없었다.

이런 가운데 그 주변 당국자들이 뮌처의 추종자들에 대한 제재를 가하기 시작하였다. 예를 들어 상거하우젠의 시민들에게는 알스테트로 가서 예배에 참여하면 형벌을 받게 되어 있었다. 이로써 뮌처의 입지는 더욱 좁아지게 되었다.

이러한 상황을 뮌처는 종말의 시기에 신의 선민에게 주어지는 고난으로 해석하였다. 따라서 이 고난을 통해 신의 뜻을 배우는 것이 중요하다고 판단한 뮌처는 다음과 같은 말로 상거하우젠 사람들을 격려하였다.

> 그러므로 군주들이 여러분에게 하고자 하는 대로 잠시 동안 내버려 두십시오. 왜냐하면 세상은 불신앙의 결과 다른 주인들이나 다른 영주들을 가지지 못하였기 때문입니다. ……
>
> 그런 까닭에 나는 사랑하는 형제 여러분에게 간청합니다. 모든 선택된 신의 친구들이 시련의 시기에 직면하여 그들이 보여 주었던 본보기에 당신들의 눈을 고정시키십시오. ……
>
> 만일 여러분이 생명 때문에 두려워하고 있다면 순교자들을 생각하십시오. 그들이 생명을 아끼지 않고 군주들을 면전에서 경멸한 사실을 기억하십시오.[83]

---

82) *MSB*, p. 571, *CWM*, p. 93.

이때 쉰베르다(Schönwerda)라는 마을에서 프리드리히 폰 위츠레벤(Friedrich von Witzleben)이라는 기사가 나타나 농가들을 부수고 뮌처의 추종자들을 체포하며 마을 밖으로 추방하는 사건이 일어났다. 이 사건은 당국자와 뮌처 간에 이루어져 오던 공동의 평화를 깨는 것이었다. 그것은 뮌처의 경력에서 그의 신학적 비전과 사회적 행동으로의 투신 간의 본질적 결합을 이루는 결정적인 전환점이 되었다.[84] 뮌처는 당국자의 제재를 신이 선민을 시험하시는 징조르 파악하려던 입장을 버리고 군주들의 박해를 종결시키기 위한 행동을 취해야 할 때가 왔다는 입장을 갖게 하였던 것이다. 그는 선민들의 군사적 반응을 적극 고려하기 시작하였다.

이 같은 뮌처의 입장은 자이쓰에게 7월 22일 보낸 편지에 나타나 있

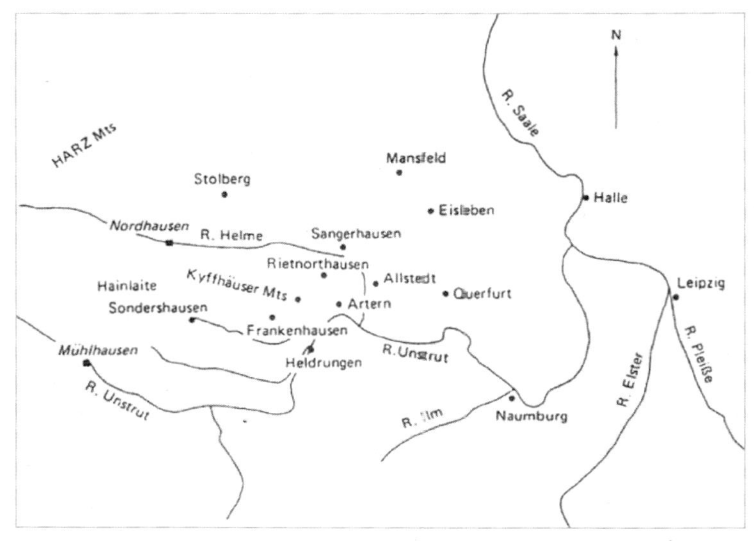

알스테트와 주변도시

[Scott, *Thomas Müntzer*, p. 52.]

---

83) *MSB*, p. 413, *CWM*, pp. 89~90.
84) Scott, *Thomas Müntzer*, pp. 85~87.

다. 뮌처는 박해를 당해 자신에게 도피해 온 사람들로부터 "그리스도인의 신앙을 위해 기꺼이 고통받으려는 사람들을 푸줏간 주인의 도마에 내어 주어야 하는가"라는 질문을 받았다고 말하고 그에 대한 자신의 답변은 믿음에 반대되는 행동을 할 뿐 아니라 자연법에도 어긋나는 행동을 하는 그들은 개처럼 도살되어야 한다는 것이었음을 밝혔다. 이러한 뮌처에게 남은 것은 기존의 잘못된 법과 질서를 무너뜨릴 처절한 싸움뿐이다.[85]

그래도 뮌처는 섣부른 행동을 하지 않았다. 군주에 대한 기대를 완전히 버리지 못하였다. 그는 당분간 어느 정도 완화된 입장을 견지하며 군주들을 더 설득해 보기로 하였다. 그는 자신의 선민동맹이 지닌 방어적 성격을 해명하고 노력하였다. 이런 입장을 그는 7월 25일 자이쓰에게 보낸 편지에서 다음과 같이 피력하였다. 신앙적이지 못한 통치자들이 평화를 깨뜨리고 복음을 구실로 하여 사람들에게 족쇄를 채우는 것에 대해 군주들이 입을 굳게 다문 채 침묵하고 있다. 이런 상황은 변절한 루터의 가르침으로 인해 일어나는 것이다. 이에 절실히 요청되는 것은 오직 복음만을 위하여 평민과 경건한 통치자를 단결시킬 수 있는 '분별력 있는 단체'(beschydner bund)가 결성되어야 한다. 이 단체는 자기 방어의 긴급행위에 지니지 않는 것으로서 모든 합리적인 사람들의 자연적 판단으로 인정된다.[86]

이러한 뮌처의 완화된 입장은 말뿐이 아니라 행동으로도 나타났다. 1524년 8월 1일 바이마르 심문에 응한 것이 그것이다. 그러나 뮌처가 심문에 응하였음에도 불구하고 공작은 설득되지 않았다. 공작이 볼 때 뮌처가 일컫는 불신자의 무리에 대항하는 동맹은 백성을 부추겨서 소요를

---

85) *MSB*, pp. 416 – 417, *CWM*, pp. 95~96.

86) *MSB*, pp. 421~423, *CWM*, pp. 101~102.

일으키게 하는 위험한 요소였던 것이다. 따라서 동맹에 가입하라는 뮌처의 설교는 금지되어야 할 것이었다. 그 이상의 조치는 취해지지 않았는데 그 이유는 그로 인해 야기될 폭동이 두려웠기 때문이다. 뮌처는 바이마르 심문에서 결정된 것들을 따랐다. 그는 상황을 급박하게 몰고 가는 것을 원치 않았던 것이다. 그리하여 그는 약속에 따라 그의 새로운 책 『명백한 폭로』(Ausgedrückte Entblößung)를 검열에 맡겼다.

뮌처의 노력에도 불구하고 뮌처에게 가해지는 군주의 박해는 뮌처를 더욱 곤경에 몰아넣는 것이었다. 8월 3일 자이쓰는 시 참사회와 온 시민이 보는 앞에서 바이마르 심문의 결정들을 공개하였다. 그 결정은 알스테트에 있는 인쇄소들은 폐쇄되고 인쇄공들은 해고되어야 하고, 폭동을 선동하거나 기타 동맹들을 결성하는 것이 뮌처에게 허용되지 말아야 한다는 것이었다. 특히 인쇄소의 폐쇄는 뮌처에게 큰 타격이었다. 그것은 뮌처로 하여금 아무것도 하지 못하게 만드는 조처였다.

그러나 뮌처는 여전히 군주들에게 미련을 갖고 있었다. 그는 군주들이 자기편에 서 주기를 기대하며 인쇄소의 폐쇄에 동의하기로 함과 동시에 모든 동맹들을 해산하기로 약속하였다. 그러면서 뮌처가 끝까지 요구했던 것 하나는 인쇄된 글을 가지고 루터에 대해 반박할 수 있도록 해 달라는 것이었다. 이러한 뮌처의 요구에 대해서 자이쓰는 그것을 그에게 허락해 주어야 한다고 생각하였다. 뮌처를 아무도 모르게 처치해 달라고 선제후에게 요구하고 있었음에도 불구하고 말이다.

루터를 반박하고 그의 지도를 받는 군주들을 끝까지 설득해 내기 위해 뮌처는 선제후에게 직접 편지를 썼다. 이 편지에서 그는 다음과 같이 주장하였다.

> 그러나 이제 사탄이 이전에 수사들과 타락한 사제들을 그렇게 했듯이
> 신을 모르는 학자들을 파멸로 몰아가고 있습니다. 왜냐하면 그들은 그

리스도의 성령이 많은 선민들에게 나타날 때 그를 마귀라고 비난하면
서 그 성령을 경멸과 조소거리로 취급할 때 그들의 교활한 본성을 엿
보게 되기 때문입니다. 이것이 바로 사기꾼 루터가 작센의 공작들에게
보낸 나에 관해 중상모략하는 편지에서 한 행동입니다.[87]

이것으로도 역시 뮌처는 선제후를 설득해 낼 수 없었다. 다만 그는 루
터와 자신과의 결별만을 기정사실화하는 결과를 낳았을 뿐이었다. 뮌처
의 다음 말을 보면 그것은 더욱 분명해진다. "결국 나의 진심은 이렇습
니다. 내가 설교하는 그리스도교 신앙은 루터와 일치하지 않습니다. 그
신앙은 이 땅의 모든 선민들의 가슴속에 있는 똑같은 신앙입니다."[88] 이
러한 자신의 변호를 위해서 뮌처는 독자적인 인쇄소를 가지게 해 줄 것
과 설교를 자유로이 행할 수 있도록 해 줄 것을 선제후에게 요구하였다.
그리고 나서 뮌처는 루터라도 또한 그를 지지하는 학자들도 자신의 신
학에 관해 판단할 수 없음을 단호히 말하였다. 왜냐하면 그들은 성령에
의지하지 않고 단지 지식에만 의존하는 날조된 신앙을 지지하기 때문이
다. 뮌처는 더 이상 거짓 예언자인 루터와 그의 추종자들을 토론 상대로
인정하지 않았다.[89]

뮌처가 주로 마음을 두었던 군주들 곧 선제후 프레데릭과 요한 공은
여러 독일 군주들 가운데서도 뮌처에 대해 유독 적대적이었다는 것은
참으로 역설적이다. 그들은 자신들의 지위와 권리가 흔들리는 데 대한
불안감을 떨치지 못하였다. 그것은 루터에 의해 촉발된 광범위한 사회
혼란의 와중에서 심각한 방향상실의 위기에 처했고 그 소요의 중심지가
자신들의 영토였던 까닭이었다. 요한 공은 뮌처의 선동적인 설교에 대
해 아무런 반대도 하지 않고 경청하였고, 선제후는 만약 그것이 신의 뜻

---

87) *MSB*, p. 430, *CWM*, p. 111.

88) *MSB*, pp. 430-431, *CWM*, p. 111.

89) Ebert, *Thomas Müntzer*, p. 148.

이라면 정부는 민중의 손으로 넘어가 마땅하다고 말한 것으로 알려졌다. 그러나 알스테크의 혁명적 예언자를 대함에 있어 그 두 사람은 두려움을 가지고 있었다. 이런 가운데 알스쾨트의 유력한 시민들도 뮌처에 대해 적대적인 입장으로 돌아섰다. 뮌처가 술회한 바에 따르면, 시 고위 관리로서 선민동맹에 참여하였던 니켈 루커(Nickel Rucker), 인쇄공으로 선민동맹에 크게 활약하였던 한스 라이하르트(Hans Reichart)가 그에게 등을 돌렸다.[90] 자이쓰를 위시한 그들은 뮌처의 활동이 자기들 도시에서 좋지 않게 작용하여 주변 지역에서 일어난 소요에 휘말려들게 되지 않을까 하는 심각한 우려를 하고 있었기 때문이다.

바이마르에서 심문을 받은 지 일주일 후 뮌처는 선서를 어기고 야음을 틈타 알스테트 성벽을 넘어 황제령의 자유도시 뮐하우젠으로 도망하였다. 이것은 "자신의 안정에 대한 심각한 염려 때문이라기보다는 군주들의 애매한 태도에 대한 일종의 반항의 도시였다."[91] 이 같은 사실은 뮌처가 알스테트에 보낸 두 통의 편지를 보면 확인할 수 있다. 이 편지에서 그는 자신이 멸시를 당하는 가운데 이전의 동지들을 재규합하려고 얼마나 애썼는지를 밝혔다. 그러면서 그는 친한 동료 몇 명은 자신을 배반하고 선민동맹을 반대하기 위한 반동맹을 결성한 사실에 대해 한탄하였다.[92] 또한 그는 다른 편지에서 자신은 폭동에 대한 아무런 책임을 없음을 밝히고 폭동이 야기된 것은 불신자 무리에 대한 대응 조치 때문이었음을 지적하였다. 그러면서 그는 꼬집기를, 그들은 자신들의 마음에 들지 않는 사람에게 선동적이라고 덮어씌우고 있다고 말하였다.[93]

이 두 통의 편지로 미루어 볼 때 뮌처는 알스테트에서의 사건들을 이

---

90) *MSB*, p. 433, *CWM*, p. 114.

91) Cohn, *The Pursuit of the Millennium*, p. 244.

92) *MSB*, p. 433, *CWM*, p. 114.

93) *MSB*, p. 434, *CWM*, p. 116.

해하기 힘들었다. 칼스타드와 오를라뮌데 사람들이 함께 일하기를 거부하였고 알스테트 사람들조차도 그러하였는데 왜 선민들조차도 그렇게 와해되었는지를 의아하게 생각하였던 것이다.[94]

그러나 이제 뮌처가 분명히 깨닫게 된 것은 군주는 선민동맹에 들어올 수 없고 따라서 천년왕국을 실현하는 데 어떠한 역할도 할 수 없다는 사실이었다. 그가 그동안 주장해 온 대로 당국자들의 권력이 끝나고 그 권력은 평민에게로 이양되는 일만 남은 것이다. 이로써 그는 군주들을 격렬히 비판하며 그들에게서 완전히 돌아섰다. 이러한 뮌처의 태도전환은 『명백한 폭로』에서 발견된다. 이 책에서 묘사된 군주들은 점잖은 체하지만 실상은 불신자의 무리에 속한 자들이나 다름없다는 것이다. "이들은 짐승처럼 음주와 포식함으로 삶을 탕진하였다. 가장 세심하게 양육되어야 할 유년 시절부터 계속 그들은 평생에 어려운 시절을 보내지 않았고, 누구와도 진리를 위하여 인내하거나 돈에 관해서는 손해 보려는 욕구와 의도를 조금도 갖고 있지 않다. 그러고도 그들은 믿음의 심판자이자 보호자로서 간주되기를 바란다."[95] 이러한 군주들은 타도되어 마땅하다. 왜냐하면 "자신들과 전 세계에서 진실하고 거룩한 그리스도인 믿음의 진보가 본래의 진리 속에서 바로 터져 나오려는 이때에 그들은 그 믿음의 진보를 방해하기 때문이다." 이러한 군주들은 "진보하고 있는 전 그리스도인들을 위협하고 자기 백성과 다른 사람들을 무자비하고 잔인하게 고문과 살육을 자행하면서, 자신들의 백성에게 족쇄를 채워 감금하고 매질과 강탈을 일삼는다."[96] 여기서 뮌처는 타보르파의 예언자들이 도달했던 똑같은 결론에 도달하였다. 그것은 구속사에서의 중

---

94) Ebert, *Thomas Müjntzer*, p.152.

95) "Ausgedrückte Entblö β ung", in *MSB*, pp. 299 – 300, *CWM*, p. 300.

96) *MSB*, pp. 282~283, *CWM*, p. 280.

심적 역할은 이제 군주가 아닌 평민이 감당해야 한다는 것이었다.

3) 선민으로서의 평민과 뮌처의 실패

군주에게 실망하고 돌아선 뮌처는 신사도교회의 설립을 담당할 주역으로서 평민을 주목하였다. 이런 뮌처의 태드는 그의 마지막 저술인 『반박과 제안』에서 사용된 새 언어표현을 검토함으로써 확인할 수 있다. 그 저술에 나타난 이미지들이나 언어를 보면, 평민에 관한 증언들로 채워져 있다. 듣고 판단하고 해방될 권리들에 관하여 말하는 그 저술은 뮌처 자신의 반박이기보다는 빈자들의 반박이라는 성격을 띠고 있는 것이다.[97]

이제 뮌처에게는 선민이 될 수 있고 평등주의적 천년왕국의 문을 열 사명을 맡은 자는 바로 가난한 농민들이었다. 이들은 탐욕과 사치의 유혹으로부터 자유롭기 때문에 최소한 이 세상의 재물에 대한 무관심과 도달할 기회를 가지고 있다는 것이고 바로 이것이 그들로 하여금 묵시적 메시지를 받아들이게 하는 조건이 되는 것이다. 그러므로 부요하고 권세 있는 자들은 마지막으로 추수 때에 가라지처럼 베임을 당할 것이지만 빈자들은 하나의 진실한 교회로서 등장할 것이다.[98]

그럼에도 불구하고 빈자들은 아직 그들에게 약속된 영광에 들어가기에 적합하지 않은 상태에 있다. 뮌처는 그 빈자의 상황에 대해 다음과 같이 고백한다. "오 신이여. 농민은 가난과 근심에 여원 사람들입니다. 그들은 가장 신앙 없는 폭군의 목구멍에 빵을 채우기 위해 냉혹한 투쟁을 하며 일생을 보냅니다. 저 가난하고 추한 사람들이 어떤 것을 알 무슨 기회를 가지고 있겠습니까?"[99] 이러한 농민들은 올바른 믿음에 도달할 수

---

97) Peter Matheson, "Thomas Müntzer's Vindication and Refutation: A Language for the Common People?", *Sixteenth Century Journal*, 20(1989), pp. 614~615.

98) Cohn, *The Pursuit of the Millennium*, p. 242.

없다. 그렇다고 그들을 제대로 인도할 성직자들도 없다. 그들은 거짓 믿음에 빠져 있는 상태다. 이에 대해서 뮌처는 다음과 같이 말한다.

> 우리의 학자들은 예수의 영에 관한 증거를 대학으로 끌어들이고 싶어 합니다. 그러나 그들은 결코 성공하지 못할 것입니다. 왜냐하면 그들이 학문을 추구하는 동기는 평민을 가르쳐서 자신들의 수준으로 이끌어 오는 것이 아니기 때문입니다. 그들이 원하는 것은 그들이 신의 눈이나 인간의 눈 그 어느 것으로 보아도 전혀 신뢰성이 없음에도 불구하고 훔친 성서를 사용하여 믿음에 관한 일들에 대해 판단할 권리를 확보해 두는 것입니다. 그들이 추구하는 것은 지위와 물질적 소유라는 것은 모든 이에게 아주 명백하기 때문입니다. 그러므로 당신들 평민들은 그들이 더 이상 당신들을 오도할 수 없도록 가르침을 받아야만 할 것입니다. 파멸로 가는 우리의 학자들이 비웃음의 대상으로 만들 수밖에 없을 그리스도의 바로 그 영이 당신들에게 도움이 되기를 기원합니다.[100]

이러한 상황에서 뮌처는 자신이 해야 할 일에 대해 새로운 자각을 하였다. 이전에는 새 다니엘로서 군주에게 봉사하고자 하였던 뮌처는 신으로부터 영감받은 자로서 신의 선민을 깨우치는 새 세례요한(the New John)의 모습을 새로이 가다듬었던 것이다. 이제 그는 궁정에서 군주를 일깨우는 다니엘이 아니라 광야에서 신의 백성에게 불신자의 주장을 폭로하고 그들의 주장을 무효화시키는 세례요한이었다.

뮌처가 볼 때 세례요한은 매우 다른 유의 설교자로서 증거하는 그리스도의 천사이며 모든 진실한 설교자의 본보기이다. 세례요한은 한없는 맑은 정신을 소유하고 자신의 강한 욕망을 극복하였다. 뿐만 아니라 그는 영혼의 능력을 벗어던짐으로써 성령이 말하는 곳인 영혼의 심연을 드러내었다. 이와 같은 영적 상태에서 설교자는 자신의 의지를 극복할 수 있게 된다. 이런 이유에서 세례요한은 이미 어머니 배 속에서 모든

---

99) *MSB*, p. 294, *CWM*, p. 294.

100) *MSB*, p. 270, *CWM*, p. 264.

설교자들을 위한 모델이 되도록 기름부음을 받았다.[101]

군주들이 물러나도록 하기 위해서 가난한 평민이 칼을 쥐고 등장해야 할 시점에서 무엇보다도 필요한 것이 세례요한 같은 설교자였다. 이에 대해서 뮌처는 다음과 같이 말한다.

> 그리스도교 세계가 올바르게 되려면 부당이득을 취하는 불한당들은 제거되어야 하고 개 같은 종으로 만들어야 한다. 왜냐하면 그들은 성직자로서 그리스도 교회에 봉사한다고 주장할 수 없기 때문이다. 가난한 평민은 다시 로마서 8장에 나오는 성령을 사용하기를 배워야 하고 새 세례요한을 위해 기도하며 그를 기다리기를 배워야 한다. 새로운 설교자인 새 세례요한은 은총으로 흘러넘치는 자이며 불신앙의 시련을 통해 믿음을 배운 사람이다.[102]

이제 뮌처는 자기가 새 세례요한이 되어 평민들 앞에 서지 않으면 안 된다고 판단하였다. 새 세례요한으로서 그는 그들에게 다시 한 번 자신의 신비주의 신학을 가르쳤다. 왜냐하면 평민들이 더 이상 미혹받지 않게 하기 위해서였다.[103] 그는 날조된 믿음을 떨쳐 버리고 신을 경외하는 자만이 선민이라는 사실을 역설하며 성령이 달씀하시는 곳인 사람들의 영의 심연을 깨우는 새 세례요한의 과제를 수행해 나가고자 하였다. 그에게 어려움이 있다면, 그것은 신의 계시가 아직도 끝이 난 것이 아님에도 불구하고 루터에게 물들은 사제들이 계속해서 신의 계시는 이미 끝났다고 믿도록 주입하는 데 있었다.[104] 그러나 이러한 난관도 뮌처에게는 별 문제가 아닌 것으로 이해되었다. 결국 불경건한 불한당들인 군주들과

---

101) *MSB*, p. 306, *CWM*, p. 308. 그는 이미 『날조된 신앙』에서 세례요한 같은 설교자가 필요하다고 역설한 바 있다. 거기서 그는 구원받으려면 세례요한처럼 광야에서 애처롭고 서글프게 외칠 열정적인 설교자에게 귀 기울이는 것이 우선적인 단계라고 주장하였다[*MSB*, p. 221, *CWM*, p. 219].

102) *MSB*, p. 296, *CWM*, p. 296.

103) *MSB*, p. 270, *CWM*, p. 264.

104) Ozment, *Mysticism and Dissent*, p. 94.

불의를 정당화시켜 주는 루터 같은 거짓 예언자들은 제거될 것이기 때문이다.

뮌처는 1524년 8월 알스테트를 떠나 뮐하우젠으로 옮기면서 종말의 때가 한층 무르익었다고 파악하고 구체적인 활동에 적극적이었다. 그는 신을 멸시하는 그 강한 군주들이 몰락하고, 종말론적 마지막 전투가 시작될 징조를 보며 정말 지금이 마지막 때라고 확신하였다. 뮌처를 조심하라는 루터의 경고는 뮌처의 입장에서 보면 그리스도교계를 공포에 떨게 하려는 최후의 절망적인 시도에 지나지 않았다.[105] 그러나 도처에서 자신에 대한 반발이 일어나자 뮌처는 그 같은 거부감이 더욱 확산되기 전에 그리스도의 다스림을 보여 줌으로써 예방조치를 취해야 할 필요성을 절감하였다. 따라서 그는 거짓 신앙을 폭로하고 백성들을 종말론적 싸움으로 끌어내기 위한 노력에 매진할 때라고 느끼고, 더욱 호전적이 되어 갔다.

뮐하우젠에 도착한 뮌처는 이전에 시토수도회 수도사였던 하인리히 파이퍼(Heinrich Pfeiffer)가 일 년이 넘도록 시 참사회에서 빈민 대중과 길드 회원들이 더 많은 의원으로 선출될 수 있도록 하기 위해서 투쟁을 벌이는 것을 목도하였다. 상황 파악에 나선 뮌처는 뮐하우젠 사람들에게 쟁점이 되는 것은 주로 정치적·경제적·사법적 문제라는 사실을 알아내었다. 성직자와의 대립하는 경우조차도 쟁점이 되는 것은 올바른 신앙의 가르침에 관한 문제가 아니라 적정한 소작료로 둘러싼 문제였다. 이처럼 뮐하우젠 시민들이 종교적 문제에 대해 관심이 적다는 사실은 뮌처에게 새로운 기회로 이해되었다. 왜냐하면 뮐하우젠 사람들이 그동안의 경험을 통해 항상 장애로 등장하였던 루터의 영향을 별로 받지 않고 있다는 것은 매우 고무적인 일이었기 때문이다. 이것은 뮌처에게는

---

105) *MSB*, p. 268, *CWM*, p. 262.

‘신의 세심한 계획’이라 느껴졌다.[106] 이에 대해 그는 새 세례요한으로
서 기초를 다지는 작업에 착수하였다.

뮌처는 자신의 신학적 통찰을 생소하게만 느끼는 뮐하우젠 사람들에
게 다가가기 위해 자신의 신학적 해석을 정치적 사건에 접맥시키면서 9
월 초 파이퍼와 함께 뮐하우젠을 신의 도시로 철저히 변화시키기 위한
공동의 노력을 경주하였다. 이를 위해 그는 파이퍼와 함께 투쟁을 벌이
는 도시민들을 <신의 영원한 동맹>으로 바꾸고 ‘뮐하우젠 11개 조항’
을 관철시킴으로써 자신의 구상을 실천하고자 하였다.

뮌처가 어느 정도 초안 작성에 개입한 것으로 보이는 11개조의 내용
은 다음과 같다. 제1조 완전히 새로운 참사회가 지명되어야 하는데, 그
이유는 모든 행동은 신에 대한 경외함으로 취해져야 하기 때문이다. 제2
조 의와 심판은 성서 곧 거룩한 신의 말씀과 일치하여 행사되어야 한다.
제3조 관직자들이 상상한 대로 행동하는 것을 막기 위해서는 관직임명
의 기한이 고정되어서는 안 된다. 제4조 사형집행을 시행하여 참사회가
정의를 보존하고 불의를 징벌하도록 해야 한다. 제5조 참사원들이 어떠
한 구실을 대지 못하도록 아무도 참사원직의 임명을 강요받거나 의지가
없는 자가 임명되어서는 안 된다. 제6조 탐욕, 착복, 이탈을 막기 위한
생계비가 지급되어야 한다. 제7조 인장(印章)을 사용함으로써 모든 기만
과 거짓이 방지되어야 한다. 제8조 인쇄물을 통해 부조리를 폭로하여 모
든 사람이 참사원들이 어떻게 했는가를 알 수 있게 한다. 제9조 이 모든
것이 신의 말씀에 따라 정착되지 않는다면 신의 의와 공평이 최우선시
되고, 기만적인 모든 권력과 이기주의를 내쫓기 위해 어떠한 동의도 할
필요가 없다. 제10조 적들이 지연시킴으로써 확고히 임명된 새 참사회
를 저지한다면 그들은 값비싼 대가를 치르게 할 것이다. 제11조 전체 일

---

106) *MSB*, p. 436, *CWM*, p. 120.

에 있어 망설임이나 지체 없이 신의 말씀에 일치시켜 행동할 것이다.107)

11개 조항의 요구는 일반적인 훈계로서 의도한 것이었다. 그것은 시 참사회의 종교적 범죄들이 인쇄로 폭로되어야 한다는 조항 속에 잘 반영되어 있다. 특별히 11개 조항에서 주목할 만한 사실은 성직자 그룹보다는 관료들을 염두에 두었다는 사실과 그가 새 엘리야, 새 다니엘, 새 세례요한이어야 한다는 예언자 역할에 대한 어떤 조언이나 명령이 없다는 사실이다. 이런 점에서 11개 조항에는 뮌스터(Münster)의 재세례파 왕국은 말할 것도 없이 칼뱅(Calvin)의 제네바를 예시할 아무것도 없다고 하겠다. 그것들은 기껏해야 도시의 대중 저항과 급진적 복음 신학이라는 중세 말의 세속적 전통이 혼합된 것에 지나지 않는다.108)

신의 공평성에 기초하였을지라도 11개 조항은 도시 자체의 대중운동을 위한 것이었지 농촌의 열악한 상황을 고려한 것은 아니었다. 농민의 입장에서 볼 때 그것은 농민의 이익을 위한 요구를 담은 것이 아니었다.109) 따라서 뮐하우젠에 속한 17개 마을의 농민들은 11개 조항을 '비그리스도교적인 행위'라 비난하고 그에 대해 저항하고 나섰다. 그들은 9월 24일 토요일 근교에 모여 현 사태의 개선을 요구하고 만약 그렇게 하지 않는다면 다른 지도자를 찾으라고 위협하였다. 이들을 뮌처와 파이퍼가 나서서 설득하려 했으나 소용이 없었다. 농민들은 뮌처에게 등을 돌린 것이다.

뮐하우젠의 남동부에 있는 볼스테트(Bollstedt)의 농민들은 자신들의 마을이 불타게 될 것이라는 경고를 받고 나서 월요일 아침 대형 옥수수 창고를 잃는 화재를 당하였다. 성 니콜라스(St. Nicholas) 교구민들은 행

---

107) "The Mühlhausen Articles", in *CWM*, pp. 455~459.
108) Scott, *Thomas Müntzer*, pp. 116~119.
109) *Ibid.*, pp. 120~121.

진용 십자가를 들고 다니며 그리스도의 복음의 편에 선 사람들은 교외로 모이라고 선언하였다. 그들은 펠크타(Felchta) 성문을 장악하고는 문을 열어놓았다. 이런 상황을 이용하여 참사회는 문밖에 있던 뮌처와 파이퍼 그리고 그 추종자들을 고립시키고 전 시민들을 프란시스코 교회 옆 광장에 소환하여 새로운 충성 서약을 하도록 이끌었다. 그 다음에 시 참사회는 의견수렴을 통해 합의를 도출해 내려고 하였는데 대다수는 뮌처와 파이퍼를 추방할 것을 결의하였다. 이로써 뮌처는 자신이 확실한 선민이라고 믿었던 농민들로부터 자신들을 대적한 쓰라린 경험을 하였다.110)

추방당한 일에 대한 뮌처 측의 자료가 남아 있는 것은 별로 없다. 다만 그가 아이헤(Eiche)로 행진해 간 일과 뮐하우젠의 교회에 편지를 보낸 것만이 있을 뿐이다. 따라서 농민들로부터 거부당한 뮌처의 심정을 정확히 파악하기는 어렵다. 그러나 뮐하우젠에서 일어난 사건들이 뮌처의 낙관적 사고를 깨뜨리지는 못하였다. 이 사실은 1524년 11월 말에서 12월 중순경에 크리스토프 마이하르트(Christoph Meinhard)에게 보낸 편지에서 "우리가 계획했던 일들은 하나의 아름다운 밀알이 되었소"라고 쓴 것에서 확인된다.111)

농민의 호응을 얻지 못하고 추방된 뮌처는 방랑생활을 재개하였다. 그는 10월 초 뉘른베르크(Nuremberg)에 도착하여 한스 후트(Hans Hut)를 통하여 그 지역의 저항 세력과 접촉하였다. 그런 가운데 그는『명백한 폭로』와『변론』(Hochverursachte Schutzrede)의 출판을 계획하였다. 그는 설교의 청탁도 거절한 채 인쇄 일에만 매달렸다. 그는 인쇄를 통해 루터가 자신을 알스테트의 사탄으로 비난한 것이 정당하지 않다는 것을 입증하고자 한 것이었다. 그가 중요시한 것은 어디까지나 폭동의 선동이 아니

---

110) *Ibid.*, pp. 113~114, Ebert, *Thomas Müntzer.*, p. 169.
111) *MSB*, p. 449, *CWM*, p. 134.

라 진리의 선포였다. 그리하여 그는 말하기를, "어떤 심사숙고나 화려한 외적 투쟁도 도움이 되지 않을 것이다. 진리가 앞장서야 한다. 진리가 날조된 복음에 의해 왜곡되어서는 안 된다." 그의 투쟁은 폭동과는 다른 차원의 투쟁이었다. 이에 관해 그의 말을 인용하자면 "내가 만일 저 사특한 세상이 나를 모함하듯이 폭동을 일으키려고 마음만 먹었으면 뉘른베르크의 그들과 함께 교묘한 게임을 야기할 수 있었을 것이다."112) 한 걸음 더 나아가서 뮌처는 루터의 비방들은 참된 가르침에 대항하는 적들의 최후의 시도라는 점을 제시하고자 하였다. 이로써 그는 루터와의 관계를 완전히 청산할 것임을 천명하였다.113)

뮌처에게 종말론적 최후의 전투에서의 주역은 여전히 평민이었다. 군주는 부자격자였다. 그는 『명백한 폭로』에서 주장하기를, 불신앙의 감각 없는 군주들이 자기 멋대로 그리스도의 백성들에게 투옥, 태형, 고문, 살인 등의 가혹한 행위를 자행하여 신과 그의 기름부음을 받은 자들을 격노하게 만들었기 때문에 제거당할 것이다. 신의 분노에 의해 세상에 넘겨진 군주들은 악한 행위로 백성을 두려워하게 할 것이지만 선민이 비탄에 빠진 소리를 더 이상 참지 않고, 선민의 시기를 단축할 것이다.114) 그러므로 종말론적 최후의 전투에서 주역은 군주가 아니라 평민이었다.

수 주일 동안 방랑생활 끝에 그가 스위스 국경 지대에까지 당도하였을 때 그는 뮐하우젠으로 다시 초청되었다. 파이퍼가 다시 권력을 장악

---

112) *MSB*, p. 450, *CWM*, p. 134.

113) 『변론』에서 뮌처는 신의 말씀으로 멸망해야 할 군주들이 친구로 생각하는 루터를 Wittenberg의 신앙 없는 고깃덩이, 거짓말 박사로 비난하면서 자신을 Allstedt의 폭동을 선동하는 망령이라 한 것에 대해 강력히 대처하였다. 그는 루터에게 "당신은 진실한 말씀을 거부하고 거짓된 것을 세상에 전파함으로써 마귀의 괴수가 되었다"라고 강도 높게 비난하였다["Hochverursachte Schutzrede", in *MSB*, pp. 337, 339~340, *CWM*, p. 343, 345].

114) "Ausgedrückte Entblö ß ung", in *MSB*, pp. 282~285, *CWM*, pp. 280~282.

하는 데 성공하여 이 도시는 다시 한 번 혁명적 열기로 달아올랐던 것이다. "뮐하우젠 연대기"에 따르면, 1525년 3월 17일 시민들이 시청에 모여 기존의 시 참사원들을 물러나게 하고 뮌처와 파이퍼 그리고 8인 소위원회에 참사회를 넘겨주었다. 그들은 새로운 참사회를 구성하고 '영원한 참사회'란 이름을 붙였다.[115] 이런 일에 직면하여 뮌처는 상당히 고무받았을 것이 틀림없다. 그러나 뮐하우젠에서 뮌처의 위치는 알스테트에서처럼 그렇게 확고한 것이 아니었다. 왜냐하면 그는 뮐하우젠에서 도시민의 한 사람으로서만 호응을 받았기 때문이다.[116]

그런 가운데 투링기아 지역에서 농민전쟁이 발발한 것은 뮌처에게는 매우 고무적인 일이었다. 그것은 추수기에 신의 직접적인 개입을 확인시켜 주고, 그동안 믿어 왔던 대로 농민이 바로 선민임을 입증해 주는 사건이었다. 따라서 뮌처는 농민전쟁을 신의 일이며 천년왕국의 시작을 알려 주는 결정적인 징표로 받아들였다.

프랑켄하우젠의 농민전쟁에 임하면서 뮌처는 농민전쟁에 대한 종말론적 개념을 분명하게 갖고 있었다. 이러한 사실은 그가 만스펠트의 알베르트(Albert)에게 1525년 5월 12일에 보낸 편지에서 확인된다. 그는 알베르트 공에게 루터의 푸딩과 수프 속에서 상황 판단을 잘못하고 있다는 사실을 주지시킨 후 다음과 같이 말하였다.

> 그리스도의 이름 아래 당신은 이방인처럼 행동하고 바울을 가로막이로 사용하기를 원합니다. 그러나 당신의 방법은 저지당할 것인데 이 사실을 당신은 확실히 알아야 합니다. 신이 평민에게 권한을 주었고 당신의 믿음을 설명하기 위해 우리들 앞에 나타난다는 다니엘 7장을 당신이 받아들인다면 우리들은 기쁘게 그것을 받아들일 것이고 당신

---

115) "The Mühlhausen Chronicle", in Tom Scott and Bob Scribner, eds. and trans., *The German Peasants' War: A History in Documents*(New Jersey, 1991), p. 145.

116) Cohn, *The Pursuit of the Millennium*, p. 245.

을 우리의 일반 형제로 간주할 것입니다. 그러나 만약 그렇게 하지 않는다면 우리는 당신이 불편하여 절뚝거리는 몸놀림에 조금도 주의하지 않고 당신을 그리스도교 믿음의 대적군으로 여기고 공격할 것입니다. 그러므로 당신은 무엇을 바라야 할지를 아십시오.[117]

이 편지에서 나타난 뮌처의 주장을 종말론적이라 보는 이유는 농민의 봉기와 힘의 사용이 법적 근거를 가진 것이라거나 지방 관리의 부정부패로 인한 것으로 주장되지 않고 권세 있는 자들이 권좌에서 물러나고 낮은 자가 높아지는 신의 뜻에 따른 것으로 주장된 데 있었다.[118] 뮌처에게 중요한 것은 정치적 관계의 변화가 아니라 신의 뜻의 성취였다.

뮌처에게 앞으로 치러야 할 전투는 전적으로 신의 왕국을 건설하기 위한 것이었다. 이러한 그의 목표 설정 때문에 뮌처가 이끄는 농민들의 전투는 농민전쟁의 다른 전투들과 달랐다. 물론 모든 농민들의 요구들 속에는 언제나 종교적 삶의 새로운 질서를 언급하는 조항들이 발견된다. 법적·정치적 요구 조항들도 대부분 성서적 근거로 이루어졌다. 이것은 확실히 종교개혁의 새로운 권리 주장의 틀과 일치하였다. 그러나 이러한 요구들의 관철과 함께 관청을 제거함으로써 신의 왕국의 도래를 성취하려는 종말론적 영역은 뮌처에게서만 발견되는 것이었다. 이러한 뮌처를 따르는 밀하우젠의 동맹군은 다른 농민군과 달리 스스로를 신의 왕국을 이 땅에 세울 신의 군대라고 생각하였다. 그들 사이에는 신이 역사 속에 직접 개입하시며 시대적 전환기가 왔다는 생각이 널리 퍼져 있었다.[119]

새로운 선민동맹의 주체로 인식되어 오던 농민이 봉기한 것은 뮌처를 더욱 전투적으로 만들었다. 뮌처는 농민들의 명분에 찬성하며 다른 농민

---

117) *MSB*, p. 470. *CWM*, p. 157.

118) Ebert, *Thomas Müntzer*, p. 213.

119) *Ibid.*, p. 214.

농민전쟁 발발 지역

[Scribner and Benecke, eds., The German Peasant War of 1525, p. vi.]

들의 봉기를 적극적으로 부추겼다. 그는 농민봉기에 관한 소식을 생생하게 전하면서 주변 지역에 있는 자신의 추종자들에게 봉기할 것을 강력히 권고하였다. 그는 1525년 4월 알스테트에 있는 자신의 추종자들에게 편지하여 흑림(the Black Forest)의 클레트가우(Klettgau)와 헤가우(Hegau) 농민들 약 3천 명 정도가 봉기하였고 그 농민의 숫자는 계속 불어나고 있다는 사실을 상기시켜 주며 사람들을 다음과 같이 선동하였다.

> 당신들 가운데 신에 대한 신뢰가 흔들리지 않고 그의 이름과 영광만을 추구하는 세 사람만 있어도 당신들은 십만 명의 사람을 두려워할 필요가 없습니다. 그러므로 저들을 향해, 저들을 향해, 저들을 향해 나아가십시오! 때가 왔습니다. 저 악행자들은 상처 난 개들처럼 달리고 있습니다! 아. 형제들이여. …… 때가 너무도 절박합니다. 동정을 보이지 마십시오. …… 불신자의 외침에도 주의를 기울이지 마십시오. 그들은 당신들에게 매우 따뜻하게 간청할 것이고 어린아이들처럼 흐느껴 울며 매달릴 것입니다. 그래도 사정을 봐주지 마십시오. …… 마을과 도시들 특별히 광부들과 선한 다른 동지들에게 경각심을 불러일으

키십시오. 우리는 더 이상 잠을 잘 수는 없습니다.[120]

이어서 뮌처는 이렇게 말한다.

> 불이 뜨거운 동안 저에게로 가십시오. 저에게로 가십시오, 여러분의
> 칼이 식지 않게 하고 그것을 맥 빠지게 걸어 두지 마십시오! 님로드
> (Nimrod)의 모루에 딩동 망치질해서 그들의 탑을 땅바닥에 쓰러뜨리십
> 시오. 그들이 살아 있는 한 당신이 사람들의 두려움을 제거하는 것은
> 불가능합니다. 그들이 당신들을 지배하는 한 아무도 당신들에게 신에
> 관한 어떤 것도 말할 수 없을 것입니다. 날이 밝아 있는 동안 저들을
> 향해, 저들을 향해 나아가십시오! 신이 당신들을 앞서 갈 것입니다. 그
> 뒤를 따르십시오, 그 뒤를 따르십시오![121]

이렇게 말한 뮌처는 자기가 말한 것들은 여러 성구에서 읽을 수 있는 내용이라고 확인해 주고 있다. 성전파괴로 시작하여 그리스도 재림을 예언하는 마태복음 24장, 참된 목자와 평화의 언약을 다루는 에스겔 34장, 성도의 왕국을 다루는 다니엘서 7장, 이방 여인과 결혼하는 이스라엘의 배교행위를 말하는 에스라 16장(실제로는 10장임) 그리고 일곱 봉인의 떼어냄과 대분노의 날을 다루는 요한계시록 6장이 그것이다.[122]

뮌처의 호소에 따라 2천 명 정도 규모의 사람들이 모여들었다. 그들은 뮐하우젠 교회에 대한 신의 언약을 상징하는 무지개를 그려 넣은 깃발을 앞세우고 진군하였다. 그 깃발에는 'Verbum Domini Manet in Eternum'이라는 문구가 쓰여 있었는데, 그 문구가 선언하고 있는 바는 '이것은 신의 영원한 동맹'의 상징이다. 동맹에 서 있을 모든 사람들이여 깃발 아래로 모이라는 것이다.[123] 그들은 여전히 선민동맹의 구성원들이 핵

---

120) *MSB*, pp. 454~455, *CWM*, p. 141.

121) *MSB*, 455, *CWM*, p. 142.

122) Cohn, *The Pursuit of the Millennium*, p. 248.

123) Scott and Scribner, eds. and trans., *The German Peasants' War*, p. 146.

심을 이루고 있었다. 과거 알스테트에서 선민동맹의 구성원이었던 사람들이 뮐하우젠까지 따라와 새로운 조직을 결성하는 데 도움을 주었을 것이다. 그들은 만스펠트에서 온 수백 명의 광부들을 비롯하여 타 지역에서 유입되어 온 사람들 내지 이주민들로서 실업과 여러 종류의 불안에 노출되어 있는 사람들이었다. 그들은 직조공들과 마찬가지로 혁명적 열기에 쉽게 감염될 소지가 있었다. 뮌처가 이들을 지휘할 수 있었다는 사실은 그에게 혁명적 지도자로서의 커다란 명성을 얻게 하였다. 그래서 그가 뮐하우젠에서는 영향력 면에서 파이퍼에 필적할 수 없었지만 농민반란의 상황에서는 실제보다 훨씬 더 큰 인물로 보였다.[124]

이들 군대의 공격 목표는 프랑켄하우젠 근처의 헬드렁거(Heldrunger) 성이 되어야 한다는 것은 뮌처는 처음부터 분명히 하였다. 그곳에는 뮌처의 알스테트 시절 그의 적이었던 만스펠트 백작이 거주하고 있었다. 프랑켄하우젠의 공동체가 지원을 요청해 왔을 때 뮌처는 다음과 같이 대답하였다. "당신들은 편지에서 우리가 2백 명의 용병들을 파견해 줄 것을 요청했습니다. 그러나 우리는 단지 그렇게 적은 무리만을 보내지 않을 것입니다. 우리 모두가 당신들에게 갈 것입니다."[125] 드디어 뮌처는 알스테트에서 그 백작에게 경고했던 것을 사실로 입증할 수 있었다. 그는 전에 그 백작에게 "나는 루터가 교황에게 했던 것보다 수천 배 더 당신에게 보복하겠다"[126]고 말한 바 있었다.

뮌처는 4월 19일 새벽 동맹군을 출정시켰다. 이 동맹군은 아이히스펠트(Eichsfeld)의 군대와 합세하여 에베레벤(Ebeleben)에 진을 치고 있던 군주군을 물리쳤다. 이에 아이히스펠트의 귀족들은 반란군에게 당한 패배

---

124) Cohn, *The Pursuit of the Millennium*, p. 247.

125) *MSB*, p. 457, *CWM*, p. 143.

126) *MSB*, p. 393, *CWM*, p. 504.

를 보복하기 위해 아이히스펠트의 여러 마을을 습격했으며 이미 디겔스
타트(Digelstadt)에 침입하여 가련한 사람들을 살해하였다. 이 사건으로
인해 동맹군의 진로에 관한 의견대립이 있었지만 결국 아이히스펠트로
가기로 가결되었고, 아이히스펠트로 간 동맹군은 8일 동안 그 지역을 휩
쓸었다.

　이러한 동맹군의 위세에 큰 위협을 느낀 군주들은 대대적인 반격을
시도하였다. 특히 작센의 게오르그(Georg)는 대규모의 보복을 촉구하였
다. 그는 뮌처의 추종자들을 체포하여 무장해제를 시키고 라이프치히
(Leipzig) 근처에서 군대를 조직하였다. 그가 뮌처의 추종자들에 대해서
취한 잔인한 조치 때문에 여인들과 아이들은 두려워서 들판과 숲에 밤
낮으로 숨어 있어야 하였다.[127] 여기에 헤세(Hesse)의 필립(Philip)도 가세
하여 동맹군을 진압해 갔다. 그는 풀다(Fulda)에서 반란군을 진압한 데
이어 아이히스펠트를 장악하였다. 또한 그는 아이제나흐(Eisenach)를 향
해 출발하여 그곳에 도착하기 전 아이제나흐 동맹군의 지휘관 한스 시
펠(Hans Sippel)을 체포, 처형하였다. 군주들의 행동에 대해서 루터는 지
지를 넘어서 장려하였다. 루터는『강도와 살인의 농민 무리들에 대항하
여』(*Wider die räuberischen und mörderischen Rotten der Bauern*, 1525)라는 글에서
군주들에게 "찌르고 때리고 목을 조르십시오, 그가 누구이든 말입니다.
나는 여러분에게 부탁합니다. 농민들을 피하십시오, 그들이 누구이든
마귀로부터 피하듯이 그들을 피하십시오."[128]

　이렇게 사방에서 엄습해 오는 위험 속에서도 뮌처는 자신의 계획이
결국 성공하게 되리라는 확신을 가지고 있었다. 그는 자신의 확신을 아
이제나흐 사람들에게 다음과 같이 전하였다.

---

127) *MSB*, p. 460, *CWM*, p. 146.

128) *WA*, Vol. XVIII, p. 361.

이제 신은 전 세계를 기적적인 방법으로 신의 진리를 인식하도록 움
직이셨고 세계는 폭군들에게 대항하려는 대단한 열정을 가지고 그 사
실을 입증하고 있습니다. 다니엘 7장이 분명히 말하듯이 그 권한은 평
민에게 주어질 것이 틀림없습니다. 또한 요한계시록 11장은 이 세상의
왕국은 그리스도에게 속한다는 것을 지적하고 있습니다.129)

그러므로 뮌처에게 있어 승패를 결정하는 것은 숫자에 있는 것이 아니
라 신의 싸움을 싸운다는 사실 자체에 있었다.

현실적으로 볼 때 뮌처의 동맹군은 군주들의 병력에 비교가 되지 않을
만큼 뒤져 있었다.130) 군주들의 우세한 병력은 뮌처로 하여금 기드온의
성서 이야기를 상기하게 하였다. 승패를 좌우하는 것은 수적인 문제가
아니다. 사람들이 신의 싸움을 싸운다는 의식을 가지고 전투에 임한다면
반드시 승리할 수 있는 것이다. 여기서 뮌처는 자신이 기드온으로 나서
야 한다는 사실을 깨달았다. 그리하여 그는 아이제나흐 사람들에게 보낸
그 편지에 "기드온의 칼을 가진 토마스 뮌처"라고 서명하였다. 이 서명이
함축하고 있는 의미는 이스라엘이 수적으로는 열세였지만 기드온과 함
께 승리한 사실을 상기시키는 것이다. 그는 『명백한 폭로』에서도 3백 명
으로 셀 수 없이 많은 적을 무찌른 기드온을 상기시킨 바 있었다.131) 수
적 열세는 오히려 신의 은총을 확인할 수 있는 증거로 받아들여야 한다
고 뮌처는 생각하였다. 군대를 동원한 군주들의 접근으로 인해 농민상황
이 매우 위태롭게 되었다는 사실이 뮌처에게는 장애가 되지 않았다. 오
히려 그는 예언자로서 성공적인 결과를 무조건적으로 확신하였다. 그리
하여 그는 마지막까지 농민들에게 승리의 확신을 심어 주었다.132)

---

129) *MSB*, p. 463, *CWM*, p. 150.

130) Philip은 2만 명의 기병과 만 오천 명의 보병을 이끌었다. Braunschweig의 Heinrich 공은 6백 명의 기병과
4천 명의 보병을 이끌고 있었으며 Erich 공은 3백 명을 이끌면서 서쪽으로 동맹군에게 접근하였다. Georg는
9백 명의 기병과 함께 엄청난 보병으로 동쪽에서 대치하였다. 남쪽에서 요한 공은 8백 명의 기병과 보병을
이끌고 접근하였다[Ebert, *Thomas Müntzer*, p. 209].

131) "Ausgedrückte Entblöβung", *MSB*, p. 272, *CWM*, p. 268.

그럼에도 불구하고 동맹군의 결속력은 약화되고 주변의 지원도 점차 끊기고 있었다. 자발적이든 아니면 강제적이든지 간에 뮌처의 동맹군에 함께하였던 사람들이 모호한 태도를 취하기 시작하였다. 그 예를 들자면, 귄터 폰 슈바르츠부르크(Günther von Schwarzburg) 공은 5월 12일에 뮌처의 지원 요청에 대해서 기꺼이 프랑켄하우젠으로 가서 돕고 싶지만 자신의 영지에서 일어나는 농민들의 언쟁과 다툼 때문에 당장은 갈 수 없다고 통보하였다.[133] 뮌처의 지원 요청을 받은 몇몇 공동체들도 뮌처의 요청에는 결코 이의가 있을 수 없지만 곧바로 그에게 합류하기는 어렵다고 양해를 구하였다. 뮌처가 크게 기대를 걸었던 광부들조차도 한 달 전에 루터를 거절했음에도 불구하고 뮌처의 징집 요구에 대해서는 냉정하게 거절하였다.

자신의 지원 요청이 거절당하는 상황에서 뮌처가 프랑켄하우젠에서 시급히 해야 할 일은 위로와 힘을 주고 적대 세력에 넘어가지 말라는 경고를 하는 것이었다. 그리하여 그는 에르푸르트(Erfurt) 사람들에게 다음과 같은 편지를 보냈다.

> 당신들은 루터의 죽으로 더럽게 아첨하는 데 약해지지 않는다면 지체하지 않을 것이라고 확신합니다. ……
> 그러므로 우리들은 간곡히 부탁합니다. 당신들은 더 이상 이 같은 접시를 핥는 자들에게 신용을 주지 말고, 불신앙의 사악한 폭군에 우리와 함께 대항하는 일반 그리스도의 사람들을 돕는 데 더 이상 가로막을 아무것도 없게 하시기를 말입니다.
> 우리가 신의 명령을 수행할 수 있도록 장정과 대포로 당신들이 할 수 있는 어떤 방법으로 우리를 도와주십시오.[134]

이 같은 절박한 뮌처의 위로와 격려가 주어졌지만 사태는 여전히 불

---

132) Lau, "Die prophetsche Apocalyptik Thomas Müntzers", p. 13.

133) *MSB*, p. 467, *CWM*, p. 154.

134) *MSB*, p. 471, *CWM*, p. 158.

리하게 돌아갔다. 그동안 농민들의 봉기가 관청에 대한 신의 경고라고 생각하여 소극적인 행동을 취하던 선제후 프레데릭이 죽자 그 뒤를 이은 요한 공은 필립을 비롯한 다른 군주들과 연합전선을 형성하였다. 이에 맞서 농민들이 무장하여 대치하고 있었으나 사실 그들은 병력과 화기 등의 전력 면에서 군주들의 연합군에 비교될 수 없었다. 필립은 무조건 항복하고 지휘관들을 인질로 보낸다면 당국에 건의해서 자비를 베풀겠다고 제안하였다.135) 일부 시민은 그 제안에 응하고자 하였다.

그러나 뮌처는 그럴 수 없었다. 왜냐하면 그가 세상을 종말시키는 최후의 전투에서 물러난다는 것은 올바른 신앙을 가진 사람에게는 결코 있을 수 없는 일이기 때문이다. 그는 그 마지막 전투를 수행하고자 하였다. 그리하여 그는 주일 날 프랑켄하우젠에서 다음과 같은 설교를 하였다. "전능하신 신께서 이제 세상을 정화시키고자 하십니다. 신이 지금 관청에서 힘을 빼앗아 억눌린 자들에게 주셨습니다. 신이 그들과 함께 계시기를 원합니다. 왜냐하면 농민들이 모든 깃발에 무지개를 그렸기 때문입니다. 이 무지개는 신의 언약입니다."136) 그런데 이날 실제로 하늘에 무지개가 나타났다. 뮌처와 동맹군은 이것을 신이 직접 확인해 주는 징표라고 믿었다. 뮌처는 무지개를 농민들에게 가리키고 그들의 사기를 북돋우며 말하기를, 지금 본 무지개는 신이 함께하신다는 징표라고 말하였다. 이 같은 하늘의 징표는 신이 이 전쟁을 일으켰고 진리에 대항하는 자들을 죽게 할 것이며, 세상을 정화하고 장차 오실 것이라는 사실을 의심의 여지 없게 만들어 주었다.137) 뮌처는 신이 직접 자신에게 말씀하시어 승리를 약속했다고 선언하였다. 그는 적군이 쏘는 대포알을

---

135) *MSB*, pp. 472~473, *CWM*, pp. 159~160.

136) W. p. Fuchs, ed., *Akten zur Geschichte des Bauernkriegs in Mitteldeutschland*, Vol. II (Aalen, 1964), p. 897.

137) *Ibid.*, pp. 897~898.

자기 외투 소맷자락으로 거두어
들일 것이며 마지막에는 신이
천지개벽하여 자기 백성을 멸망
에서 구해 낼 것이라고 선포하
였다.[138]

한편 군주들은 자신들의 제안
에 응답이 없자 반란군에게 포
격을 가하였다. 농민들은 자신
들이 가지고 있는 대포를 사용
할 준비도 대포 공격을 피할 준
비도 되어 있지 않은 상태에 있

스톨베르그에서 무지개깃발을 든 뮌처

었다. 그들은 대포가 쏟아지는 그 순간에 주님의 재림을 기대하며 '성령
이여 오소서'라는 찬송만 불렀다. 떨어지는 대포를 피해 달아나던 농민
군들은 군주의 기병들에 의해 무참하게 학살되었다. 이런 과정에서 군
주들의 군대는 불과 6명의 전사자가 나는 정도였으나 농민군은 5천 명
가량이 죽었다. 프랑켄하우젠이 쉽게 점령되었고 뮐하우젠은 아무런 저
항 없이 항복하였다. 이 도시들은 반란군의 본거지 역할을 하였다는 이
유로 무거운 벌금과 배상금을 물어야 했으며 신성로마제국의 자유도시
로서의 지위를 박탈당하였다.

뮌처는 이 살육현장에서 살아남아 어느 침상으로 숨어 들어가 병자처
럼 위장하였다. 그러나 그는 오토 폰 에펜(Otto von Eppen)이라는 종사(從
士)에게 발각되어 체포되었다. 그는 만스펠트 백작에게 인도되어 심문을
받았다. 고문에 의한 자백을 통해 뮌처는 루터와의 이해 차이를 밝혔고
당국의 지나친 부역의 요구와 억압에 대해 항거하였음을 말하였다. 그

138) *Ibid.*, p. 387.

리고 그는 복음의 편에 서지 않는 귀족들을 축출하고 그리스도교 안에서 모든 평등한 삶을 누리게 하려는 정치적 목표를 가지고 있었음을 시인하였다.

이것을 고백한 후 뮌처는 자신의 의결을 철회하였다고 알려졌다. 첫째, 뮌처는 사람들이 관청에 복종할 의므가 있다고 해명했으며 둘째, 그는 가톨릭 성만찬 이해에 동의했다는 것이다.[139] 뮌처의 의견 철회가 실제로 뮌처 자신이 했다고 보기는 어려운 듯하다. 왜냐하면 그것은 같은 날 뮐하우젠에게 보낸 한 통의 편지 내용과는 현격한 차이를 보이고 있기 때문이다.

> 사랑하는 형제들이며 프랑켄하우젠의 실패와 같은 실패를 다시 되풀이하지 않는 것이 여러분에게 대단히 중요합니다. 그런 실패는 의심의 여지 없이 각자가 그리스도교의 수호보다는 자신의 이익을 더 추구했기 때문에 발생하였습니다. 그런 일이 여러분에게 일어나지 않도록 하기 위해 명백히 존재하는 신의 정의를 가지고 나오십시오. 나는 여러분에게 수시로 경고했습니다. 신의 형벌은 피할 수 없다고 말입니다. 이 형벌이 이제 관청을 통해 시작되었습니다.[140]

뮌처는 자신의 계획이 좌절되었음을 인정하였다. 그러나 그 실패의 원인은 대다수 봉기군들이 이 전투의 신학적 의미를 이해하지 못하고 자신들의 유익만을 구한 것에 있었다. 이로써 보건대 프랑켄하우젠에서도 뮌처는 자신의 청중과 좁힐 수 없는 거리가 있었음을 깨달았다. 바꾸어 말해서 예언자로서 뮌처의 역할에 대한 선민 대상으로서 평민의 반응은 타보르파의 경우처럼 그렇게 일치하지 못했던 것이다. 이로 인해 뮌처의 천년왕국운동은 별 성과 없이 많은 희생을 치른 채 막을 내렸다. 뮌처는 자신에게 더 이상의 기회가 주어지지 않을 것이란 사실을 알았

---

139) *MSB*, p. 550, *CWM*, pp. 439~440.

140) *MSB*, pp. 473~474, *CWM*, pp. 160~161.

다. 따라서 그로서 마지막으로 할 수 있는 일은 더 이상의 피 흘림이 없
도록 하는 것이라고 판단한 그는 뮐하우젠 사람들에게 마지막으로 프랑
켄하우젠에서 발생한 그런 곤경을 당하지 않기 위해 모든 모임과 소요
를 피하고 군주들의 자비를 구하라고 권고하였다.141) 5월 23일 붙잡혔
던 뮌처는 5월 27일 처형되었다.

　뮌처가 전개한 천년왕국운동은 천년왕국 건설로 이해되는 세계의 그
리스도교화를 위한 선민 각성에 성패가 달려 있었다. 그런데 뮌처는 그
선민 대상인 군주와 평민을 각성시키는 데 차례로 실패함으로써 그의
천년왕국주의적 목표를 달성하지 못하고 말았다. 예언자로서 뮌처의 역
할이 선민 대상에게 충분히 받아들여지지 않았던 것이다. 그렇게 된 이
유는 타보르파의 경우와는 달리 뮌처의 청중들은 천년왕국의 추구 외에
달리 선택할 수 있는 길이 있었기 때문이다. 따라서 뮌처의 기대와 그의
청중의 반응은 거리가 생겼고, 그것은 궁극적으로 천년왕국운동의 실패
로 이어졌다.

　군주들은 농민전쟁에서 큰 교훈을 얻고 뮌처를 죽임으로써 폭동을 원
천봉쇄하고자 하였다. 그러나 뮌처의 역할은 죽는 것으로 끝나지 않았다.
농민전쟁 후 광범위하게 확산된 재세례파 운동(the Anabaptist Movement) 과
정에서 뮌처는 존경의 대상으로 떠올랐다. 그런 가운데 뮌스터에서는
뮌처가 실천하려고 했던 계획을 다시 시도하는 움직임이 나타났다. 천
년왕국의 실현에 관한 비전을 가진 재세례지파들이 뮌스터로 대거 이주
해 가서 뮌처처럼 새 예루살렘을 건설하려고 시도하였던 것이다. 뮌처
는 자신의 신학으로 청중의 반응을 이끌어 내는 데 실패했던 반면에, 뮌
스터 재세례파들은 불신자의 무리를 쫓아내야 한다고 생각을 그대로 행
동에 옮겨 주민을 교체함으로써 성공적으로 새 예루살렘을 건설하였다.

---

141) *MSB*, p. 474, *CWM*, p. 161.

05

재세례파의 뮌스터
봉기

농민전쟁을 통하여 루터에 실망한 농민과 평민층은 더 이상 루터의 종교개혁을 지지할 수 없었다. 그리하여 그들은 가톨릭은 물론이고 루터파를 반대하는 이른바 재세례파 운동에 가담하였다. 그 가운데 일부는 뮌스터(Münster), 암스테르담(Amsterdam), 스트라스부르(Strasbourg) 같은 도시에서 새 예루살렘을 건설하려는 노력을 보였다.[1] 이 중 1535년 6월 사이에 짧은 기간 동안 유지되었던 뮌스터의 신정체제는 재산공유제(Gütegemeischaft)와 일부다처제의 실시로 인하여 당대 사람들에게 강렬한 인상을 남겼다.

뮌스터 사건에 대한 전통적 해석은 대체로 세 방향으로 이루어졌다. 메노파 교회사가들은 뮌스터 사건을 소위 복음적 재세례주의와 구별하여 다루었다.[2] 그들은 주로 평화적 재세례주의에만 역점을 두면서 뮌스

---

1) 지상의 새 예루살렘을 도시에서 찾으려는 경향은 1530년대에 두드러졌다. 1534년 2월 일부 뮌스터 예언자들은 신이 선택한 세 개의 도시 곧 뮌스터, Strassbourg, Deventer에 관해 말하였다. 이는 신명기 35:14에서 언급된 3개의 도피성에 근거를 둔 것이었다. 1534년 말에 암스테르담의 재세례파들 사이에는 암스테르담은 신이 피 흘림 없이 형제들에게 줄 5개의 선택도시 중 하나라는 풍문이 떠돌았다. 그 나머지 네 도시는 뮌스터, Wezel, Deventer, London이었다[Walter Klassen, *Living at tne End of the Ages*(London, 1992), pp. 85~86].

2) 그 대표적인 예로서는 John Horsh, Robert Friedman, Harold Bender, *The Mennonite Quarterly Review* 등이 있다.

터 재세례파들을 하나의 변종으로 타락한 종파에 불과하다고 보았다. 이에 반하여 네덜란드의 카렐 보스(Karel Vos)는 메노파 연구자들을 비판하고 뮌스터파(the Münsterite)를 혁명적 종교개혁의 범주에서 다루었다. 그는 뮌스터의 재세례파 운동은 얀 마티스(Jan Matthys)의 출현을 통해 혁명적 대중운동이 되었다고 주장하였다.3) 양자의 중간적 입장에서 W. J. 퀼러(W. J. Kühler)는 초기 네덜란드 재세례파는 묵시적 열광주의자였지만 사회 혁명가는 아니었다는 주장을 폈다. 그는 뮌스터 사건을 평화적 재세례파 운동에서 이탈해 나온 대중 운동으로 파악한 것이다.4) 이들의 입장이 서로 다르긴 하지만 그 공통된 경향은 뮌스터의 재세례주의를 빗나간 비도덕적 분파로 간주하는 동시에 종교개혁의 에피소드로 취급한다는 것이다.

전통적 해석에 반하여 뮌스터 운동을 적극적 측면에서 이해하려는 수정주의적 해석이 대두되었다. 이에 선도적 업적을 내놓은 학자는 칼-하인츠 키르히호프(Karl-Heinz Kirchhoff)였다. 그는 1534년 뮌스터에 있었던 재세례파 집회가 평화로운 것이었다는 사실을 확인하였다. 그리고 그는 769명의 집단전기적 접근을 통해 재세례파의 재산 상태를 파악함으로써 뮌스터 신정체제에 가담한 사람들이 재산 없는 빈자들이 아니라 어느 정도 유산을 가진 재산소유자들이었다는 사실도 밝혔다. 그런 가운데 그는 뮌스터 신정정치의 탄생은 일단의 사회 지도층이 재세례파의 편을 들어 자신들이 처한 종교적·정치적 위기를 넘기려 했던 결과였다고 설명하였다.5) 이로써 뮌스터 연구에 새로운 전기가 마련되었다.

---

3) Karel Vos, "Revolutionary Reformation", Werner O. Packull and James M. Stayer, eds., and trans., *The Anabaptists and Thomas Müntzer*(Dubuque, 1980), pp. 85~91.

4) W. J. Kühler, "Anabaptism in the Netherlands", Packull and Stayer, eds., and trans., *ibid*, pp. 85~91.

5) Karl-Heinz Kirchhoff, "Gab es eine Täufergemeinde in Münster 1534", Jahrbuch des Vereins für westfälische Kirchengeschichter, 55-56(1963) in Elizabeth Bender, tr., "Was there a Peaceful Anabaptist Congregation in Münster in 1534?", *Mennonite Quarterly Review*, 44(1970), pp. 357-370, Kirchhoff, *Die*

키르히호프가 전통적 해석에 중요한 수정을 가한 이래로, 뮌스터의 신정정치를 긍정적 관점에서 조명하려는 학자들이 여러 명 생겨났다. 이들의 연구 경향은 뮌스터 사건을 당사자 관점에서 이해하면서 뮌스터 신정체제가 구 제국에 대한 하나의 대안세계였음을 보여 주려는 것이었다.[6] 요약하자면 삶을 개선하려는 욕구는 구약의 새 하늘과 새 땅에 관한 약속과 신약의 새 예루살렘에 관한 약속이 통합된 형태로 분출되어 새 세계의 모델로 받아들여졌다. 이 모델은 묵시적·종말론적 기대를 갖고 있는 사람들에게는 현실세계에 대한 대안세계로 이해되었다. 새 예루살렘으로서 뮌스터는 대안세계의 추구 과정에서 탄생되었다는 것이다.[7] 이처럼 뮌스터 신정체제가 당대의 사회적·정치적 대안으로 이해되면서 뮌스터파 행동은 더 이상 비정상적인 것으로 볼 수 없게 되었다.

뮌스터는 농민전쟁의 소요를 겪지 않은 조용한 도시였다. 이런 도시에서 어떻게 극단적인 혁명적 천년왕국운동이 발생하였는가? 여기에는 재세례주의가 뮌스터에 유입된 상황이 우선 설명되어야 한다. 그것은 뮌스터 혁명을 일으킨 주체가 바로 재세례파들이었기 때문이다. 여기서 멜키오르 호프만(Melchior Hoffman)이 발전시킨 재세례주의의 특성과 재세례주의를 뮌스터에 소개한 베른하르트 로트만(Bernhard Rothman)의 역할을 다루겠다. 다음으로 재세례파가 혁명적 활동을 하게 된 원인으로

Täufer in Münster 1534/35: Undersuchunger zum Umfang und zur Sozialtruktur der Bewegung(Münster, 1973).

6) James M. Stayer, "The Münsterite Rationalization of Bernhard Rottman", *Journal of the History Ideas*, 28(1967), p. 179, Hans-Jügen Goertz, *Die Täufer: Geschichte und Deutung*(Müchen, 1980), p. 35, Gerd Dethlefs, "Das Wiedertäuferreich in Münster 1534/35", in *Die Wiedertäufer in Münster*, Stadtmuseum Münster, Katalog der Eröffnungsausstellung vom Ⅰ. Okctober 1982 bis 27 Februar 1983(Münster, 1983), pp. 19~36.

7) Güther Vogler, "The Anabaptist Kingdom of Münster in the Tension between Anabaptism and Imperial Policy", in Hans J. Hillerbrand, ed., *Radical Tendancies in the Reformation: Divergent Perspectives*(Princeton, 1987), p. 103.

서 뮌스터의 경제적·정치적·교회적 상황을 이해하는 것이 필요하다. 이 점에 관련해서 사회경제적인 면에 중점을 두는 학자[8]와 종교적 면에 중점을 두는 학자[9] 간의 견해차가 있다. 본 연구는 종교적 측면에 더 강조점을 두어 뮌스터의 예언자로서 얀 마티스의 활동과 복켈슨(Bockelson)이라 불리는 얀 폰 라이덴(Jan von Leyden)의 활동을 살펴보도록 하겠다. 예언자로서 그들은 각기 개성을 가지고 재세례파들을 천년왕국운동으로 끌어들여 뮌스터를 신의 혁명도시로 만들었다. 끝으로 뮌스터에서 실험된 천년왕국주의적 제도들이 여러 가지가 있었는데, 그 가운데 가장 두드러졌던 재산공유제와 일부다처제를 살펴보겠다. 뮌스터의 천년왕국주의적 제도는 다른 천년왕국운동에서 추구된 것에 비해 독특한 면을 지니고 있다.

---

8) 사회학자 Otthein Ramstedt는 마르크주의자와 비슷한 관점에서 뮌스터인들이 원래 처해 있던 상황에 대한 저항으로서 뮌스터 사건을 설명한다. Ramstedt에게 뮌스터인의 천년왕국주의 주용은 당면한 사회적·경제적 현실에 가려 있는 변칙적 행동에 지나지 않은 것이었다[Otthein Rammstedt, *Sekte und Soziale Bewegung: Soziologische Analyse der Täufer in Münster* (1534/35)(Köln, 1966), p. 12]. 같은 맥락에서 Heinz Schilling은 뮌스터에 혁명적 재세례주의가 출현한 것은 뮌스터의 오랜 조합공동체(Genossenschaft)적 전통에 따른 것이었다고 주장한다. 그에 따르면, 뮌스터 시를 공식적으로 통치하는 것은 참사회이지만 이 참사회를 견제하는 것은 연합길드(Gesamtgilde)였다. 평시에 연합길드는 시의회 활동에 별로 간섭을 하지 않지만 혼란기에는 시의회에 정책을 변경하도록 시의원을 대체하라고 압력을 가한다. 이것은 이른바 조합공동체 반란운동(Genossenschaftliche Aufstandsbewegungen)으로 부를 수 있는 것인데, 그것은 종교적 형식을 띠고 있지만 그 저류에 깔려 있는 것은 다름 아닌 사회적·경제적 문제들이었다는 것이다[Heinz Schilling, "Aufstandsbewegungen in der Stadtbürgerlichen Gesellschaft des Alten Reiches: Die Vorgeschichte des Münsteraner Täuferreichs, 1525–1534", in Hans–Ulrich Wehler, ed., *Der Deutsche Bauernkrieg, 1524~1526* (Göttingen, 1975), p. 234].

9) 뮌스터 사건이 발생한 원인은 무엇보다도 종교적 요인에서 찾아야 한다고 주장하는 학자들이 많다. Martin Brecht는 뮌스터 사건의 원인은 설교자의 신학적 언급에서 찾아야 한다는 점을 분명히 하고 있다. 그는 주장하기를, 정치적으로 온건한 상태에 있던 도시를 분명히 하고 있다. 그는 주장하기를, 정치적으로 온건한 상태에 있던 도시를 자극하여 소요를 자극시킨 것은 설교자들의 신학적 언급이었다는 것이다[Martin Brecht, "Die Theologie Bernhard Rothmanns", *Jahrbuch Für Westfälische Kirchengeschichte*, 78(1985), p. 62].

1) 뮌스터와 재세례파

뮌스터는 북부 독일의 네덜란드에 근접한 도시였다. 라인 강에 가깝고 여러 도시를 연결하는 지리상 이점 때문에 뮌스터는 일찍부터 무역이 발달하였다. 그러나 16세기 초에 들어서 경제적 곤란과 정치적 갈등을 겪게 되었다. 한자동맹의 약화로 인해 수출 시장을 잃게 됨으로써 뮌스터 상인들이 상당한 손실을 보았고 1529년 이래로 연이은 흉작과 인플레이션으로 말미암아 통화가 평가절하[10]됨으로써 상당한 타격을 받았다. 한편, 14세기 초부터 상당한 자치권을 보장받아 왔음에도 군주—주교가 자신의 정치적 권한을 확대하려고 함으로써 참사회와의 정치적 갈등을 빚었다. 또한 주변의 지원에 고무된 그는 시에 대한 전체를 행사하려 함으로써 참사회와의 갈등을 증폭시켰다. 이런 상황에서 길드 세력이 연합길드를 형성하여 시 참사회에 영향력을 행사할 정도로 성장하자 뮌스터의 정치적 판도는 복잡한 양상을 띠게 되었다. 그런 가운데 중대한 사회적 변화를 야기한 것은 무엇보다드 재세례주의의 유입이었다.

재세례파 운동은 복수(複數) 운동으로서 단일하게 특징짓기 어렵다. 그럼에도 재세례파의 공통적인 특징으로 다음과 같이 지적할 수 있다. 유아세례를 거부하고 성인세례를 다시 받았던 그들은 초대 그리스도교 공동체로의 복귀를 지향하며 교황권으로 인해 타락하기 이전의 초대 교회가 지녔던 순수성을 회복하고자 하였다. "그들의 목적은 새로운 것을 도입하는 것이 아니라 옛것을 회복하는 것이었다."[11] 사도성을 초대 교회에 충실하는 것으로 파악한[12] 그들은 초대교회의 관행이라고 생각한

---

10) 1529년에는 라인 화페로 1금굴덴(Goldgulden)이 23뮌스터 실링이었으나 1534년에는 30뮌스터 실링이 되었다[Rammstedt, *Sekt und Sozial Bewegung*, pp. 32~34].

11) Franklin H. Littel, *The Anabapist View of the Church*(Boston, ˘958), p. 47.

12) Idem, "The Anabapist Concept of the Church", in Guy F. Hershberger, ed., *The Recovery of the*

모든 것을 모범으로 삼았으며 그리스도가 보여 준 윤리적 이상을 실천 목표로 삼았다. 그리하여 그들은 신약성서의 교훈을 문자 그대로 준수하려고 하였다. 그들은 재산의 공유를 실천하고자 하였고, 자선활동과 상호부조의 의무를 중요시하였다. 또한 그들은 국가의 가치에 대해서 의문시하면서도 "신의 우선적 명령에 위배되지 않는 한 국가 권위에 복종하는 것을 당연히 여겼다."[13] 이러한 재세례파 운동은 농민전쟁으로 해결받지 못한 기존의 사회적·정치적·종교적 문제를 풀기 위한 새로운 돌파구였다. 그들이 재세례주의를 받아들인 것은 전쟁에 대한 환멸감에서 벗어나거나 다른 유의 운동 속에서 급진적 개혁의 진수를 성취하기 위해서였다.[14]

주로 농민과 직인들이 다른 유의 직인들이 참여한[15] 재세례파들은 평화적이든 혁명적이든 모두 박해를 받았다. 그럼에도 재세례주의는 신성로마제국 내에 전파되어 갔다. 제국법이 재세례주의를 중대한 위법이라고 규정한 1529년경에 재세례주의는 남부 독일, 스위스, 오스트리아의 5백여 개의 도시와 마을에 퍼져 있었다. 재세례파 모임의 규모는 대부분 30명 이하의 작은 것이었으나 그것은 보통 도시나 마을의 주민 중 1% 미만이었다.[16] 그러나 수가 적다고 해서 그 사회적 영향력이 무조건 미미한 것이었다고 할 수 없다. 실제 수보다 더 많은 사람들이 재세례파 주장에 공감할 수 있고 이로써 야기될 수 있는 사회적 파급효과는 생각보다 클 수 있었다. 당국자들이 재세례주의에 대해 민감하게 반응하였

Anabaptist Vision: A Sixieth Anniversary Tribute to Harold S. Bender(Scottdale, 1957), p. 126.

13) Robert Kreider, "The Anabaptist and the State", in Hershberger, ed., *The Recovery of the Anabapist Vision*, p. 190.

14) Richard van Dülman, *Reformation als Revolution: Soziale Bewegung und religiöser Radkalismus in der deutschen Reformation*(München, 1977), pp. 173~176.

15) Claus-Peter Clasen에 의하면, 남부 독일, 스위스, 오스트리아 지역의 재세례파들은 98%가 농민과 직인이었다고 한다[idem, *Anabaptism: A Social History, 1525~1618*(Ithaca and London, 1972), p. 323].

16) *Ibid.*, pp. 16~22, 27~28.

던 것도 바로 그 점에 있었다. 만약 그들이 토마스 뮌처처럼 불신자의 권위에 대한 저항권을 주장한다면 그것은 분명 큰 위협이 될 수밖에 없었다.

대부분의 재세례파들은 혁명적 소요에 연루되어 있지 않았으나 일부 재세례파 집단들은 이미 혁명적 성향을 분명히 드러내며 뮌스터 사건의 전도를 보여 주었다.[17) 프랑소니아(Franxonia)의 한스 후트(Hans Hut), 투링기아의 한스 뢰메르(Hans Römer), 에스링엔(Esslingen)의 한 집단 등이 그 예들이다.[18) 그들은 기존의 질서를 거부하고 새로운 신의 왕국을 건설하려는 계획을 갖고 있었다. 그 계획은 사전에 발각됨으로써 성공을 거두지 못하였으나 당국자들을 다시 한 번 긴장시켰다. 이미 농민들의 소요로 크게 놀란 경험을 갖고 있는 그들은 재세례주의가 불안을 조장할 것으로 보고, 혁명적 재세례파들의 활동을 분쇄시키는 데 심혈을 기울였다. 그 결과 1530년에는 혁명적 재세례파의 활동은 거의 자취를 감추게 되었다. 그러나 네덜란드와 북부 저지 독일 지역에 새로운 재세례주의가 퍼지면서 혁명적 재세례파의 재등장을 예고하였다.

뮌스터의 재세례주의를 언급할 때 두 가지 면이 고려되어야 한다. 하나는 호프만이 네덜란드에서 발전시킨 재세례주의가 뮌스터에 끼친 영향이고 다른 하나는 로트만에 의해 재세례주의가 공식 도입됨으로써 형성된 종교적·정치적 긴장관계이다. 이 같은 재세례주의의 도입은 뮌스터에 천년왕국으로서의 새 예루살렘을 세울 세력을 형성하였고 급격한 사회적·정치적 변화를 초래하였다.

---

17) 몇 명 지도자들을 포함해서 많은 재세례파들은 이전의 농민전쟁데 참여했던 자들이었다. 그렇다고 해서 재세례파 운동을 농민전쟁의 연속으로 보기는 어렵다. 이런 사실은 재세례파 사상이 농민의 특수한 개혁적 제안들을 담고 있지 않았다는 것과 농민전쟁에 영향을 받지 않은 지역으로 퍼져 나갔다는 것에서 뒷받침된다[*ibid.*, pp. 152~157].

18) 이에 관한 내용은 *ibid.*, pp. 157~172를 참고할 것.

네덜란드와 북부 독일에 퍼진 재세례주의는 스위스와 남부 독일의 그 것과[19] 달리 종말에 관한 예언에 깊은 관심을 보이는 특징을 갖고 있었 다. 호프만에 의해 발전된 이 재세례주의가 뮌스터로 유입됨으로써 뮌 스터 혁명이 일어날 수 있었다. 이런 면에서 호프만은 뮌스터 재세례파 의 선조로 인정받아 왔다.

멜키오르 호프만

모피무역상 멜키오르 호프만(Melchior Hoffman) 은 1523년 리보니아(Livonia)에서 루터가 되었고, 평신도 설교자가 되어 1529년까지 발트 지역에 서 선교활동을 수행하였다. 그는 처음부터 루 터의 명분에 입각해 있으면서도 자신의 묵시 주의적 사상에 따라 행동하였다. 볼마르 (Wolmar)에서 설교할 때부터 그는 루터의 칭 의론을 교황, 황제, 수도사들에 대한 임박한 심판과 결부시켜 설교하였다. 그리고 그는 초대 그리스도교 공동체의 원래 질서를 회복시켜야 할 것을 역설하며 세상의 임박한 종말을 가르쳤다.

이러한 호프만의 종말론적 설교에 대하여 루터파 마르쿠아르 슐도르 프(Marquard Schuldorp)는 호프만의 종말론을 가리켜 공허한 겉껍데기로 회중을 기만하는 쓸데없는 잡담이라고 비판하였으며, 농민전쟁 이후 가 장 격렬한 루터파 옹호자인 니콜라스 암스도르프(Nicholas Amsdorf)는 '검은 악마'가 가르치는 거짓 예언이라고 공격하였다.[20] 그러나 호프만

---

19) 재세례주의의 첫 출현은 거의 같은 시기에 스위스와 남부 독일 두 곳에서 일어났다. 스위스의 재세례주의는 1525년 1월 21일 평신도 Conrad Grebel이 전직 성직자인 Geoge Blaurock에게 세례를 베품으로써 시작되 었다. 이것은 평화적 재세례파의 공식적인 기원으로 간주된다. 같은 날 남부 독일에서도 재세례주의의 출발을 알리는 사건이 있었다. 후에 남부 독일 재세례파들의 지도자가 되는 Hans Denck는 재세례파 사상을 표명했 다는 이유로 뉘른베르크에서 추방당하였다.

20) Klaus Deppermann, *Melchior Hoffman, Soziale Unruhen und apokalyptische Visionen im Zeitalter der Reformation*(Göttingen, 1979), pp. 89~106.

은 그에 굴하지 않았다. 오히려 그는 루터파와 스트라스부르의 츠빙글리파와 결별하고, 본격적인 재세례파의 길을 선택하였다. 1530년 4월 스트라스부르의 기성 교회와 공식적인 투쟁이 들어간 그는 재세례파들이 예배를 드릴 수 있는 교회를 제공해 줄 것을 시당국에 강력히 요청하는 한편, 체포령이 떨어진 와중에서도 신성로마 황제를 계시록에 나오는 용과 동일시하며 세속 권위에 강하게 도전하였다.

결국 쫓겨났다가 1531년 말 다시 스트라스부르에 돌아온 호프만은 리엔하르트(Lienhard)와 우르술라 조스트(Ursula Jost) 부부의 사상을 수용함으로써 자신의 종말사상을 한층 더 구체화하였다.[21] 그 부부는 세상은 대정화를 통해 그리스도의 재림을 준비해야만 한다고 주장하였는데, 이에 입각하여 호프만은 불신자의 멸망과 지상의 신정국 도래에 관한 자신의 시나리오를 구상하였다.

호프만은 자신의 역사이해와 요한계시록을 근거로 하여 마지막 시대에 관한 추론을 제시하였다. 그에 따르면, 그리스도의 부활 이후 세 번 신적 말씀이 선포되었다. 사도 시대의 유대인과 이방인을 향한 선교, 후스파 운동, 종교개혁이 그것이다. 그리스도의 영이 살아 있던 초대 교회 시기는 교황이 등장함으로써 끝났다. 교황은 신도들을 억압하고 황제의 동맹을 맺고, 그리스도의 진실한 희생을 미사라는 우상화된 희생으로 대체하고, 신과 성도 간의 중개자를 도입함으로써 신의 명령을 위반하였다. 그 같은 어둠의 역사 속에서도 그리스도의 영은 사라지지 않았다. 그리하여 후스가 나와서 처음으로 로마라는 짐승에게 심각한 상처를 입힐 수 있었다. 그렇지만 교황 교회는 후스가 촉구한 회개를 받아들이지 않았다. 그러한 교황 교회에 돌이킬 수 없는 타격을 가한 것은 종교개혁

---

21) Klaus Deppermann, "Melchior Hoffman: Contradiction Between Lutheran Loyalty to Government and Apocalyptic Dreams", in Walter Klassen, ed., *Profile of Radical Reformation*(Scottdale, 1982), pp. 185~186. Jost 부부의 사상에 좀 더 자세한 것은 Deppermann, *Melchior Hoffmann*, pp. 180~186을 참고할 것.

이었다. 루터는 교황에게 예속된 상태로부터 사람들을 처음 끌어내었다는 명예를 안은 사람이 되었다. 그러나 루터 같은 개혁자도 교황이 저지른 오류를 되풀이하였다. 따라서 종교개혁이 그리스도교 내부의 병폐를 근절시켰다고 볼 수 없었다.[22]

호프만은 요한계시록에 비추어 그 나름의 시대 파악을 시도하였다. 그에 따르면, 자신의 시대는 마지막 시대를 알리는 14만 4천 명의 '사도적 메신저들'이 전 세계를 돌며 신의 말씀을 선포하는 때이다. 이제 남은 것은 마지막 3년 반 기간 동안 일어날 일들을 예상하는 일이다. 그렇다면 앞으로 '사도적 메신저들'이 세운 영적 성전을 파괴하려는 시도가 있게 될 것인데, 교황(묵시록의 짐승), 황제(용), 수도사들(거짓 예언자들) 3인조가 최후의 몸부림으로 참교회를 없애려고 할 것이다. 이때 일단의 왕과 신의 전사들은 영적 예루살렘을 보호하기 위해 모일 것이다. 터키인들이 종말 시기에 신의 백성을 대적할 것으로 알려진 곡(Gog)과 마곡(Magog)이라는 이방인으로 등장하여 전쟁을 일으킬 것이고, 마침내 큰 시련 속에서 불로써 시작되는 최후의 날이 올 것이다. 새 하늘과 새 땅의 출현으로 덧없는 현 세계는 파괴되고, 평화로운 그리스도의 통치가 실현될 것이다.[23]

이와 같은 호프만의 영적 통찰력에 감복한 스트라스부르 예언자들은 그를 마지막 날 직전에 오기로 되어 있는 참 엘리야로 지칭하였고,[24] 이에 고무받은 호프만은 마지막 시대의 유일한 예언자로 자처하였다. 그는 '영적 예루살렘'을 '현재의 그리스도인 공동체'와 동일시하면서 스트

---

22) *Ibid.*, pp. 227~224.

23) *Ibid,* pp. 224~225.

24) O. Philips의 증언에 따르면, 두 증인 가운데 다른 한짝 에녹은 Cornelis Poderman of Middelburg가 아니면 Caspar Schwenckfeld이라고 생각하였다. Philips, "Confession", in Williams and Mergal, eds., Spiritual and Anabaptist Wirters, p. 212. 두 증인의 신원확인(요한계시록 11:3~12)은 말라기 4:5와 집회서 44:16, 48:12, 에녹비밀서 3:1에 근거를 두고 있다.

라스부르 시가 바로 그 영적 예루살렘이라고 선포하였다.

호프만은 대학살의 시기인 지금 선민 도시는 어둠의 세력과의 방어적 전투에 임해야 한다고 생각하였다. 그리하여 그는 스트라스부르의 군사 지도자들에게는 곧 황제가 습격해 왔을 때 그들을 격퇴하기 위한 무기와 식량을 비축하라고 권하였고, 스트라스부르의 귀족들에게는 다가오는 최후의 전투를 대비하여 완전 무장을 해야 한다고 촉구하였다. 그러나 그는 일반 재세례파들에는 전투에서 칼로 무장할 필요가 없고 기도와 참호 파기 작업으로 천사들을 지원하면 된다고 말하였다.[25] 그러나 당국의 권위(Obrigkeit)에 순종하는 것이 신적 의무임을 강조한[26] 그는 평화적 태도를 견지하였다.

호프만 자신의 계산대로 하자면, 세상이 변혁되는 해는 바로 1533년이 된다. 그가 볼 때 천년왕국은 메시아의 고통과 이적의 기간이 끝나고 그리스도가 죽은 지 다섯째의 100년 되는 허에 시작되는데 그해가 바로 1533년인 것이다. 이 같은 1526년에 이미 다니엘서를 주석하면서 언급된 것이었다.[27] 1533년에 와서 호프만은 지상에서의 신정국 건설이 스트라스부르에서 구현될 것이란 자신의 확신을 공공연하게 주장하였다. 같은 해 5월 그는 스트라스부르 시 참사회어 편지를 보내서 불신자들에 대한 무시무시한 대학살이 있은 후에 스트라스부르에서 그리스도의 왕국이 시작될 것임을 알리고 시 당국자들에게 최후의 심판날까지 먹을

---

25) Deppermann, "Melchior Hoffman", p. 187.

26) Hermann von Kerssenbrock, *Anabaptistici furoris Monasterium inclitam Westphaliae metropolim evertentis historica narratio*, in Heinrich Detmer, ed., *Die Geschichtsquellen des Bistum Münster*, V(Münster, 1900), pp. 519~520. 이하 Detmer, ed., Kerssenbrock로 약기함. 이는 그가 '위로부터의 혁명'의 관점에서 생각하고 있었음을 단적으로 입증해 준다. 이러한 '위로부터의 혁경' 개념은 어떤 전통에서도 발견되지 않는 것이다 [Stayer, "Was Dr. Kuehler's Conception of Early Dutch Anabaptism Historically Sound?: The Historical Discussion of Anabaptist Münster 450 Years Later", *The Mennonite Quaterly Review*, 60(1986), p. 266; Deppermann, Melchior Hoffman, p. 231 n.].

27) *Ibid.*, 187.

빵과 물을 제공해 줄 것도 요구하였다. 그러고 나서 그는 자진하여 당국을 찾아갔다가 체포, 구금되었다. 그는 자신이 감옥에 들어가고 있다는 사실에 대해서 신께 감사를 드렸다. 왜냐하면 그것은 시간이 다가왔음을 알려 주는 징조였기 때문이었다. 그는 이제 막 성취되려는 자신의 예언을 생각하며 감옥생활을 견디었다. 그는 6개월만 감옥에 있으면 새 시대가 도래하고 자신도 석방될 것이라고 믿고 있었다.[28]

악화된 경제적 상황에서 직업마저 잃은 직인들에게 호프만의 메시지와 행동은 새 희망으로 다가왔다. 직인들은 고통의 시기가 끝날 것이라고 선포하며 지상에 새 하늘과 새 땅을 건설할 성도들을 부르는 호프만을 적극 추종하였다. 멜키오르파(the Melchiorite)로 불린 그들은 호프만이 예언한 대로 천년왕국이 실현되기를 열망하였다. 그들은 앞서 후트와 뢰메르가 일으킨 종말론적 봉기들은 세상의 종말 시기가 다가왔음을 알려 주는 징조로 받아들였다. 시대가 심상치 않다고 느끼고 있었던 그들은 극단적인 행동을 취하기도 하였다. 암스테르담에서는 7명의 남자와 5명의 여자들은 자신들의 말이 적나라한 진리라는 점을 보여 주기 위해 옷을 벗은 채 거리를 달리며 "슬프도다, 슬프도다, 슬프도다, 신의 분노가!"라고 외쳤다. 물론 이들은 붙잡혀 처형되었다.[29] 박해에 직면하여 멜키오르파들은 언제라도 신이 지정한 곳이라고 여겨지는 도시로 옮겨 갈 태세를 갖추었다. 때마침 뮌스터에서 일어난 종교개혁은 멜키오르파의 이주를 부추겼다.

뮌스터는 지리상 네덜란드에 인접하고 있어 서로 밀접한 유대관계를 맺고 있었다. 따라서 멜키오르파의 영향은 뮌스터에서 일찍부터 감지되

---

28) 그러나 현실은 그의 예상대로 돌아가지 않았고 그는 결국 10년간 감옥에 갇힌 채 살다가 1543년 거기서 생을 마감하였다[Philips, "A Confession", pp. 209~210].

29) Michael J. St. Clair, *Millenarian Movements in Historical Context*(New York and London, 1992), pp. 171~172.

었다. 뮌스터가 멜키오르파 재세례주의 개념에 감염되기 시작한 것은 설교들과 그들의 신학으로 말미암은 것이었다. 그런 일은 네덜란드 재세례파가 최종적으로 도착하기 수개월 전부터 일어났다. 그러한 증거는 복켈슨이 1533년 여름 수 주간 뮌스터를 방문한 것에서 찾아볼 수 있다.[30] 그러나 뮌스터가 재세례주의를 받아들이도록 한 장본인은 베른하르트 로트만(Bernhard Rothman)이었다.

1495년 대장장이의 아들로 태어난 로트만은 루터주의를 접하고서 뮌스터에서 루터파 설교자로 활약하였다. 그의 뛰어난 설교에 많은 사람들이 호응하자 시 참사회와 주교는 우려하지 않을 수 없었다. 그리하여 시 참사회는 1532년 초 도시 문밖에 위치한 아주 협소한 <성 모리스 교회>에서만 설교하도록 명령하였고, 주교는 자신의 관구에서 그를 아주 몰아내려고 하였다. 그러나 <연합길드>(Gesamtgilde)의 보호 덕분에[31] 로트만의 종교개혁 활동은 지속될 수 있었다.

15세기 후반에 이르러 길드 세력의 정치적 권한은 매우 막강한 편이었다. 길드 세력은 명문가 출신의 구(舊)명사(Alt-Honoratorien)보다는 낮은 신분계층이었으나 신(新)명사(Neu-Honoratorien)들로 구성되어 있었다. 이들은 오를 수 있는 최고의 직이 참사원을 선출하는 선거후 직이었다. 따라서 그들은 선거후에 뽑히는 일에 커다란 열정을 보였고, 1449년에

---

30) Martin Brecht, "Die Theologie Bernhard Rotmanns", p. 66. 이 점에 비추어 볼 때 호프만이 뮌스터의 천년왕국주의에 아무런 영향을 끼치지 못했고, 유토피아적 중간 왕국을 믿지 않았다고 주장하는 Günther List의 견해는 옳다고 인정할 수 없다[idem, *Chiliastische Utopia und Radikale Reformation: Die Erneuerung der Idee vom Tausendjährigen Reich im 16 Jahrhundert*(München, 1973), pp. 194~195].

31) 뮌스터에서 길드의 발전은 14세기 후반에서부터 점진적으로 이루어졌다. 1361년에는 상인 길드가, 1366년에는 대장장이 길드가, 1373년에는 재단사 길드와 푸주한 길드가 결성되었다. 1400년경에는 그러한 길드가 6개 정도가 있었다. 15세기 전반에는 그 수가 배로 늘었다. 이때 직인과 상인은 16개의 독립 길드를 하나로 묶는 연합길드를 설립하여 도시의 정치적 · 제도적 구조 안에서 중요한 지위를 확보하였다. 연합길드는 1430년에 시의회로부터 인정받는 공식기구가 되었고, 이후 시의회의 결정에 중요한 영향을 끼치는 자문기구로 성장하였다[Karl-Heinz Kirchhoff, "Die Unruhen in Münster/Westfalia, 1450~1457. Ein Beitrag zur Zopographie und Prosopographie einer städischen Protestbewegung mit einem Exkurs: Rat, Gilde und Gemeinheit in Münster, 1354~1458", in Wilfred Ehbrecht, ed., *Stätische Führungsgruppen und Gemeinde in der werdenden Neuzeit*(Cologne und Vienne, 1980), pp. 159~162].

서 1453년 사이에는 시 참사회에 진출한 신명사의 수는 4명에서 6명에 이르렀다. 이로써 신명사 그룹은 연합길드와 시 참사회 양대 권력기구를 장악하게 되었고, 이제 뮌스터 내의 정치판도를 가름하는 중요한 변수가 되었다.[32]

그런 가운데 로트만이 활발히 종교개혁 활동을 전개하자 연합길드를 운영하는 신명사들은 딜레마를 느꼈다. 그들은 로트만에 대한 광범한 대중적 지지를 감안할 때 시 참사회에 맞서 로트만을 지지해야만 하였던 반면에, 동료들로 구성된 시 참사회와의 유대관계를 생각하면 로트만을 지지함으로써 깨어지게 될 관계를 우려하지 않을 수 없었다. 또한 그들은 로트만을 따름으로써 반재세례파 규정을 담고 있는 1529년『스파이어(Speyer) 칙령』을 범하기를 원하지 않으면서도 로트만을 신학적으로 반대할 의도도 갖고 있지 않았다.[33] 그러나 그들은 로트만이 시 참사회와 주교를 무시하고 도시 안에 있는 <성 람베르트 교회>(St. Lambert Church)의 노천에서 설교했을 때 그를 계속 보호하기로 결정하였다. 그리하여 연합길드는 모든 교회에 루터파 설교자를 배치하도록 시 참사회에 압력을 가하였고, 마침내 1533년 3월에 시 참사회는 뮌스터에서의 종교개혁을 공식화하였다.

그러나 루터주의의 수용은 얼마 가지 못하였다. 바쎈베르크(Wassenberg)로부터 추방된 일단의 설교자들이 뮌스터로 들어오면서 재세례주의적 분위기가 형성되었던 것이다. 바쎈베르크 설교자들은 특별한 종교적 연대를 갖고 있지 않았으나 성만찬에 대해서는 츠빙글리의 견해에 기울고 있었고, 유아세례는 성서적 근거가 없는 것이라는 견해를 갖고 있었다.

---

32) Taira Kuratsuka, "Gesamtguilde und Täufer: Der Radikalisierungsprozess zum Täuferreich 1533/34", *Archiv für Reformationsgeschichte*, 76 (1985), pp. 234~237, 263~265.

33) *Ibid.*, pp. 246~253.

이들에 대해 로트만은 즉각적인 지지를 보내고 그들의 사상에 공감을 표하였다.[34] 그는 5월에 유아세례를 반대하는 설교를 시작하였고, 성만찬 예식에서 일상적인 빵을 사용해도 된다고 공표하였다. 그러자 루터파들은 8월에 불만을 터뜨리면서 로트만의 영향력을 저지하려고 하였다. 루터파 성향의 시 참사회는 유아세례에 대해 반대한 로트만을 소환하여 해명을 요구하였다. 이에 응한 로트만은 유력한 루터파 개혁자가 없는 상태에서 시 참사회를 설득하는 데 성공할 수 있었다. 이것은 뮌스터에서 루터주의의 퇴조를 알리는 명백한 증거였다.[35]

한편, 로트만의 영향력이 증가되자 주교는 자신의 관구에서 급진적 설교자들을 추종하는 몇 명을 처형하였는데, 이를 놓고 로트만은 자신이 어떠한 결정을 내려야 할지를 고민하였다.[36] 그러나 이러한 그의 태도는 11월 초 『두 성사에 관한 고백』(*Bekenntnis von beiden Sakramenten*, 1533)을 출판하였을 때에는 완전히 바뀌어 있었다. 그는 거기서 성인 세례의 실천을 다시 시작하라고 권고하였던 것이다. 그러한 그의 진술은 뮌스터 안의 재세례파들에 강력하게 받아들여졌다.[37]

이처럼 뮌스터인들이 로트만을 지지하여 재세례주의를 받아들인 이면에는 반성직자 감정과 기성 교회에 대한 반감이 깔려 있었기 때문이었다. 그들은 다른 도시보다 성직자들이 더 많이 있었던[38] 상황에서 성직자들이 누리는 특권에 더욱 민감할 수 있었다. 더욱이 뮌스터 주교가

---

34) Robert Stupperich, "Introduction", in idem, *Die Schriften Bernhard Rothmann: Die Schriften der müsterischen Täufer und ihrer Gegner*, I (Münster, 1971), pp. xv~xvi.

35) Brecht, "Die Theologie Bernhard Rothman", p. 66; Kuratsuka "Gesamtgilde und Täufer", p. 248.

36) John Horsch, "The Rise and Fall of the Anabaptists of Muenster", *The Mennonite Quarterly Review*, 9(1935), p. 98.

37) 이것은 9년 후 Pilgrim Marpeck이 쓴 Vermahnung의 원형으로 이용될 만큼 인상적인 것이었다[Frank Wray, "The 'Vermahnung' of 1542 and Rothmann's, Bekenntnse", *Archiv für Reformationsgeschichte*, 47(1956), pp. 143~151].

38) 다른 도시들에는 대개 2%의 성직자들이 있었던 데 반하여, 뮌스터에는 3~4%의 성직자들이 있었던 것이다[Gerald Strass, *Nüremberg in the Sixteenth Century*(Bloomintor, 1976), p. 155].

자신의 관구 일부를 다른 주교에게 팔아넘김으로써 참사원들을 따돌리려고 했을 때 뮌스터인들은 성직자에 대해 더 심한 악감정을 갖게 되면서 역으로 재세례주의에 호감을 가졌다.

또한 뮌스터 수공업자들은 자신들과 마찬가지로 옷, 양피지, 기타 물품들을 생산하는 성당과 수도원을 경쟁상대로 여길 수밖에 없었다. 그리하여 그들은 교회가 소유한 생산 기구 및 기계의 몰수를 요구하기도 하고, 습격하여 그것들을 파괴하기도 하였다. 나중에 주요한 재세례파 지도자가 된 크니퍼돌린크(Knipperdolink)도 그들에 동조하였는데, 그러한 그의 행동은 통제할 수 없는 교회의 의류생산에 대한 저항이었다. 따라서 재세례주의의 수용도 경쟁관계에 있는 교회를 향한 저항의 성격을 지닌 것이었다.

뮌스터는 이제 재세례주의를 공식적으로 관용하는 도시가 되었고, 길드 세력을 등에 업은 재세례파는 뮌스터 내에 주요 세력으로 자리 잡았다. 이렇게 된 것은 전적으로 로트만의 활약 덕분이었다. 그는 정치적으로 불가피하게 루터 신학이 받아들여지던 시기와 지역에서 재세례파 신앙을 불어넣었다. 그리고 그는 뮌스터 정치적 명사가 우세하게 만듦으로써 뮌스터의 재세례주의에 권위주의적이고 엘리트적인 독특성을 부가하였다.[39]

뮌스터에 재세례주의가 공식적으로 관용되자, 세 파 간의 긴장관계가 형성되었다. 그 첫째가 가톨릭 세력이고, 둘째가 루터파의 정착을 굳히기 위해 노력하는 시 참사회를 둘러싼 집단이며, 셋째가 재세례파로 알

---

39) James M. Sayer, "Anabaptist Münster, 1534~1535: The War Communism of the Notables", in idem, *The German Peasant' War and Anabaptist Community of Goods*(Montreal & Kingston, 1991), p. 124. 이런 사실에서 볼 때 재세례파 운동에 가담하는 것이 극빈자의 원초적인 계급투쟁이었다고 보는 마르크스주의적 해석은 부적절한 것으로 판명된다. 이러한 사실에 입각해서 Peter James Klassen은 불만스럽고 빈곤하고 유산을 물려받지 못한 자들이 쉽게 물질적 이득을 얻으려는 희망하에서 재세례파 운동에 가담했다는 마르크스주의적 개념은 엄격한 역사적 사실과는 다른 것이라고 보았다[idem, *The Economics of Anabaptism: 1525~1560*(The Hague, 1964), p. 85].

려진 로트만 추종자들이었다. 이런 상황에서 헤세의 필립(Philip of Hesse)은 시 참사회의 요구에 응하여 뮌스터에 루터파의 명분을 진작시키기 위해 루터파 신학자 디트리히 파브리키우스(Dietrich Fabricius)를 보내었다. 이와 때를 같이하여 카스파 쥬데펠트(Caspar Judefeld)와 헤르만 틸벡(Herman Tilbeck) 두 시장이 이끄는 일단의 구리들은 로트만과 바쎈베르크 사람들을 축출하려는 계획을 세워 놓았다. 이에 로트만 추종자들도 무장하고 <성 람베르트 교회>에 모여 시청 가까운 곳에서 시 참사회 지지자들과 대치하였다. 그러나 협상이 이루어져 무력충돌은 없었다. 로트만이 추방되지 않고, 모든 시민은 자신의 신앙을 선택할 수 있도록 허용하는 선에서 일이 마무리되었다.[40] 이 일에 관해 로트만은 "불신의 교황주의자들이 무장하고 모여서 우리 사역자들을 추방하고 코와 귀를 잘라 쇠갈고리에 걸어 놓아야 한다고 격하게 요구하였으나 신은 그것을 막아 주었다"고 술회하였다.[41]

재세례파 세력이 강성해진 반면에 시 참사회의 위치는 약화되었다. 시 참사회는 로트만 추종자들을 반대하는 데 있어 교황주의자들의 지지를 필요로 하였다. 그렇다고 해서 시 참사회가 로트만 세력을 완전히 소외시킬 수도 없었다. 왜냐하면 뮌스터 주교로부터 최근 얻어낸 루터파의 독립을 보존해야 했기 때문이었다. 그러나 세 파 간에 세력균형은 여전히 유지되고 있었다. 그런데 마티스의 지도력하에 있던 네덜란드 멜키오르파들이 뮌스터에 유입해 들어오면서 그 세력균형은 깨어졌다. 마티스가 보낸 두 사절이 1534년 1월 5일에 뮌스터에 도착하여 로트만을 비롯한 여러 성직자들에게 재세례를 베풀었다. 그들은 1월 13일경까지 적어도 천사백 명에게 세례를 주었는데, 그 수는 뮌스터 전 인구의 25%

---

40) Detmer, ed., *Kerssenbrock*, pp. 443~447.

41) Stupperich, ed., *Die Schriften Bernhard Rothmanns*, p. 207.

에 해당하였다.[42] 다른 지역에서는 재세례로 인해 박해가 가속화되던 때에 뮌스터는 멜키오르파를 허용하는 유일한 도시가 되었고, 새 예루살렘으로서 스트라스부르를 대체할 신의 도시로 떠올랐다. 이로써 뮌스터에서는 혁명적 발판이 마련된 셈이었다. 이후 뮌스터는 예언자들의 지도에 의해 혁명의 길로 들어섰다.

2) 뮌스터의 예언자들: 로트만, 마티스, 복켈슨

재세례주의의 도입으로 종말론적 분위기를 느꼈던 뮌스터의 재세례파들은 종말을 고하는 징조로 인식할 만한 사건들을 겪었다. 거기에다 예언자들은 천년왕국주의적 자극을 가하여 봉기를 일으켰다. 로트만이 이론적 토대를 제공하고, 마티스와 복켈슨이 천년왕국의 건설을 지휘하였다. 이로써 뮌스터에 신정체제가 도입되었던 것이다.

뮌스터 재세례파를 무엇보다 긴장시켜 종말의 분위기를 조성한 첫 번째 사건은 주교의 공격에 관한 소문이었다. 이 소문의 내용은 주교가 그의 기마병들을 소집하고 시장들은 그 주교군대를 시로 들어오도록 허용하여 재세례파를 파멸시킬 것이란 것이었다. 이 소문에 놀라서 1534년 1월 29일에는 무장한 재세례파 시민들이 부시장인 헤르만 레데케르(Hermann Redeker) 지휘하에 모였다. 이튿날 시 참사회가 모든 사람에게 종교적 자유를 보장하겠다는 사실을 재확인해 줌으로써 사태는 진정되었다. 그러나 재세례파와 시 참사회 어느 쪽도 우려를 완전히 떨쳐 버릴 수는 없었다. 양자는 주교에 대해서 그리고 서로에 대해서도 경계심을 늦출 수 없었던 것이다.

---

42) Richard van Dülman, *Reformatioan als Revolution: Soziale Bewegung und religiöser Radikalismus in der deutschen Reformation*(München, 1977), p. 289.

그런데 2월 9일 아침 도르트문트에서 온 사람이 성문 밖에 3천 명의 병사들이 진을 치고 있다는 정보를 전하였다. 그러자 도시 안에서는 주교가 도시를 장악했을 때 예상되는 결과에 따라 재세례파 진영과 비재세례파 진영이 각기 다른 반응을 보였다. 재세례파들은 동요하기 시작하였고, 루터파나 다른 사람들은 재세례파와 연대하기를 꺼렸다. 그런 가운데 일단의 무장한 재세례파들은 시청과 시장을 점거하고, 다른 시민들은 <위버바서(Überwasser) 교회>에 모였다. 각 진영은 주교에 대해서는 물론 서로에 대해서도 위협을 받고 있다고 느꼈다.

당대의 목격자 헤르만 폰 케르센브로크(Herman von Kerssenbrock)는 당시 재세례파들이 불신자들을 죽이거나 추방시키려는 의도를 갖고 있었다고 기록하였다.[43] 그러나 키르히호프는 그것은 사실이 아님을 밝혀내었다.[44] 키르히호프에 의하면, 재세례파나 비재세례파나 상대방의 의중을 알지 못해 두려움을 갖고 있었으나 협상과정에서 그 모두가 약간의 입장차는 있지만 상대를 해칠 의도는 없다는 사실을 확인하였다. 세례를 받았는지 안 받았는지 뮌스터 시민을 두렵게 하는 것은 오직 주교의 강압적 개입뿐이었다. 비재세례파가 무력을 사용하려는 마음만 먹었다면 소수의 재세례파를 진멸하는 데 별문제가 없었을 것이다. 그러나 재세례파에 공감을 표하는 참사원들이 양심의 자유라는 원칙에 따라 재세례파를 인정해 주었기 때문에 2월 9일 재서례파 모임은 다른 시민들과 무력 충돌 없이 평화적으로 끝날 수 있었다.

이 사건은 재세례파에 하나의 기적으로 이해되었다. 수적으로 월등히 우세한 적들—뮌스터의 루터파와 가톨릭 주민들, 주변 지역의 무장농민, 주교—로부터 평화로운 재세례파 회중이 구출되었다는 것은 마치

---

43) Detman, ed., *Kerssenbrock*, p. 487.

44) Kirchhoff, "Was There a Peaceful Anabaptist Congregation in Münster in 1534?", pp. 361, 164~365.

이스라엘 백성이 홍해를 건넌 기적과 같은 것으로서 하나의 기초경험 (Urerlebnis)이 되었다.[45]

종말의 징조를 알리는 두 번째 사건은 2월 위기와 때를 같이하여 나타난 기상학적 이상 현상이었다. 1534년 2월 9일에는 세 개의 태양이 목격되었는데, 이에 대해서는 로트만과 케르센브로크가 기록을 남겼다.[46] 이러한 자연의 이상 징후를 보면서 뮌스터 주민들은 두려움과 공포를 느꼈다. 실제로 그들은 세상의 임박한 종말, 그리스도의 재림, 최후의 심판날 등 성서의 예언에 따라 일어날 사건들을 기다렸다.[47] 이처럼 천체의 이변은 그들에게 세계의 종말을 가져오는 확실한 징조로 이해되었다.

세 번째 종말의 징조는 뮌스터 재세례파가 시 참사회를 완전 장악한 사건에 있었다. 이것은 또 다른 신적 개입을 경험하는 사건이었다. 예년의 관례대로 시 참사원 선거가 2월 23일에 있을 예정이었다. 이에 앞서 뮌스터 상황은 재세례파에 유리한 쪽으로 돌아가고 있었다. 우선 상당수의 루터파와 비재세례파가 뮌스터를 빠져나가는 일이 벌어졌다. 9일과 10일 사이에 있었던 위기가 가라앉은 지 1주일 후 뮌스터 주교 프란츠 폰 발데크(Franz von Waldeck)는 습격의 구실을 찾기 위해 봉건적 징세를 요구하였다. 그런 가운데 뮌스터 안에는 비재세례파는 세례를 받든지 아니면 추방 내지 죽음을 택해야 할 것이라는 소문이 퍼졌다. 이에 위험을 느낀 사람들이 고향을 등지고 떠났다. 다음으로 연합길드가 시 참사회보다 정치적 위상이 높아져 있었다. 그것은 1533년 12월 대장장이 요한 슈뢰더(Johann Schröder) 사건에서 분명히 드러났다. 그는 로트만을 위해 소요를 일으켜 시 참사회로부터 사형선고를 받았다. 이에 그가

---

45) Kuratsuka, "Gesamtgilde und Täufer", pp. 258~261.

46) Detmer, ed., *Kerssenbrock*, p. 123, Stupperich, ed., *Die Schriften Bernhard Rothmanns*, p. 281.

47) Kirchhoff, "Endzeiterwartung der Täufergemeinde zu Münster 1534/35", *Jahrbuch für Westfälische Kirchengeschichte*, 78(1985), p. 191.

속한 대장장이 길드는 연합길드의 행동을 기다리지 않은 채 시 참사회
의 결정은 도시의 공동체적 전통에 위배되는 것이라고 이의를 강력히
제기하였다. 그 길드는 무력사용도 불사하겠다고 위협하며 슈뢰더의 석
방을 촉구하였고 결국 그는 석방되었다.[48) 이 일이 있은 후 연합길드는
곧 있게 될 시 참사회 선거에서 주도권을 행사할 수 있게 되었다. 마침
내 2월 23일 선거는 연합길드가 주도한 바대로 뮌스터의 시 참사원 전
체를 재세례파로 바꾸는 합법적 선거를 이끌어 내었다. 이 같은 재세례
파의 압도적인 승리는 재세례파들에 신의 개입 외에 그 어떤 것으로도
설명할 수 없는 것이었다.

종말의 분위기가 고조된 상황에서 뮌스터는 새 예루살렘으로 급부상
하였다. 뮌스터에서 재세례파가 시 참사회를 완전히 장악했다는 소식이
주변 도시에 알려졌다. 그러자 박해를 피하 옮겨 갈 곳을 찾고 있던 뮌
스터 주변 도시의 재세례파들은 뮌스터를 은신처라 생각하고 그리고 이
주해 가기를 원하였다. 뮌스터 주변 도시에 있던 재세례파들의 관심이
뮌스터로 집중되었다.

이런 가운데 마티스가 뮌스터의 상황을 점검하고 이주를 결심한 것은
뮌스터가 새 예루살렘의 위치를 굳히는 데 결정적인 요인으로 작용하였
다. 그는 1533년 암스테르담에서 추종자들을 얻은 후 에녹으로 등장하
여 천년왕국이 가까웠다는 것을 선포하며 제자들을 둘씩 짝지어 여러
도시로 파송하였다. 그들은 각 도시에서 성인들에게 재세례를 주며 메
시지를 전하였다. 뮌스터에 보내진 마티스의 제자는 바톨로메우스 보엑
빈데르(Bartholomeus Boeckbinder)와 빌렘 데 쿠이페르(Willem de Cuyper)였
다. 마티스에게 세례를 받고 제자가 된 25세 청년 복켈슨도 그들을 뒤따
라 뮌스터를 방문하였다. 그는 뮌스터에는 모든 신앙의 선조들이 관용

---

48) Kuratsuka, "Gesamtgulde und Täufer", pp. 253~254.

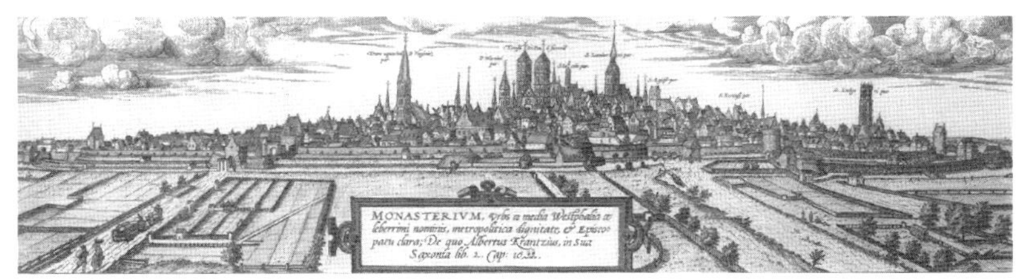

1570년 뮌스터의 남서쪽 전망

되는 호의적 풍토가 조성되었다는 소식을 마티스에게 전해 주었다. 그 소식을 전해 들은 마티스는 호프만이 예언한 새 시대가 왔고 박해받는 사람들이 뮌스터에서 피신처를 찾게 될 것이라고 결론짓고 즉각 뮌스터로 향하여 출발해서 선거 다음 날 도착하였다.

뮌스터로 간 지 얼마 안 돼서 마티스는 재세례파에 상당한 영향력을 행사할 수 있었다. 그가 외국인이었음에도 그럴 수 있었던 것은 로트만과 다른 설교자들이 대중의 지지를 놓고 그와 경쟁하지 않았기 때문이었다.[49] 특히 뮌스터에서 종교개혁을 일으켜 재세례주의를 정착시킨 로트만이 마티스와 복켈슨에게 봉사하는 선전가로서의 역할에 만족하였다는 사실이 중요하다. 그것은 그의 묵시적 역사이해에 비추어 볼 때 하나도 이상한 것이 아니었다.

로트만이 역사를 모두 세 개의 세계로 나누었다. 첫 번째 세계는 대홍수로 사라졌고, 두 번째 세계는 현재의 세계를 말하는데, 불로 멸망되고 정화될 것이다. 세 번째 세계는 사람들이 정의 속에서 살게 될 새 하늘과 새 땅이다.[50] 역사의 목표는 그리스도의 왕국인데, 그것의 구현은 세 번째 세계에서 이루어진다. 이와 같은 구속사적 관점에서 로트만은 역사과정을 배신과 회복의 연속으로 파악하였다. 배신이 생기는 것은 그

---

49) Clair, *Millenarian Movements in Historical Context*, pp. 174~175.

50) Stupperich, ed., *Die Schriften Bernhard Rothmanns*, p. 346.

리스도의 가르침을 따르지 않고, 자신의 지혜와 쾌락을 과신하기 때문이다. 이런 배신을 고치는 것이 회복인데, 그 시기에 신은 전에 예언자들의 목소리를 통해 언급하였던 모든 것들을 확립해 놓는다.[51]

이렇게 타락과 회복의 과정을 설명한 로트만은 그 틀을 자신의 시대에 적용하였다. 그는 자신의 시대를 두 번째 세계 끝에 있는 회복의 시기라고 간주하고, 그 사실을 뮌처처럼 다니엘서의 주제를 통해 설명하였다. 그는 당대의 관례에 따라 다니엘의 꿈 해석에 나오는 왕국들을 앗시리아-바벨론, 페르시아, 그리스 그리고 르마로 동일시하였다. 그러나 그는 5왕국을 말한 뮌처와 달리 4왕국만을 언급하였다.[52] 뮌처가 5왕국을 말하게 된 근거인 철과 진흙으로 된 발은 로트만에게는 근본적으로 철의 다리와 계속 연결되어 있는 것이었다. 마찬가지로 고대 로마는 독일인들의 신성로마제국으로 계속 이어지는 것이다. 따라서 현 세계는 여전히 철로 상징되는 네 번째 왕국인 로다에서 살고 있는 것이 된다. 그런데 이 네 번째 세계의 왕국은 예언자들의 예언에 따라 군주국(monarchia)이 아니라 공화국(poliarchia)으로 보이는 지점까지 쪼개지게 되어 있다.[53] 그러므로 신성로마제국은 교회-군주들의 잠식으로 인해 계속 나누어지며 무력화될 것이다.

현세의 권력은 거짓 교회와 이방 국가가 결합되었기 때문에 사악하며 무너지기 쉬운 속성을 갖고 있다. 따라서 그것은 메시아 왕국이 세워지기 이전에 몰락할 것이다. 그러한 묵시적 여표가 나타나면 그것은 예언이 성취된 결과인데, 그 예언의 성취가 바로 뮌스터에서 일어나고 있다.

---

51) 16세기에서 회복(Restitution) 개념은 복귀(Restoration) 개념과는 현격한 차이가 있었다. 이에 대한 자세한 내용은 Frank J. Wray, "The Anabaptist Doctrine of the Resitution of the Church", The Mennonite Quarterly Review, 28(1954), pp. 186~196, John H. Yoder, "Anabaptism and History: 'Restitution' and the Possibili 쇼 of Renewal", in Geortz, ed., Umstrttenes Täufer, pp. 244~258.

52) Stupperich, ed., Die Schriften Bernhard Rothmanns, p. 392.

53) Ibid., p. 403.

군주-주교를 반대하는 움직임이 생긴 것은 뮌스터에서 회복의 역사(役事)가 이미 시작되었음을 알려 주는 징조이다. 이렇게 생각한 로트만은 세상의 종말과 그리스도의 임박한 재림을 알려 주는 징조에 주목하였다.

로드만에게는 종교개혁 자체가 세상의 종말을 알리는 주요한 징조였다. 그는 신이 루터를 각성시켰을 때 회복의 역사는 시작되었다고 생각하였다. 그에 따르면, 회복의 시작은 에라스무스, 루터, 츠빙글리 같은 학식 있는 사람들을 통해서 일어났으나 그 회복의 완성은 세속 학문이 없는 사람들을 통해서 이루어질 것이다. 그 사람들이 바로 호프만, 마티스, 라이덴의 존(Jan von Leyden)으로도 불리는 복켈슨이다.[54] 이런 결론에 도달한 로드만은 자연스럽게 마티스나 복켈슨에게 충성하기로 작정하였다.

종교개혁으로부터 성장해 온 회복의 사건으로 말미암아 고통의 시기는 지나가고 영광과 복수의 순간이 다가올 것이다. 이 회복의 시기에 신은 그의 백성을 불러내어 불신앙적인 방식들을 없앨 것이다. 땅은 그리스도의 명령 아래 놓이게 될 것이고, 사악한 질서는 제거될 것이다. 이런 입장에서 로드만은 2월 10일 사건을 상기시키며 주님이 뮌스터 재세례파들에 무장할 것을 요구하신다고 주장하였다.[55] 그 주장에 따라 재세례파들은 그리스도의 재림을 준비하기 위한 전투에 적극적으로 임하였다. 로드만의 역사이해가 그 개인의 행동에 근거를 제공하는 것이었지만 뮌스터인들에게도 큰 영향을 끼치는 것이었다.

로드만의 사상은 뮌스터 사회를 급진적으로 재구성하는 데 있어 훌륭한 이론적 근거였다. 이를 바탕으로 다음의 생각이 생겨났다. 곧 세속 권위자들이 신이 부여한 질서를 전도(顚倒)시켰다면, 이 전도된 질서는

---

54) *Ibid.*, p. 219.

55) *Ibid.*, p. 281.

다시 개조되어야 한다는 것이다. 그런 일들은 뮌스터에서 빨리 실천될 필요가 있었다.[56] 그리하여 뮌스터 재세례파들은 그리스도의 회중을 완전하게 만들고 신의 뜻을 성취하기 위해서는 자신들을 둘러싼 봉건 세계의 그것과는 전혀 다른 방식으로 살아야 한다고 생각하였다. 이런 맥락에서 뮌스터 예언자들은 뮌스터의 내적 조건을 성서적 모델에 적응시킬 수 있는 새로운 방법과 수단을 찾아 나섰다.[57] 그리하여 찾은 모델이 바로 성서에 약속된 새 예루살렘이었다.[58]

뮌스터를 새 예루살렘으로 바꾸는 작업이 진행되었다. 첫째, 마티스가 지도력을 발휘하여 뮌스터 주민을 재세례파로 교체하는 작업을 구체화하였다. 할렘(Haarlem)의 제빵업자 출신인 그가 호프만이 감옥에 갇힌 상황에서 네덜란드 재세례파의 지도자로 급부상하였다. 그는 자신이 무력으로 왕국을 세우라고 신이 보낸 예언자임을 자처하며 의인은 칼을 취하여 적극적으로 천년왕국의 길을 예비해야 한다고 역설하였다. 그는 모든 폭력을 피하면서 조용한 확신 속에서 천년왕국의 도래를 기다리라고 가르친 호프만과는 달리 호전적 태도를 취하였다. 이러한 그가 도착한 뮌스터는 재세례파들이 시를 장악하고 있다는 점에서 새 예루살렘으로서의 면모를 갖추고 있었으나 여전히 의견차가 있었다.

이에 마티스는 설교를 통해 사람들을 지도하기 시작하였다. 그는 2월 25일 설교에서 의견차가 많으면 새 예루살렘을 건설할 수 없다고 말하였다. 그러면서 그는 신의 도시에서 모든 툴신자들을 제거하는 것이 신의 뜻이라고 선언하였다. 그러고 나서 그는 정화를 위해서 모든 가톨릭

---

56) Eike Wolgast, "Herrschaftsorganstion und Herrschaftsgeschichte im Täuferreich von Münster 1534/35", *Archiv für Reformationsgeschichte*, 67(1976), pp. 179~180.

57) Gerhard Brendler, *Das Täuferreich zu Münster, 1534~35*, Berlin, 1966, p. 132.

58) 이에 대한 최초의 언급은 1534년 2월 8일 고해를 요구받은 헌 가담자의 부인의 입에서 나왔다[Kirchhoff, "Endzeiterwartung der Täufergemeinde zu Münster 1534/35", p. 30].

교도, 루터파, 새 체제의 반대자를 처형할 것을 제안하였다.[59] 이 같은 마티스의 계획은 시장 중 한 명이었던 크니퍼돌린크의 개입으로 처형하기보다는 추방하는 쪽으로 바뀌었다.

2월 27일 아침 비재세례파들은 세례를 받든지 아니면 도시를 떠나든지 선택하도록 요구받았다. 마티스의 명령을 받은 무장한 사람들이 거리에 나와 "너희 불신자들은 나와서 돌이키라. 너희 아버지의 적들아!"라고 외치며 재세례를 받으라고 강요하였다. 그런 가운데 시장(市場)에서는 설교자들이 남아 있는 가톨릭교도와 루터파들에 세례를 줄 준비를 하고 있었다. 저녁이 되어서 2천 명 정도가 도시를 떠났다. 뮌스터에 남은 모든 사람들은 재세례를 받았는데, 이것은 3일간 시장터에서 시행되었다. 세례를 받은 자는 시장에게 가서 신고하여 명부에 이름을 올렸다.[60] 그들은 서로를 형제, 자매로 부르면서 오직 사랑으로 하나 된 공동체에서 죄짓지 않고 살 수 있게 되었다고 믿었다.[61] 3월이 되어서 뮌스터는 소위 '신의 자녀'들만 남게 되었다.

둘째, 새 예루살렘을 강화하는 다른 결정이 취해졌다. 뮌스터 주변의 도시들에 있는 재세례파들에 서한을 보내 신의 심판을 피해 뮌스터로 오라고 호소한 것이다. 로드만이 썼을 것으로 추정되는 1534년 3월경의 서한 전문은 다음과 같다.

> 친구들이여. 당신들은 모든 사람들이 성도의 도시, 새 예루살렘으로 일어나 오도록 하기 위해서 신이 우리들 사이에서 이루신 역사(役事)를 알고 깨달아야 할 것입니다. 왜냐하면 신이 세상에 대한 징벌을 원하시기 때문입니다. 모든 이들이 부주의하여 심판에 떨어지지 않도록

59) Klaassen, *Living at the End of the Ages*, p. 49.

60) Wolgast, "Herrschaftsorganisation und Herrschaftskrisen", pp. 180~181.

61) Carl Adolf Cornelius, ed., *Berichte der Augenzeugen über das münsterrische Wiedertäuferreich*(Münster, rep. 1983), pp. 456~457. 이하 Cornelius, ed., *Berichte*로 약기함.

각성시키십시오. 뮌스터의 예언자 얀 본켈슨은 그리스도 안의 모든 조력자들과 함께 우리에게 편지하기를, 어느 누구도 이 세상의 용 밑에서는 자유로운 채 남아 있을 수 없고, 육체적 혹은 영적 죽음의 고통을 맛볼 것이라고 했습니다. 그러므로 신을 시험하기를 원치 않는다면 어느 누구도 오는 것을 무시하지 않도록 하십시오. 세상에는 소요가 있습니다. 예언자 예레미아가 그의 책 51장에서 말한 대로, 모든 사람은 바벨론에서 탈출하여 그 영혼을 보존하십시오. 그러면 당신들 마음이 땅에서 들은 부름 때문에 실망하게 되지 않을 것입니다. 나는 더 이상 다른 말을 하지 않고, 지체치 말고 순종하여 시대를 구하라고 주님의 이름으로 명령합니다. 모든 이들에게 주의를 주고, 롯의 아내를 기억하게 하십시오. 당신이 속고 있지 않다면 땅의 것들, 그것이 남편, 아내, 자녀가 될지라도 그것들을 돌보지 마십시오. 어느 누구도 불신앙의 아내나 남편을 돌보게 하거나 그들과 함께하지 못하게 하고, 불순종하며 막대기 아래 있지 않은 자녀들을 돌보지 못하도록 하십시오. 왜냐하면 그들은 주님의 회중에 아무런 유익이 되지 않기 때문입니다. 그러므로 여행을 위한 돈, 옷, 음식 외에는 아무것도 휴대하지 마십시오. 칼, 창, 총을 갖고 있는 자는 그것을 가져오십시오. 그것을 갖고 있지 않은 자는 그것을 구입해야만 합니다. 왜냐하면 주님은 그의 능력 있는 손을 통해, 그의 종 모세와 아론을 통해 우리를 구원하실 것이기 때문입니다. 그러므로 악한 자들을 주의하고 경계하십시오. 3월 24일 정오경에 하셀트(Hasselt)에서 반 마일 떨어져 있는 인근 산의 수도원으로 모이십시오. 모든 일에 주의하십시오. 지시된 날짜 전이나 후에는 거기에 있지 않을 것입니다. 왜냐하면 우리는 그때 어느 누구도 기다리지 않을 것이기 때문입니다. 아무도 오는 것을 무시하지 못하도록 하십시오. 누가 뒤에 머물러 있다면 나는 그의 피에 대해서 잘못이 없습니다. 임마누엘.[62]

이 같은 뮌스터파의 호소는 상당한 반응을 불러일으켰다.

특히 암스테르담의 재세례파들이 보인 호응은 대단한 것이었다. 박해를 받던 그들에게 뮌스터로 오라는 호소는 희소식이 아닐 수 없었다. 그리하여 3천 명 정도나 되는 사람들이 무장하고 30여 척의 배를 타고 자이더 제이(Zuyder Zee)를 건너오거나 육로를 통해서 뮌스터로 왔다. 이들

---

62) Hans J. Hillerbrand, ed., *The Reformation: A Narrative History Related by Contemporary Observers and Paticipants*(Grand Rapids, 1982), pp. 253~254.

은 뮌스터가 새 예루살렘임을 확신하고 온 자들이었다. 그들은 뮌스터로 오면서 이미 악의 세계와 분리됨을 느꼈다. 새 예루살렘 뮌스터에 도착한 그들은 시편과 예언서에 나오는 참예루살렘의 회복을 목도하고 있다고 생각하였다. 이 예루살렘의 회복은 역사의 종말에 앞서 일어날 분명한 전주였다.[63]

뮌스터의 주민은 신의 선민들로 전격 교체되었다. 이로써 천년왕국을 건설하는 데 방해가 되는 사람들이 제거되고, 새로운 신적 제도를 실시하기에 적합한 환경이 조성되었다. 바로 이 점에서 뮌스터파는 뮌처의 전철을 밟지 않았다.

그러면 뮌스터로 이주해 간 사람들의 사회적 구성은 어떠하였는가? 그들은 마르크스주의자들과 콘의 주장처럼 절대 빈곤층은 아니었다. 뮌스터로 이주해 간 재세례파들이나 뮌스터 토박이 재세례파들이나 모두 빈민층이 아니었다는 사실은 오트하임 람스테트(Otthein Rammstedt)와 키르히호프의 연구를 통해 밝혀졌다. 우선 람스테트가 제시한 네덜란드에서 뮌스터로 이주해 온 재세례파들에 관한 자료는 다음과 같다.

〈네덜란드에서 뮌스터로 이주해 간 재세례파들의 직업/신분〉

직업/신분	수	직업/신분	수
귀족	3	제빵기술자	1
성직자	11	市 公僕	1
상인	1	용병	4
학자	2	여성	6
대장장이	1	귀족 여성	3
재단사	2	직업이 안 알려진 자	37

총 75명

[Rammstedt, Sekte und sozial Bewegung, p. 121.]

---

63) Klaassen, *Living at the End of the Ages*, p. 87.

이에 따르면, 이주자들 가운데는 귀족, 성직자, 학자들이 다수 포함되어 있었음을 확인할 수 있다.

키르히호프도 혁명에 가담한 원주민 재세례파(非이주자)들도 빈곤층이 아니었다는 증거를 다음과 같이 제시하고 있다.

〈뮌스터인들의 부의 정도와 등급〉

부의 정도(Gulden)	해당 인원	부의 등급	총인원	비율
10~15	4	1	31	7.2
20	5			
30~39	7			
40	9			
50	6			
50	6	2 (빈곤)	105	24.4
60~69	28			
70	16			
80	30			
90~95	10			
100	15			
100	14	3	82	19.1
110~119	17			
120	20			
130	6			
140	15			
150	10			
150	10	4	63	14.7
160	16			
170	3			
180	19			
190	1			
200	14			
200	13	5	43	10.0
210	3			
220	11			
230	3			
240	6			
250	7			
250	7	6	29	6.8
260	5			
270	5			
280	7			
300	5			
300	5	7	15	3.5
310~340	5			
350	5			
360~390	7	8	13	3.0
400	6			

410~430	3	9	6	1.4
450	3			
460	2	10	7	1.6
470	1			
500	4			
510~550	4	11	4	0.9
580~590	2	12	4	0.9
650	1	13	1	0.2
700	1	14	1	0.2
710~750	4	15	4	0.9
760~790	1	16	3	0.7
800	2			
810	1	17	4	0.9
1,000	3			
1,010~1,200	7	18	7	1.6
1,220~1,400	2	19	2	0.4
1,400~1,600	4	20	4	0.9
2,500	1	21	2	0.4
3,000	1			
총			430	100

[Kirchhoff, Die Täufer in Münster, pp. 36~37.]

이는 뮌스터 혁명에 가담한 430명이 소유한 부의 정도를 분류한 것이다. 24%는 반란 이전의 가구이고 32%는 반란 기간 동안 원주민의 가구를 나타내 주고 있다. 100굴덴(gulden)을 빈곤의 척도로 볼 때 빈곤층은 이 인구의 31.6%이다. 이 수치의 사람들이 자신의 소유를 갖고 있지 않았다는 점을 감안하면 반란에 본래 빈곤 계층이 참여했다는 주장은 과장된 것이라 하겠다. 따라서 반란에 참여한 자는 어느 정도 재산이 있는 자들이었다고 말해야 더 정확할 것이다. 이 같은 사실은 50~100 굴덴을 소유한 자에서 10~50 굴덴을 소유한 자 사이에는 급격한 하락을 보이고 있다는 점에서 더 근거 있어 보인다.

뮌스터의 반란이 빈곤의 문제에서 야기된 것이 아니었음은 토박이 재세례파의 직업과 부의 명세표에서도 뒷받침된다. 그 표는 다음과 같다.

〈뮌스터 재세례파의 직업과 부〉

A. 수공업

해당되는 부의 등급

직업	/총수	/부의 합	/모름/	1	2	3	4	5	6	7	8	9	10	11~21
(금속)														
대장장이	40	5,025	12		2	6	7	6	–	4	1	1	1	2
금세공사	12	3,440	2		–		–	4	2	1	–	–	–	1
놋세공인	1	1,180	–		–		–							
석주공	2	450	–					–	1	–		1	1	
종장(鍾匠)	1	500												
인쇄공	2	530				1						1		
(의식)														
제빵업자	32	5,290	5		1	6	5	5	3	2	3	1		1
정육업자	7	2,125	–		–	–	1	1	1	–	1	–	2	1
여관주인	8	1,810	1		1	–	1	2	1	–	–	–	–	1
기타	2	520				1								1
(직물)														
재단사	24	3,765	6		–		2	9	1	4	–	–	1	1
털깍이공	9	1,150	1		1	2	2	2	–	–	1			
기타	7	1,020	–		–		4	1	1	–	1			
(가죽_)														
제화공	23	1,700	4		–	7	7	4	–	1				
모피공	26	3,180	5		1	6	4	6	2	1				1
무두장이	23	3,380	2		–	7	6	3	2	1	1			1
기타	8	960	2		–	2	2	1						1
(목재)														
나무신발공	8	740	–		2	3	2	1						
통장이	9	680	3		3	1	–		2					
(건축, 석재)														
목수	13	1,165	3		2	2	3	2	–	1				
석수	8	1,315	–		–	3	2	1	1	–	–	1		
기타	6	400	5								1			
(고용근로)														
이발사	8	1,760	–		–		–	1	2	4	–	–		
기타	3	710	2										1	1
(별종직)														
—	10	980	2		1	5	–	1		–		–	–	1

B. 상업 및 기타 직업

| | | | | 해당되는 부의 등급 | | | | | | | | | | |
직업	/총수	/부의 합	/모름/	1	2	3	4	5	6	7	8	9	10	11~21
(상업)														
의류상인	4	5,750												4
소매상인	16	9,500	5	–	–	1	1–	1						7
(—)														
공복	14	1,800	3		–	4	1	2	3	1				
(관청직원)	5	580	2		–	1	–	–	1	1				
시 관료(1)														
성물관리인(1)														
(지주)														
귀족	3	5,950												
Schulte	1	600												
금리생활자	1	500										1		2
(성직)												1		
전속사제	1		1										1	
수녀, 베긴신도	10		10											
(종복)														
머슴	5		5											
하녀	13		13											

[*Ibid.*, pp. 46~47.]

위 표가 보여 주는 바는 토박이 재세례파 대다수는 직인들이었고, 그 나머지 가운데 일부는 빈곤층 사람이었고 일부는 부유한 사람들이었다는 사실이다. 뮌스터 반란에 참여한 부유층은 리더로 활약하였는데, 의류상인 베른트 크니퍼돌린크(Bernd Knipperdollink)와 게르트 키벤브록(Gerd Kibbenbrock), 상인 마구스 코후에스(Magus Kohues), 가게 주인 베른트 멘켄(Bernd Mennken), 직업이 안 알려진 크라에스 스니더(Claes Snider) 그리고 귀족 헤르만 틸벡(Herman Tilbeck) 등이 그들이다. 이들은 1,100굴덴 이상의 부를 소유한 사람들로서 반란에 가담하였다.

당대의 관찰자 하인리히 그레스벡(Heinrich Gresbeck)은 이주자들 가운데 부자들도 있었다고 기록하였다.[64] 그럼에도 불구하고 16세기 자료가 재세례파를 빈자와 동일시하는 것은 가톨릭 관점에서 본 편견일 뿐이라

---

64) Cornelius, ed., *Berichte*, p. 38, 51, 70.

하겠다. 그러므로 재세례파를 빈자라고 부르는 것은 무의미한 별칭에 불과하다. 그들이 빈곤했다는 것은 부채를 지고 있다는 좀 더 광범한 의미로 이해하는 것이 타당할 것이다.[65]

주민이 성공적으로 교체되자 이제 뮌스터가 새 예루살렘으로 정착하는 것은 예언자의 역할에 달려 있었다. 우선 얀 마티스(Jan Matthys)는 강력한 지도력으로 뮌스터를 새 예루살렘으로 만들어 가는 데 성공적인 지도력을 발휘하였다. 주민교체에 결정적 영향력을 행사하였던 마티스는 뮌스터에서 6주 동안의 활동으로 절대 권력을 확보하였다. 그가 그렇게 할 수 있었던 것은 카리스마와 공포를 잘 활용하여 사람들을 통제하는 능력을 갖추었기 때문이었다.

뮌스터에서 순수한 카리스마적 권위는 오직 마티스 하에서만 효과가 있었다고 할 정도로 마티스의 카리스마는 대단한 것이었다. 람스테트의 표현을 빌리자면, "마티스의 모든 행위는 그에게 부어진 성령에 의해 인가된 것이었다. 그러므로 그 행위들은 검증과 비평의 대상이 되지 않았다. 그에게 유일하게 적용될 수 있는 것은 성서의 예언자들의 행동과 비교하는 것뿐이었다. 따라서 아주 불합리한 명령이라도 마티스의 명령은 신에게 호소된 것이라는 이유에서 의미 있는 것으로 받아들여졌다."[66]

마티스는 공포정치를 통해서도 사람들을 굴복시켰다. 예컨대 한 대장장이가 외부인 마티스에게 도전하였다. 보호자들에게 둘러싸인 마티스는 주님은 예언자에 대한 중상모

얀 마티스

---

65) *Ibid.*, p. 82.

66) Rammstedt, *Sekt und soziale Bewegung*, pp. 62~63.

략에 분노하시고 계신데, 만약 불신앙의 대장장이가 처형되지 않는다면 이 공동체에 신의 보복이 내릴 것이라고 말하였다. 그러고 나서 그는 직접 그 대장장이를 찔러 쓰러뜨렸다. 이렇게 하여 마티스는 자신의 권위에 도전할 수 없게 만들었다. 마티스의 한 측근은 수년 후에 다음과 같은 증언을 남겨 놓았다.

> 그들은 우리를 위로하면서 우리가 폭군 때문에 오랫동안 가져왔던 걱정과 두려움을 가질 필요가 없다고 말하였다. 그 이유는 그리스도인의 피가 땅에 떨어지지 않을 것이기 때문이다. 그러나 짧은 시간 안에 신은 땅에서 모든 피를 흘리는 자, 모든 폭군들, 불신자들을 제거할 것이다. － 그때에 이것이 나를 아주 진심으로 기뻐하게 만들지는 못하였다. 그 이유는 그때는 아무도 반대되는 것을 감히 말하지 못할 때였으므로 나는 감히 그에 반대되는 것을 하지 못했기 때문이다. 그에 대해 반대되는 것을 말하는 자는 누구든지 얀네스(Jannes)나 얌브레스(Jambres)처럼 즉각 처형되곤 하였다. 저들은 그 같은 저주에 아주 놀라서 아무도 감히 반박하지 않았고 또한 어떤 방식으로든 그들을 반대하는 죄를 짓거나 신이 준 사명 내지 명령에 반하는 말을 하기도 두려워하였다.[67]

카리스마와 공포정치를 적절히 활용하던 마티스는 뮌스터를 완벽한 새 예루살렘으로 만들기 위해 기존 방식의 모든 것들을 파괴하였다. 성상은 물론이고 벽화, 스테인드글라스 창문, 유골, 제단, 오르간, 가구가 부수어졌다. 시 공문서, 청구서, 계약서 등이 약탈되어 소각되었다. 모든 인장들이 폐기되고 모든 증서가 인멸되었다. 3월 15일에는 마티스는 성서 외의 모든 서적을 대성당 광장에 수거하여 불태우라는 명령을 내렸다. 그것은 성서에 대한 대안적 해석과 다른 지식들을 제거하기 위해서였다. 이렇게 함으로써 마티스는 구제도의 흔적이 남아 있는 그 어떤 것도 다음 세대의 기억 속에 남아 있지 않기를 바랐다.[68]

---

67) Philips, "A Confession", pp. 216~217.

3월 말에 이르러 마티스의 권위는 절정에 달하였는데, 그것은 시장이었던 크니퍼돌링크 덕분에 주교군대에 효과적으로 대처할 수 있었기 때문이었다. 장교들이 임명되고 보초가 세워졌으며 화기부대가 창설되었다. 대포 공격에 대비해서 참호와 방공호도 만들어졌으며 거대한 토루(土樓)도 세워졌다. 그리하여 전열을 가다듬어 2월 28일 도시를 포위하여 공격해 오는 주교군대에 적절히 대처하였다. 적군이 포위공격을 해오는 절박한 상황 속에서도 마티스는 루터파적 요소와 가톨릭적 요소를 제거하며 혁명적 새 질서를 도입하였다. 그것은 재산공유제를 중심으로 한 공산주의를 실행에 옮기는 것으로 나타났다. 모든 개인소유를 공동의 것으로 선포한 조치로 인해 뮌스터는 한층 더 새 예루살렘다운 면모를 내보일 수 있었다.

최후의 심판날이 부활절 곧 4월 5일에 올 것이라고 예언한 마티스는 더욱 천년왕국주의적 확신에 사로잡혔다. 그는 마지막 시대를 맞아 뮌스터는 신의 보호를 받을 것이지만 세상은 처참한 신의 징벌을 받게 될 것이라고 믿었다. 그런 가운데 심판일로 선언된 부활절에 그는 몇 명만을 동반하고 적진을 향해 돌격하였다. 신의 명령을 듣고 행동한 그는 성부 신의 도움으로 적군을 무찌르고 도시를 해방시킬 것이라고 확신하였다. 그러나 그와 그의 부하들은 전멸하였다. 그들의 머리는 잘려 창에 꽂혀 세워졌고, 그들의 육신은 토막 난 가운데 버려졌다. 주교의 용병들은 뮌스터파에 성 밖으로 나와 시신들을 가져가라고 소리쳤다.[69]

마티스가 갑자기 죽자 그의 제자 복켈슨이 전면에 등장하였다. 지금까지 별다른 역할을 하지 못했던 그가 이 기회에 제일의 지도자로 나선 것이다. 사생아였던 그는 도제 재단사를 거쳐 파산한 상인이었다. 그러

---

68) Klaassen, *Living at the End of Ages*, p. 48.

69) Hillerbrand, ed., *The Reformation*, p. 255.

존 오브 라이덴이라고도 불린
복켈슨

나 그는 재세례파가 됨으로써 다른 삶의 방향을 찾았다. 빼어난 용모와 탁월한 언변을 갖춘 그는 어릴 적부터 희곡을 써서 공연하던 재능을 새로이 발휘하기 시작하였다. 뮌스터 주민들은 그의 연기에 매혹되어 처음에는 마티스에게 했던 것보다 더 열렬하게 그를 따랐다. 그는 권위 면에서는 마티스를 결코 따라잡을 수는 없었지만 기발한 착상으로 대중을 열광시키고 그 열기를 이용하는 면에서는 마티스보다 한 수 위었다.

복켈슨은 마티스가 죽은 그날 마티스는 실수하여 허영의 죄를 범하여 신의 징벌을 받은 것이라고 설교하였다. 복켈슨은 사람들에게 신께서 또 다른 예언자를 보내 주실 것을 확신시켰다. 그는 다음과 같이 설교하였다..

친애하는 형제, 자매여. 여러분은 우리의 예언자 마티스가 죽었다는 것에 당황해서는 안 됩니다. 신은 또 다른 이를 일으키실 것이고 그는 마티스보다 더 높고 위대할 것입니다. 그가 죽는 것은 신의 뜻이었습니다. 그의 때가 왔습니다. 신은 명분 없이 이런 일을 행하지 않으셨습니다. 여러분은 얀을 너무 지나치게 믿지 말았어야 했고 그를 신보다 위에 두지 말았어야 했습니다. 신은 얀 마티스보다 훨씬 능력이 많으십니다. 얀이 행하고 예언한 것이 무엇이었든지 간에 그는 신을 통해서 하였지 스스로 한 것은 아니었습니다. 신은 정말로 또 다른 예언자를 일으키실 수 있고 그를 통해 자신의 뜻을 계시하실 것입니다.[70]

복켈슨은 한 달도 못 가서 뮌스터의 권력을 수중에 넣었다. 그의 권력

---

70) *Ibid.*, p. 256.

확보는 황홀경에 빠져 받았다는 계시를 통해서 이루어졌다. 5월 초 그는 광분 상태로 벌거벗은 채 시내 곳곳을 돌아다니다가 황홀경에 빠졌다. 3일간이나 지속된 황홀경에서 깨어난 그는 전 주민을 소집하여 신의 계시를 전달하였다. 신이 자기에게 계시하기를, 도시의 구제도는 인간이 만든 것이므로 신이 만드신 새 제도로 대체하라고 말씀하였다는 것이다. 그러고는 그는 시 참사회를 해체하그 구약의 이스라엘 제도를 본떠서 12장로제를 도입하였다.

12장로제가 새로 도입되었음에도 불그하고 그것은 이전의 시 참사회와 연속성을 갖는 것이었다. 장로에 임경된 사람들은 이전의 6명의 시 참사원들을 포함해서 귀족과 이전 시장 헤르만 틸벡이었다. 2명은 뮌스터 교구의 다른 도시 출신의 사람이었으며 4명은 네덜란드 출신의 사람이었다. 이러한 조직 구성을 볼 때 복켈슨은 훌륭한 정치적 수완을 발휘하였음을 알 수 있다. 이전의 기득권자들이 불이익을 당하지 않게 하면서도 동시에 이주자들에게도 재세례파 정부에서 대표권을 갖도록 배려하였던 것이다.

일부 장로들은 밤낮을 가리지 않고 도시가 위험에 빠지지 않도록 경비대를 감독하였고 다른 장로들은 매일 오전 7~9시, 오후 2~4시에 시장에 있는 지정좌석에 앉아서 그들의 결정과 다르게 진행되는 일들을 처리하였다. 이 새 이스라엘의 장로들이 좋다고 생각되는 것들은 복켈슨에 의해 포고되어 실행되었다.

복켈슨은 12장로 외에 특수직을 따로 서 웠다. 크니퍼돌린크는 칼을 휘두르는 심판관이자 사형집행자(sword-bearer)로 임명되었다. 뮌스터로 온 모든 외부인은 맨 처음 그에게 보고해야만 하였다. 이 일은 어느 누구도 침범할 수 없는 그만의 업무였다.[71] 이 전 성직자였던 하인리히 크

---

71) Ibid., p. 258.

레히팅(Heinrich Krechting)은 대법관으로 임명되었고, 로드만은 정부의 공식 전도사로서 활동하였다.

이 새 정부기구는 공적·사적 일들은 물론 정신적 문제에까지 권위를 행사하였으며 전 주민의 생사 결정권마저 휘두를 수 있었다. 그들은 새로운 법령을 제정하여 공포함으로써 새 예루살렘의 기강을 확립하고자 하였다. 새 법령은 강력한 중형주의 원칙에 입각해 있었다. 형법상의 죄는 물론이고 신성모독, 거짓말, 중상, 탐욕, 싸움 같은 도덕법상의 죄까지도 사형에 처하였던 것이다. 아이가 부모에 대해서, 아내가 남편에 대해서, 정부에 대해서 하는 모든 불복종 행위는 사형으로 다스려졌다. 엄격한 법 시행을 위해 복켈슨은 크니터돌린크에게 무장 경호원을 대동하도록 조치를 내렸다. 복켈슨도 마티스의 예를 따라 공포와 강압 정책을 채택하여 체제 유지를 꾀하였던 것이다.

뮌스터는 사회질서를 재편하는 가운데서도 복켈슨은 외부의 적에 대한 경계를 늦추지 않았다. 그는 물자의 비축과 군사조직의 정비에 힘썼다. 그리하여 그는 크니퍼돌린크와 함께 효과적인 군사조직력을 발휘하여 2천 명이 안 되는 병력으로 1534년 5월 25일 주교 군대의 기습공격을 잘 방어해 내었다. 이어서 8월 말에도 주교군의 공격이 있었는데 그것도 효과적으로 격퇴시켰다. 자신의 권위가 최고조에 달했다고 느꼈을 때 복켈슨은 왕이 되려는 새로운 계획을 내놓았다.

복켈슨은 평범한 왕이 아닌 종말의 때에 등장하는 메시야이기를 원하였다. 그러기 위해서 그는 다른 사람의 신적 계시를 이용하였다. 대장장이 출신 요한 두센트슈르(Johann Dusentschur)라는 예언자가 9월 초에 뮌스터로 와서 자신이 받은 계시를 말하였다. 그에 따르면, 성부 신은 복켈슨을 새 시온의 왕으로 명명하였고, 그 왕은 권위 면에서 지상의 모든 왕들을 능가한다고 하였다. 또한 그는 다윗 왕의 홀과 왕관을 물려받고,

왕국을 개선시킬 때까지 그것들을 유지하도록 신의 명령을 받았다는 것이다. 두센트슈르는 장로들로부터 정의의 칼을 취하여 복켈슨에게 주면서 그에게 기름을 붓고 그를 새 예루살렘의 왕으로 선포하였다. 이제 복켈슨은 구약의 예언자들이 예언한 바로 그 메시야가 되었다.

12장로제는 4달도 못 되어 포기되고, 그 대신에 왕정이 세워졌다. 왕비는 마티스의 미망인 디바라(Divara)가 되었고, 항상 복켈슨의 오른팔이었던 크니퍼돌린크는 부왕(副王)이 되었다. 복켈슨은 틸벡을 총리로, 크레히팅을 대법관으로, 로드만을 궁정 연사로, 두센트슈르를 새 예언자로 임명하였다. 궁정 법규에 따르면 관직은 148개가 있었는데, 66~80개의 관직은 토착주민에게 주어졌다. 14개는 관구로부터 왔고 많은 관직들이 궁정에서 지명한 직인직(職人職)이었다.[72]

새 왕은 자신의 등극이 갖는 특별한 의미를 강조하기 위하여 가능한 모든 수단을 썼다. 거리와 성문에 새로운 이름을 붙였으며 주일과 축제일을 폐지하였다. 알파벳 체계에 맞추어 각 요일의 이름을 붙였으며 새로 태어난 아기의 이름조차도 특별한 체계에 따라 왕이 선택하였다. 뮌스터에서는 화폐가 아무런 기능을 하지 않았으나 순수한 장식용 화폐가 새로 주조되었다. 거기에는 왕국의 의미를 밝혀 주는 천년왕국의 환상이 요약된 문구를 새겨 넣었다. '말씀이 육신이 되어 우리 가운데 임하셨다', '온 천하에 한 왕, 한 신, 한 신앙, 한 세례가 있을 뿐이다'가 그것이었다.[73]

복켈슨은 법정이 개설되는 시장터에 왕좌를 세웠다. 이전에 재단사였던 그는 가톨릭 성직복을 왕복으로 개조하였다. 그것은 특별한 상징물을 부착해서 만든 옷이었다. 그 상징물은 세계를 상징하는 구(球)를 두

---

72) Rammstedt, *Sekte und soziale Bewegung*, p. 124, Kirchhof, *Die Täufer in Münster*, pp. 72~75.
73) Cohn, *The Pursuit of the Millennium*, p. 272.

개의 칼―교황과 황제가 각각 하나씩 갖고 있는―이 관통하고 있는데 그 위를 '온 천하를 다스리는 의의 왕'이란 문구를 새겨 넣은 십자가가 놓인 것이었다. 왕은 금으로 주조한 이 상징물을 금사슬에 묶어 목에 걸고 다녔고 그의 시종들은 그것을 배지로 만들어 옷소매에 부착하였다. 그것은 뮌스터에서 새 국가의 상징으로 받아들여졌다. 왕은 호화스런 의복을 입고 반지와 목걸이를 차는 것은 물론 시내 최고의 기술자가 만든 금속제 박차(拍車)를 타고 다녔다. 그가 군중 앞에 나타날 때는 언제 화려한 의상을 한 수행원이 그를 보좌하였고 악대의 팡파르에 이어 왕관을 쓰고 홀을 든 채 말을 타고 등장하였다. 그의 궁정은 대성당이 징발한 화려한 저택이었고, 그 안에서 생활하는 2백여 명의 사람들은 온갖 부귀를 누렸다.74) 초창기에 모두가 한 형제자매로 통하던 재세례파의 평등주의는 왕제하에서 완전히 제거되었다.

왕은 자신과 아내 그리고 측근들에 대해서는 호화스러운 생활을 하도록 하였으나 일반인들에게는 엄격한 생활을 강요하였다. 일반인들은 이미 금은보화를 내놓았고 식품과 주거시설의 징발에도 순순히 응하였다. 더욱이 예언자 두센트슈르가 갑자기 성부 신께서 백성들이 필요 이상의 옷을 가지고 있는 것에 분노하셨다고 하며 잉여분의 의복과 침구를 내놓으라는 명령을 내렸다. 그리하여 일반인들은 그것을 또 내놓았다. 모아진 그것은 83대의 마차분(馬車分)이 되었다. 그중 일부는 외부에서 온 이주자들에게 배분되었으나 일반인들의 불만을 해소시킬 수 없었다. 뮌스터 주민들은 자신들의 궁핍과는 대조적으로 엄청난 사치를 누리는 왕실 사람들에 대한 위화감을 느끼지 않을 수 없었다.75) 이를 알아차린 복켈슨은 자신은 세상과 육신에 대해 완전히 죽었으므로 자신에게는 사치

---

74) *Ibid.*, pp. 272~273.

75) *Ibid.*, p. 273.

가 허용된다고 설명하였다. 동시에 그는 그들도 얼마 안 가서 자신의 처지가 되면 은좌에 앉고 탁자에서 음식을 먹을 뿐 아니라 그러한 것들을 진흙이나 돌처럼 싼값에 소유할 수 있을 것이라고 설득하였다. 그러나 그의 권위는 불안정한 상태로 남아 있었다.

복켈슨의 권위가 흔들리고 있다는 것은 사실인 듯하다. 크레히팅이 명령상 2인자로 지명된 것은 복켈슨의 제거에 관한 소문을 외부에 확인시켜 주는 것이나 다름없었다. 크레히팅은 사실상 복켈슨으로부터 권한을 강탈할 수도 있었던 것으로 보인다. 왜냐하면 제국의 대표가 그를 '최초의 왕' 복켈슨과 대조시켜 '새왕'으로 언급하였기 때문이다.[76] 적군의 포위공격을 받고 있는 상태에서 군주정을 수립하여 호화로운 생활을 한다는 것은 불행한 결과를 자초하는 것이었다. 복켈슨과 다른 지도자들은 왕궁을 건설하고 자신들의 특권을 누리는 데 몰두하는 동안 적군의 포위를 격파할 수 있는 기회를 놓쳐 버렸다. 그 종말은 처절한 패배가 있을 뿐이었다.

3) 공유제 사회의 실현과 신정국의 붕괴

뮌스터파의 천년왕국은 교회와 정부 그리고 지역사회가 하나로 통합된 것이었다. 그러한 천년왕국의 탄생은 기존의 제반 제도들이 갖고 있는 세상의 사악성을 뮌스터파가 거부한 결과였다.[77] 사악성의 거부는 종종 새로운 제도의 도입을 정당화하는 것으로 나타나는데, 뮌스터의 경우는 12장로제와 왕제, 재산공유제와 일부다처제를 도입하였다. 뮌스터의 천년왕국에서 12장로제와 왕제가 도입된 것은 특권신분제를 폐지

---

76) Wolgast, "Herrschaftsorganisation und Herrschaftskrisen", pp. 199~201.
77) Stayer, "Anabaptist Münster", p. 123.

하고 평등주의적 질서를 도입하는 일반 천년왕국운동의 이상과는 거리
가 먼 것이었다. 이것은 뮌스터파가 "16세기의 군주제적 환경에 적응된
질서"를[78] 만들어 낼 수밖에 없었던 한계를 드러내는 것이라 하겠다.

그럼에도 불구하고 새 예루살렘으로서 뮌스터는 재산공유제와 일부
다처제를 실시함으로써 기존의 체제와는 다른 새 체제의 면모를 보여
주었다. 그 제도들이 뮌스터에서 실시되고 있다는 사실은 대내외적으로
뮌스터파가 기존의 사악한 제도들을 없애고 실제로 천년왕국이 구현되
고 있다는 점을 확인시켜 주는 증거였다. 따라서 재산공유제와 일부다
처제의 실시에 관해 알아보는 것은 뮌스터파 천년왕국의 성격을 이해하
는 데 필수적이다.

재산공유제에 대한 기본적 틀은 부분적으로 로드만의 사상에서 나왔
다. 그는 그리스도인의 성만찬과 연관시켜 설명하는 가운데 세바스티안
프랑크(Sebastian Franck)를 인용하며 재산을 공유해야 한다는 점을 밝혔
다. 로드만은 참된 신자는 초대 그리스도교의 이상을 그대로 본받아 살
아야 하며 초대 그리스도교인들은 모든 재산을 공유하였다는 점을 다음
과 같이 지적하였다.

> 주교와 그의 하수인 집사들은 정신적 필요에서뿐 아니라 육체적 필요
> 에서 공동의 집주인이자 관리자이다. 그들은 모든 이의 필요에 따라
> 모든 공동의 물품을 나누었다. 그런데 그 후 그들은 탐욕스러워져 공
> 동의 물품을 사적 소유로 만들면서 그것을 자신들을 위해 정당화하기
> 시작하였다.[79]

그러면서 로드만은 이제 잘못된 사적 소유를 제거하고 공동 소유를
실시하는 것이 새 예루살렘으로서 뮌스터가 지향해 가야 할 바라고 주

---

78) Wolgast, "Herrschaftsorganisation und Herrschaftskrisen", p. 188.

79) Stupperich, ed., *Die Schriften Bernhard Rothmanns*, p. 185.

장하였다. 이 같은 로드만의 설득이 많은 뮌스터 재세례파에 긍정적으로 받아들여졌다.

그러나 재산공유제의 실시는 로드만의 설득보다도 마티스의 요구로 이루어졌다. 마티스는 아무런 타협 없이 직접적인 신의 의지를 수행하라고 명령하였다. 그가 말한 신의 의지란 다름 아닌 재산의 공유화였다.[80] 이를 실천하는 데 있어 처음에는 마티스가 직접 나서지 않았다. 재산공유제가 예언자, 설교자, 시 참사회의 합의를 통해서 실천될 수 있도록 만들었던 것이다. 예언자들과 설교자들 그리고 전 참사원들은 심사숙고한 끝에 모든 것은 공동으로 소유해야 한다고 생각하였다. 그러고 나서 그들은 마티스의 명령을 실행에 옮기는 작업에 착수하였다.

참사원들과 합의를 본 예언자와 설교자들은 먼저 설교를 통해 모든 것이 공동소유라는 사실을 알렸다. 그 내용은 스투텐베른트(Stutenbernt)의 설교에 남아 있다. "그리스도인은 어떠한 돈도 가지고 있어서는 안 됩니다. 그리스도인 형제자매들이 소유한 모든 것은 다른 사람들에게도 속한 것입니다. 당신은 어떤 것에도 부족하지 않을 것입니다. 그것이 음식이든, 옷이든, 집이든 기타 물품이든지 말입니다. 당신이 필요한 것은 받게 될 것입니다. 신은 어떤 것이 부족하여 당신이 고통받도록 놓아두지 않을 것입니다. 어떤 것이 있다면 그것은 다른 것과 마찬가지로 공동으로 소유될 것입니다. 그것은 우리 모두의 것입니다. 그것은 당신의 것임과 동시에 나의 것이고 나의 것인 동시에 당신의 것이기도 합니다."[81]

다음으로 시 참사회는 전 주민들에게 돈을 청사로 가지고 오라고 명령함으로써 돈의 사유화를 없애려 하였다. 이에 대해 고지된 내용은 다음과 같다. "친애하는 형제, 자매 여러분 우리는 한 백성이며 한 형제자

---

80) Stayer, "Anabaptist Münster", p. 127.
81) Cornelius, ed., *Berichte*, pp. 32~33, Hillerbrand, ed., *The Reformation*, p. 257.

매이므로 우리들의 돈, 은, 금을 함께 모아야 합니다. 이것이 신의 뜻입니다. 우리는 서로 다른 사람이 가진 만큼만 가져야 합니다. 그러므로 모든 사람은 돈을 가지고 시청 사무국으로 가져오기 바랍니다. 거기서 참사원이 배석하여 돈을 받을 것입니다."[82]

사람들은 들은 바대로 돈과 패물을 가져왔다. 그러나 모두가 그에 순복한 것은 아니었다. 일부를 숨기고 일부만 내놓은 사람들도 있었고, 아무런 것도 가져오지 않은 사람들도 있었다.[83] 이들을 다스리기 위해서 마티스는 일부 저항하는 사람들에게 강압적인 제재를 가하였다. 그는 사람들을 한곳에 불러 모아 놓고는 만약 신이 용서하기로 결정하지 않으면 그들은 의인의 칼에 죽임을 당할 것이라고 말하였다. 그리고 그는 그들을 한 교회 안에 집어넣고 문을 잠그게 하였다. 추방에 직면하여 겨우 재세례를 받았던 그들은 감금된 채 몇 시간 동안 두려워 떨다가 얼이 빠져 버렸다. 이때 일단의 무장병사를 대동하고 마티스가 나타나면, 그들은 그 앞에 무릎을 꿇고 기어 와서 그를 신의 총아로 찬양하며 가진 소유물을 내놓았다.[84]

마티스는 돈을 내놓는 것이 참된 신앙을 가름하는 척도라고 가르치면서 재산공유제의 실현을 시키기 위해 계속된 처벌을 가하였다. 본보기 차원에서 실제로 몇 명이 처형되기도 하였다. 돈을 사유화하는 습관은 두 달 정도 지속된 강압적인 조처로 말미암아 사라졌다. 이때부터 계속 돈은 외부세계와의 거래를 포함하여 공공의 목적을 위해서만 사용되었다. 용병 고용, 식량 구입, 선전지 배포 등의 일에 쓰인 것이다.[85]

사적소유를 폐지하고 공동소유화로 실천되던 재산공유제는 성 밖으

---

82) *Ibid.*

83) *Ibid.*

84) Cohn, *The Pursuit of the Millennium*, pp. 264~265.

85) *Ibid.*, p. 265.

로 이주해 간 사람들의 재산을 몰수함으로써 더욱 강화되었다. 마티스는 탈주자들의 소유는 남아 있는 자들의 공동소유가 되어야 한다고 지시하고, 본격적인 재산 몰수를 시행하였다.[86] 탈주자들의 집에서 발견된 차용증서와 회계장부, 계약문서는 모두 찢어 버려졌다. 그리고 모든 의복과 침구, 가구, 철기류, 무기와 식량은 지정된 건물로 운반되어 보관되었다. 루터파 및 가톨릭교도 소유의 집들과 수도원도 몰수되어 이주자들의 숙소로 배당되었다. 나중에 이 집을 배타적으로 소유되는 것도 죄로 간주되어 모든 집의 대문은 밤낮으로 열어 놓아야 하였다.[87]

재산공유제의 집행담당자는 집사들이었다. 마티스에 의해 임명된 이들 집사의 수는 자료상 문제로 인해 확정지어 말하기는 어렵다. 케르쎈브록(Kerssenbrock)은 7명의 집사를 언급하고 있다. 이와는 달리 그레스벡은 교구당 세 명의 집사가 있다고 말함으로써 뮌스터에 모두 18명의 집사가 있다고 쓰고 있다.[88] 이 집사들은 뮌스터의 재산공유제를 운영하고 시행하는 일종의 공직자였다. 그들이 하는 주된 일은 몰수한 물품들을 보관하고 필요에 따라 분배해 주는 것이었다. 그들은 각 교구별로 호별 방문을 하여 그 집에서 발견한 식료품의 명세를 파악하였다. 그러고 나서 그들은 그것을 징발하여 필요한 자들에게 재분배를 하는 일을 맡았다. 이 외에 그들이 책임 맡은 일은 적의 동태를 파악하는 초병과 성벽 및 참호를 보수하는 남녀 일꾼들의 공동식사를 관장하는 것이었다. 그중 한 집사는 10개의 성문에 세워진 각 공동식당에 음식을 조달하는 일만을 담당하였다.[89]

이처럼 뮌스터에서 재산공유제의 실시가 가능한 원인은 첫째로 인구

---

86) Detmer, ed., Kerssenbrock, pp. 556~558.

87) Cornelius, ed., *Berichte*, p. 47.

88) Detmer, ed., Kerssenbroch, p. 558, Cornelius, ed., *Berichte*, r. 34.

89) *Ibid.*, pp. 34~35.

이동에 있었다.[90] 인구이동으로 주민이 교체되면서 뮌스터는 탈주한 시민들과 성직자들이 남겨 놓은 재산들을 처리해야 하는 동시에 새로 전입해 온 이주자들의 경제적 필요를 해결해 주어야 하는 문제에 직면하였다. 이 당면과제의 해결책으로서 재산공유제가 수용되었다.

둘째로, 그 원인은 습격에 대비해야 하는 군사적 필요에 있었다. 주교군대의 습격이라는 위협이 늘 도사리고 있는 상황에서 뮌스터는 식량과 필수품을 적절히 분배해야 하는 문제를 안고 있었다. 이런 문제를 해결하기 위해서 마티스와 시 참사회는 3월에 사유재산을 폐지하는 쪽으로 결론을 내렸고, 그런 조처는 곧바로 시행되었다. 그러나 재산공유제의 실시가 단순히 전시(戰時)의 필요에 의한 일시적인 것이었다고 단정할 수만은 없다. 왜냐하면 재산공유제를 실시하는 뮌스터파의 기본정신은 좀 더 높은 이상에 기반을 두고 있었기 때문이다.

세 번째 원인으로 지적할 수 있는 그 이상은 로드만과 복켈슨의 말에서 확인된다. 재산공유제의 실시에 대해서 로드만은 만물이 만인의 소유가 되고 내 것과 네 것의 차별이 사라지는 상태를 실현하기 위한 것이라고 말하였고, 복켈슨은 모든 것이 공유화되어 사유재산이 존재하지 않게 되고 신을 신뢰하는 것 이외의 그 어떤 일도 할 필요가 없는 상태를 실현하기 위한 것이라고 말하였던 것이다.[91]

이렇게 실시된 뮌스터의 재산공유제는 많은 사람들의 호기심을 끌었다. 초기에는 여자와 빈자가 열정적으로 반응하였다. 뮌스터 출신의 한 여성은 그 도시 밖에 있는 자신의 자매에게 편지를 보내 그 딸을 자기가 있는 곳으로 보내라고 권유하였다. 그 편지에서 그는 다음과 같이 말하였다.

---

90) Stayer, "Anabaptist Münster", p. 128.

91) Cohn, The Pursuit of the Millennium, pp. 265~266.

나는 그 아이가 옷을 갖고 있든 안 갖고 있든 관심이 없다. 그를 나에
게 보내라. 그는 여기서 충분히 가질 것이다. 왜냐하면 당신은 전능한
신께서 우리에게 그러한 은총을 베풀어 주셔서 내가 금 벨벳과 실크
옷을 입고 지낸다는 것을 알아야만 한다. …… 그리고 극빈자는 신의
은총을 통해 도시의 시장이나 고관처럼 부유하게 되었다.[92]

뮌스터에는 성도들을 위해 충분한 공급이 있다는 호소는 빈자들과 실
업자의 마음을 움직였다. 그리하여 뮌스터로 몰려들게 된 사람들은 가
난에 지쳐 있는 사람들이었다고 케르쎈브록은 증언하였다. "부모에게서
받은 재산을 탕진하고 자기 스스로의 힘으로는 아무 벌이도 하지 못하
는 사람, 어렸을 적부터 게으름을 피우면서 사는 것만 배워서 빚만 잔뜩
짊어진 사람, 신앙의 이유에서가 아니라 재산상의 이유로 성직자를 증
오하는 사람, 사도들처럼 재산의 공유를 실천하는 척하는 사람"이 바로
그들이었다.[93]

그러나 로드만이 하인리히 슬라흐트샤프(Heinrich Slachtschaf)에게 보낸
편지를 보면 3월 호소는 빈자만을 겨냥하지 않았음을 알 수 있다.

주님은 그의 예언자들을 통해 우리에게 증거하시기를, 성도는 이 도시
로 모이게 되어 있다는 것입니다. 그러므로 그 예언자들로 인해 나는
당신에게 다음과 같이 쓰지 않을 수 없습니다. 당신은 형제들에게 신속
히 이곳으로 오되, 자매들에게 건네주어야 할 나머지 물품을 포함해서
수중에 갖고 있는 돈, 금, 은을 가져오라고 말해야 한다는 것입니다.[94]

뮌스터파는 재산소유자들을 겨냥하여 호소함으로써 그들의 유입을 기
대하였다. 이제 여자와 빈자에게 호소되던 국면이 지나고 재산소유자에
게 더 유리한 국면에 접어든 것이다. 묵시적 호소에는 빈자와 부자, 남

---

92) Rammstedt, *Sekte und soziale Bewegung*, p. 90에서 재인용.

93) Detmer, ed., Kerssenbrock, p. 334.

94) Stupperich, ed., *Die Schriften Bernhard Rothmanns*, p. 51.

자와 여자가 따로 없는 것이기에 부자들도 그런 호소에 부응하여 뮌스터로 이주해 왔다.

　재산공유제의 실천은 일시적이나마 성공적으로 수행되었다고 판단된다. 후에 로드만은 뮌스터에서 실시된 재산공유제는 실제적 성취에 있었다고 다음과 같이 술회하였다. 뮌스터인들은 모든 재산을 집사들이 관리하는 공동금고에 바쳤으며 각자 필요한 만큼 배급받아서 생활하였다. 그들은 그리스도를 통해 한 마음과 영혼으로 신을 찬양하며 모든 종류의 농사를 지으면서 서로를 돕고 싶어 하였다. 그래서 지금까지 자기 이익을 구할 목적으로 행해진 모든 것 곧 물건의 매매행위, 돈을 벌기 위한 노동, 고리대를 통해 이자를 뜯어먹는 행위들이 사랑과 공동체의 힘으로 폐지되었다. 그리고 가난한 사람들의 땀을 먹고 마시는 행위, 진실한 사랑에 반대되는 모든 행위들도 없어졌다. 이처럼 뮌스터에서 실시된 재산공유제의 성취를 열거한 그는 다시 회복된 이 공동체가 순결한 마음으로 유지될 수 있기를 희망하였다. 그리하여 그는 다시 이전의 사악한 행위로 돌아가는 것보다 차라리 죽음을 택하겠다고 말하였다.[95]

　로드만의 언급에서 주목되는 것은 뮌스터의 재산공유제에서 실시된 주요 내용을 매매, 임노동, 고리대금의 폐지로 요약한 점이다. 이것은 재산공유제가 화폐경제의 폐지와 동등한 것으로 인식되었음을 보여 준다. 이로써 보건대 뮌스터의 재산공유제하에 실시된 급격한 소유관계의 변화는 화폐경제의 폐지로 이어졌음을 알 수 있다. 당대인 그레스벡도 뮌스터의 재산공유제는 화폐제도의 부정을 의미한다는 점을 지적하였다. "그들이 말한 것은 그들은 그리스도인이라는 것, 그리스도인은 돈을 갖지 않는다는 것, 돈은 전적으로 그리스도인에게 부정하다는 것, 그리스도인은 서로 사지도 팔지도 않고 물물교환해야 한다는 것 그리고 전 세

---

95) *Ibid.*, pp. 255~256.

계를 통해 한 도시는 다른 도시와 물물교환해야 한다는 것이었다."[96] 그 레스벡의 언급에서 주목되는 점은 뮌스터의 재산공유제가 물물교환에 기반을 둔 자연경제를 지향했다는 사실을 것붙이고 있다는 것이다. 물 물교환에 기반을 둔 자연 경제의 시행은 그 당시의 사회적 이상과 일치 하는 것이었다. 왜냐하면 그것은 토마스 모어(Thomas More)의 『유토피아』 에서 묘사된 것을 연상케 하기 때문이다.[97] 그러나 뮌스터의 재산공유 제가 그들의 이상대로 물물교환에 기반을 둔 자연경제로 전환하지는 못 하였다.

복켈슨이 권력을 행사하면서 재산공유제는 상당히 퇴색되어 갔다. 12 장로제 하에서 복켈슨은 뮌스터에서 상속권을 인정하기 시작하였다. 이 를 다루는 행정관은 다름 아닌 크니퍼돌린크였다.[98] 왕제 하에서는 왕 과 그의 관리들은 하나의 특권계층으로 부상하였고, 그들은 이전과 다 르지 않은 재산을 소유할 수 있었다. 이 같은 사실은 주교에게 정복당한 후 몰수된 뮌스터 재세례파의 재산에 관한 기록을 체계적으로 연구한 키르히호프에 의해서 확인되었다. 그는 뮌스터파에서의 재산 분배가 놀 랍게도 일반 다른 도시들의 그것에 비해 크게 벗어나지 않는 것이었다 고 지적하였다. 재세례파 재산소유자들의 사회적 구성은 뮌스터 사건 이후와 힐데스하임(Hildesheim)이라는 도시와 비교해 볼 때 거의 비슷했 다는 것이다.[99] 재산공유제의 도입에도 불구하고 구체제에서 부유했던 재산소유자들은 새 체제에서도 여전히 정치 지도자로서의 몫을 챙기고 있었다.[100]

---

96) Cornelius, ed., *Berichte*, pp. 48~49.

97) Stayer, "Anabaptist Münster", p. 130.

98) Detmer, ed., Kerssenbrock, p. 586.

99) Kirchhoff, *Die Täufer in Münster*, pp. 35~44.

100) *Ibid.*, p. 71.

이런 사실에 비추어 볼 때 당대의 목격자 그레스벡이 뮌스터의 재산 공유제는 궁극적으로 일종의 기만이나 다름없었다고 주장한 것은 납득할 만하다. "가난했던 자들은 계속 가난한 상태에 머물렀다. 가진 자들은 물품이 공동의 것으로 되어 있었던 사실에도 불구하고 끝까지 그 가진 것에 의존할 수 있었다. 그래서 굶주림은 먼저 큰 불행에 고통을 겪고 있는 가난한 자들을 괴롭혔다."[101] 이처럼 재산공유제는 비록 뮌스터 설교자와 예언자의 선언된 목표였을지라도 "부분적으로만 성취되었다가 부분적으로 폐지되었다."[102]

뮌스터의 재산공유제가 초기에는 상당히 의욕적으로 실천되었으나 나중에는 현실의 벽에 부딪혀서 이전의 상태와 다를 바 없는 것이 되어 버렸다. 결국 뮌스터에서 실천된 재산공유제는 실제로 로드만의 이상에 훨씬 못 미치는 것이었고, 전시의 일시적인 공유제, 그것도 재산몰수 이상의 의미를 가지지도 못하는 것이었다. 복켈슨의 저항이 계속되어 뮌스터의 신정체제가 더 유지될 수 있었다 하더라도 재산공유제를 통한 공유제 질서는 타보르에서처럼 완전히 포기되었을 것으로 생각된다.

재산공유제와 함께 일부다처제는 뮌스터 신정체제의 주요한 제도였다. 일부다처제의 도입은 뮌스터파들에도 받아들이기 쉬운 것이 아니었다. 왜냐하면 재세례파가 당대의 대부분의 사람들보다 엄격한 성 윤리를 준수하였던 것과 마찬가지로 뮌스터 재세례파에도 엄격한 성 윤리가 적용되고 있었기 때문이다. 결혼을 성관계를 허용하는 유일한 형태로 생각했던 그들에게 간음은 사형에 해당되는 중죄로 다스려졌는데, 거기에는 불신자와의 결혼도 포함되어 있었다. 이처럼 엄격하게 적용되는 성 윤리로 인해 일부다처제의 도입에는 난관이 따랐다.

---

101) Cornelius, ed., *Berichte*, p. 69.

102) Dülman, *Reformation als Revolution*, p. 307.

일부다처제에 대한 뮌스터 주민들의 저항은 재산공유제의 경우보다 더 컸다. 7월 29일에 대장장이 출신의 길드 관리였던 하인리히 몰렌헤케(Heinrich Mollenhecke)와 약 2백 명은 일부다처제의 실시를 저지시키기 위해 무장봉기까지 일으켰다. 이 반도들은 복켈슨, 크니퍼돌링크, 로드만을 비롯하여 약 40명을 시장에서 체포하고 시청 건물의 지하 감방에 가두었다. 그러나 이전 시장이며 현 장로인 헤르만 틸벡이 반도 진압에 성공하여 사건이 마무리될 수 있었다.103)

여자들의 저항도 만만치 않은 것이었다. 대부분의 여성이 어쩔 수 없이 일부다처제를 받아들이기는 하였지만 그것을 엄청난 폭정이라고 생각한 여자들도 적지 않았다. 당시 법령에는 모든 여자는 일정한 나이가 되면 본인이 원하든 원하지 않든 간에 결혼을 해야만 하였다. 미혼 남자는 거의 없었으므로 많은 여자들이 어쩔 수 없이 제2, 3, 4부인의 역할을 받아들여야만 하였다. 더욱이 불신자와 한 모든 결혼은 무효라고 선언되었으므로 도시를 빠져나간 사람들의 아내들은 자신들의 남편에 대한 신의를 저버리지 않으면 안 되었다.104) 이런 상황에서 일부 여성들은 자신의 의지와 반대되는 결혼을 거부하였다. 그들은 참회할 때까지 감방으로 개조된 로젠탈(Rosental)이라는 이전의 베긴(Beguine) 수도원에 갇혀 있어야 하였다. 카트리나 코헨벡(Katrina Kochenbeck)이란 여성은 두 남편과 결혼함으로써 일부다처제에 대한 당찬 도전장을 내밀었는데, 일처다부제는 뮌스터의 가부장제하에서는 명백히 금지되고 있다는 이유로 기소되었다. 10월에 다른 한 여성은 남편의 다른 아내들을 인정하지 않았기 때문에 죽음 직전까지 갔다가 친척들의 도움으로 죽음을 간신히 면하였다. 11월에는 결혼하기를 서너 번 거절하였다는 이유에서 한 여성

---

103) Dülman, *Reformation als Revolution*, pp. 322~327.
104) Cohn, *The Pursuit of the Millennium*, p. 270.

이 처형되는 일도 있었다.[105]

이렇듯 뮌스터의 여성들이 반발을 하였던 것은 뮌스터의 여성 지위를 고려해 볼 때 그리 놀라운 것은 아니었다. 재세례파 체제 이전에 뮌스터의 여성들은 상대적으로 높은 수준의 권리와 자유를 향유하였다. 비록 그들이 정계(政界)나 길드에서 일정한 관직을 맡지는 못하였을지라도, 그들 고유의 실질적 재산권을 입증하는 유언장과 다른 공증서들은 다음의 사실들을 담고 있었다. 여성들은 결혼지참금을 보유하였고, 많은 수공업자들을 훈련시켰고, 남편과 사업 파트너로 활약하였고, 부계의 명단을 법적 문서들 속에 보유하였고, 대체로 자신의 배우자를 선택하였다는 것이다.[106]

종교개혁을 맞이해서 여성의 지위는 오히려 향상되었다. 종교개혁은 여성들에게 일반적으로 환영을 받았는데, 그 이유는 여성의 역할이 개선되었기 때문이었다.[107] 특별히 재세례주의는 여성들에게도 종교적 리더십을 허용했다는 점에서 여성들 사이에 더 큰 호응을 받았다. 평신도 사제직이 여성에게로 확장될 수 있다는 재세례파의 주장은 가부장제에서 크게 탈피하는 것이었고, 서구의 여성 해방에 있어 중대한 일보를 내딛는 것이었다.[108]

그리하여 종교개혁에 앞장선 여성들이 상당수 등장하였다. 뮌스터의 경우, 회개를 촉구하며 뮌스터 거리를 행진했던 재세례파 가운데 여성들이 다수 포함되어 있었다. 남편의 종교적 확신을 지지하는 데 매우 열정적이었던 여성들의 이름이 적대적인 가톨릭 저술가가 작성한 명부에

---

105) Dülman, *Reformation als Revolution*, pp. 326~327.

106) Hsia, "Münster and the Anabaptists", p. 59.

107) 이에 관해서는 Steven E. Ozment, *When Fathers Ruled: Family Life in Reformation Europe*(Cambridge, 1983), Thomas Max Safley, *Let No Man Put Asunder: The Control of Marriage in the German Southwest: A Comparative Study, 1550~1600*(Kirksville, 1984)을 참고할 것.

108) Williams, *The Radical Reformation*, p. 507.

도 올라 있다.109) 다른 여성들은 배우자의 반대에도 불구하고 새로운 신앙을 선택하였고, 남편이 탈출했을 때 뮌스터에 그대로 남았다. 그중 가장 극적인 예는 힐라 화이켄(Hilla Feiken)이란 여인이었다. 유대인을 괴롭히던 앗시리아 대장군 홀로페르네스(Holofernes)를 암살하고 자신의 도시 베툴리아(Bethulia)를 구출한 유디트(Judith)의 예를 따라 힐라 화이켄은 습격군의 진영에 잠입하여 주교 프란츠(Franz)를 암살하고 시민을 해방시키려고 기도하였다. 그때 한 사람이 도망 나와 밀고함으로써 그의 계획은 무산되었고, 그는 붙잡혀 참수되었다.110)

이상에서 보았듯이 적어도 재세례파 운동의 초기 단계에서 뮌스터 여성들은 좀 더 나은 권리를 누리고 있었다고 할 수 있다. 그러던 것이 일부다처제의 도입으로 크게 바뀌게 되었다. 여성들은 엄격히 통제되는 가부장적 사회질서 속에 통합되어 남성의 종속물로 전락하였던 것이다.

일부다처제를 도입하는 데 상당한 저항에 부딪힌 복켈슨이 내세운 근거는 구약의 족장들을 모방해야 한다는 것이었다. 그는 설교자와 장로를 모아 놓고 자신이 신으로부터 받은 지시를 설명하였다. 그는 신이 자기에게 나타나 '생육하고 번성하라'는 성서의 말씀을 준행하라는 명령을 받았다고 말하였다. 그리고 그는 그 명령을 구약을 근거로 정당화시키면서 새 예루살렘인 뮌스터는 이스라엘 족장들의 예를 따라야 할 것이라고 강조하였다. 이제 뮌스터의 남자들은 하나 이상의 아내를 취해야 한다고 것을 복켈슨은 8일 동안 주장하였다.

그렇지만 그의 설득은 쉽게 받아들여지지 않았다. 그러자 그는 불평

---

109) 뮌스터의 적대자들이 작성한 루터파의 1532년 명부에는 30명의 이름이 적혀있는데, 그 가운데 3명의 여성의 이름도 포함되어 있다[Kirchhoff, *Die Täufer in Münster*, pp. 17–18].

110) Gerd Dethlefs, "Das Wiedertäuferreich in Münster 1534/35", in *Die Wiedertäufer in Münster. Stadtmuseum Münster. Katalog der Eröffnungsausstellung vom 1. Oktober 1982 bis 27 Februar 1983*(Münster, 1983), p. 28.

불만자들에게는 신의 진노가 임할 것이라는 위협을 가하기 시작하였다. 결국 설교자와 장로들은 그의 말에 따르기로 결정하였다.[111] 드디어 그들은 1534년 7월 중순에 새 법을 공포하였다. 이 새 법에는 독신녀는 누구든지 한 남자와 결혼을 할 것과 남자들은 아내를 한 명 이상 취할 수 있다는 것이 명문화되어 있었다. 결혼적령기의 모든 사람들은 결혼하도록 명령을 받았고, 미혼 여성들은 그들에게 청혼하는 첫 남자를 남편으로 받아들여야만 하였다. 이것은 심한 경쟁으로 무질서를 초래하자 여자가 청혼자를 거절할 수 있도록 법 규정을 바꾸었다.[112]

로드만은 복켈슨과 다니면서 3일 동안 새 법의 정당성을 확신시키는 설교를 행하였다. 성도들은 '생육하고 번성하라'는 요구에 주의를 기울여야만 하고 땅에 14만 4천 명의 종말론적 숫자를 채워야 한다는 것이 그들의 주된 주장이었다.[113] 그들은 일부다처제의 도입이 확실한 신적 근거를 갖고 있으며 새 이스라엘을 위한 신의 계획이라고 역설하였다. 그들에게 일부다처제는 거룩한 도시에 '새 이스라엘'을 창조하는 데 절대적인 중요성을 지닌 제도로 받아들여졌다.

일부다처제의 도입을 사악한 욕정을 만족시키기 위한 구실이었다고 비난하는 뮌스터파의 적대 세력의 주장은 어느 정도 일리가 있는 것이었다. 사실상 복켈슨은 개인적으로 자신의 예언자적 리더십을 견고히 하기 위해서 마티스의 미망인 디바라와 결혼하고 싶어 한 것도 부인할 수는 없다. 그러나 그 적대 세력들이 뮌스터파 내적 논리를 정확히 파악해 내지 못한 것이 있었다. 그들은 뮌스터파가 일부다처제를 새로운 사회 질서로 만들어 내기 위한 수단으로 이해하고 있다는 점을 놓치고 있

---

111) Clair, *Millenarian Movements in Historical Context*, p. 179, Cohn, *The Pursuit of the Millennium*, p. 269.

112) Williams, *The Radical Reformation*, p. 372.

113) Stupperich, ed., *Die Schriften Bernhard Rothmanns*, pp. 258－269.

었던 것이다.114) 거룩한 종족의 이데올로기는 혈연적 유대가 부족했던 뮌스터 공동체의 약점을 보완해 주었고, 이스라엘인들이 여러 민족들로부터 그들의 거룩한 나라를 만들었던 것처럼 다양한 사회적 요소로부터 하나의 이상적 공동체를 건설하는 데 기여하였다.115)

그러나 일부다처제의 도입은 성서적 명분만으로 설명되지 않는다. 그것은 여자가 남자에 비해 월등히 많은 인구비의 불균형을 해소하기 위한 방책이었다고 이해할 필요가 있다. 뮌스터에서 여성의 숫자는 남자의 숫자에 비해서 월등히 많았다. 키르히호프에 따르면, 남자 1,500~1,800명과 어린아이 1,200명이 있었던 데 반하여 여자는 4,400~4,900명이었다고 하였다.116) 이와 같이 여성이 우세하게 된 것은 다음 두 이유에서였다. 하나는 안전을 두려워하여 많은 남자들이 뮌스터를 떠나면서 가족 재산을 돌보기 위해 아내를 남겨 두었기 때문이고, 다른 하나는 다른 도시들에서 볼 수 있는 것처럼 남자의 높은 사망률로 인하여 여성이 남자보다 많게 되었기 때문이다.117)

여성 인구비율의 절대적 우세로 인해 발생하는 문제를 해결하기 위해 일부다처제의 도입이 추진되었다고 하는 설명이 있다. 첫째로, 여성의 수적 우세와 경제적 어려움에 처한 여성의 보호라는 명목하에 추진되었다는 설명이다. 이것은 일부다처제가 사회복지의 형태를 취했다고 보는 입장이다.118) 뮌스터 여성들은 보다 자유롭고 많은 권리를 향유하는 상황이었다 하더라도 뮌스터에서 최하층을 구성하는 다수의 여성들이 있

---

114) R. Po-chia Hsia, "Münster and the Anabaptist", n idem, ed., *The German People and the Reformation*(Ithaca and London, 1988), p. 60.

115) *Ibid.*, p. 64.

116) Kirchhoff, *Die Täufer in Münster*, p. 24. 뮌스터의 남여 인구수는 학자 간의 차이가 있다. Rammstedt는 여자가 5,000명이고 남자가 2,000명으로 보고 있고, Dülmen은 만 명의 전체 인구 가운데 여자는 6,000명이라고 말한다[Rammstedt, *Sekte und sozial Bewegung*, p. 97; Dülmen, *Reformation als Revolution*, p. 323].

117) Hsia, "Münster and the Anabaptist", pp. 58~59.

118) Clair, *Millenarian Movements in Historical Context*, p. 179.

었다. 독신 근로여성 곧 노처녀, 미망인, 어린 여종들이 그들이다. 도시 인구 구조상 독특한 그룹을 형성하는 그들은 공공 자선의 수혜자이며 오두막 거주자이며 최소의 납세자였다. 모든 거주자에게 재세례받는 것이 의무화되었을 때 그들은 재세례파가 되기를 원하였다. 부득이하게 재세례파가 된 경우일지라도 그들은 뮌스터를 떠날 수 없었다.[119] 이들에 대한 사회적 해결책이 바로 일부다처제였다는 것이다. 그러나 복켈슨의 의도가 그러한 여자들을 보호하기 위한 수단으로서 일부다처제를 시행하였다는 것을 뒷받침할 만한 증거는 없다. 다른 뮌스터파들 중 그 어떤 사람도 그러한 것을 시사하고 있지도 않다.[120]

둘째로, 오히려 여성들의 성적 욕구를 해결하기 위한 방편이었다는 점은 더 설득력 있게 들린다. 뮌스터파는 여자가 성욕에 대해 절제력을 갖고 있지 못하다고 믿었고, 그에 대한 치유책으로 결혼을 생각하였다. 이러한 그들의 생각은 개혁자들과 함께하는 것이었는데, 결국 뮌스터파는 모든 여자들을 아내로 만드는 길을 선택하였다.[121]

그러나 셋째로, 일부다처제가 대체로 인구의 대다수를 차지하는 여성을 정치적으로 통제하기 위한 하나의 방편이었다는 견해가 가장 타당성 있게 보인다. 예컨대 종교적 환상과 예언은 재세례파 통치의 계서조직에 도전할 수 있는 상황에서 여성 환상가들이 그들의 메시지를 전달하는 것은 통제되어야 했던 것이다. 그리하여 뮌스터의 지도자들은 여자들이 직접 구원에 도달하기 어렵다는 생각을 가지고, 남편들이 그리스도에게 속한 것처럼 여자들은 그 남편에게 속한 것이란 결론에 도달하였다. 그러므로 여성들은 구원받는 데 있어 그리스도뿐만 아니라 남성

---

119) Hsia, "Münster and the Anabaptist", p. 59.

120) Cohn, *The Pursuit of the Millennium*, p. 269.

121) Lyndal Roper, "Sexual Utopianism in the German Reformation", *Journal of Ecclesiastical History*, 42(1991), p. 407.

들의 중개가 있어야 한다는 이중적 부담을 안게 되었다.[122] 이처럼 여자들은 일부다처제를 통해 남자가 지배하는 가정으로 편입되어 엄격한 통제를 받았다.

8월 정도에 와서 일부다처제는 제대로 실시되었다. 복켈슨은 마티스의 미망인 디바라(Divara)와 결혼하였다. 이 결혼을 통해 그는 예상대로 자신의 예언자적 위상을 높이며 그의 권력을 강화하는 결과를 얻었다. 이후 그는 얼마 되지 않아 15명의 아내를 거느렸고, 설교자들과 대부분의 남자들도 그를 본받아 새 아내를 맞이하였다. 로드만은 9명의 아내를 맞아들였다.

어떤 이유로 도입되었든지 간에 일부다처제하에서 가정의 평화가 잘 유지되지 않았다. 엄격한 법 적용으로도 부부 간의 평화를 유지시킬 수는 없었다. 본부인들 중 많은 사람들이 자기 집에 갑자기 들어온 낯선 여인들과 다투었다. 이 역시 사형으로 다스려졌기 때문에 많은 여인들이 사형당하였다. 그러나 그 같은 엄격한 법 집행으로도 가정의 평화를 보장할 수는 없었다. 마침내 복켈슨은 이혼을 허용하는 쪽으로 법을 개정하지 않을 수 없었다. 이렇게 되자 일부다처제는 자유연애와 별반 다를 것이 없는 것이 되어 버렸다. 종교적인 결혼예식은 필요 없게 되고 결혼은 쉽게 계약되고 파기되었다. 어떤 사람이 이런 관행을 방탕이라고 비난하는 소리를 듣자 복켈슨은 칼을 뽑아 그를 죽였다. 일부 잔존자들이 엄격한 청교주의를 유지하였을지라도 다른 사람들은 난잡하게 결혼하고 이혼하였다. 이처럼 성도의 왕국에서 행해진 성적 방종은 아담파의 그것과 닮은 것이었다.[123]

일부다처제를 용인했다는 이유 하나만으로 뮌스터를 비난하는 것은

---

122) *Die Schriften Bernhard Rothmanns*, p. 269.

123) Clair, *Millenarian Movements in Historical Context*, p. 180.

부당하다. 왜냐하면 사실 루터나 다른 종교개혁자들도 다수의 아내를
둘 수 있다는 데에는 어느 정도 동의하였기 때문이다. 루터는 구약의 예
들을 근거로 하여 헤세의 필립(Philip of Hesse)의 중혼(重婚)을 동의한 바
있다. 그리고 그는 1531년 잉글랜드 헨리 8세(Henry Ⅷ)의 왕비에게 충고
하기를, 이혼에 합의하지 말고 오히려 구약의 족장들을 본받아 왕에게
다른 부인을 맞이하도록 제안하라고 충고하였다. 멜란크톤(Melanchton)
도 일부다처제는 신법에 금지된 것이 아니라고 믿었다. 로드만이 일부
다처제의 도입을 주장하였을 때 의심할 여지 없이 다양한 종교개혁자들
의 견해를 알고서 한 일이었다.124)

   그럼에도 불구하고 뮌스터의 일부다처제가 신랄한 비난을 받게 된 것
은 자유연애와 다름없는 성적 방종 때문이었다. 루터는 뮌스터파들이
결혼과 일부다처제에 관한 왜곡된 견해를 갖고 있다고 지적하면서 뮌스
터파가 믿는 것처럼 불신자의 결혼이 매춘이라면 재세례파들은 모두 불
법의 서출(庶出)들이라고 비난하였다. 이런 재세례파에 대한 부정적 견
해는 루터 등에 의해서 조장된 이래 오랫동안 하나의 편견을 형성하여
왔다.125) 그리하여 메노 시몬스(Menno Simons)가 그랬던 것처럼 같은 재
세례파들도 뮌스터 재세례파를 사악한 자들로 매도하였다. 그는 주가
베드로에게 칼을 칼집에 꽂으라고 명령했음에도 불구하고 길 잃은 빈자
들이 그 칼을 뽑아 자신을 방어한 것은 뮌스터의 잘못된 교리 때문이라
고 불평하였다.126) 일부다처제는 뮌스터의 재세례파들에 대한 악명을
높이는 주요 원인이었다. 뮌스터파가 새 이스라엘의 출생을 위해 정당

---

124) John Horsch, "The Rise and Fall of the Anabaptists of Münster", *The Mennonite Quoterly Review*,
    8(1934), pp. 138~139.

125) Harry Loewen, *Luther and Radicals: Another Look at Some Aspects of the Struggle Between Luther
    and the Radical Reformers*(Waterloo, 1974), p. 100.

126) Hillerbrand, ed., *The Reformation*, p. 269.

화한 일부다처제가 당대인들에게는 사악한 것으로 낙인찍혔다는 것은 역사의 아이러니이다.

왕으로 등극한 복켈슨이 지나친 사치와 특권을 누리는 데 몰두하고 있을 때 뮌스터의 결속력이 무너지는 조짐이 나타났다. 10월 11일에 2인 자나 다름없는 크니퍼돌링크는 거리를 다니며 왕 얀에게는 진실한 경건성이 아직 없다고 외치는 가운데 회개를 촉구하였다. 10월 13일 예언자 두센트슈르도 신께서 뮌스터 거주민 모두는 뮌스터를 떠나 약속의 땅으로 행진해 가라고 명령했다고 선포함으로써 왕에게 도전하였다. 이러한 상황에서 복켈슨은 유화적으로 대응함으로써 위기를 넘길 수 있었다. 그는 자칫 권위를 상실할 수 있는 위험을 무릅쓰고라도 자신의 잘못을 회개하였다. 이는 어느 정도 계산된 행동이었지만 그 같은 복켈슨의 책략은 효과가 있었다. 두센트슈르는 즉각 새 계시를 받았다고 말하기를, 왕은 재임명될 것이며 전 주민이 도시를 떠나는 대신 사도들이 평화의 제국을 선포하기 위해 떠나게 될 것이라고 선포하였다. 이후 두센트슈르와 바쎈베르그 설교자들을 포함하여 뮌스터의 거의 모든 설교자들이 뮌스터 관구와 그 인근의 도시들로 파송되었다. 로드만만이 떠나지 않고 뮌스터에 남아 있었다. 복켈슨이 그 설교자들을 선택하여 방출한 것은 도시 안에서 그들의 영향력을 제거하기 위한 고의적 전략이었는지는 분명하지 않지만 어쨌든 뮌스터를 떠난 설교자들 모두는 즉시 체포되어 처형당하였다.[127)]

폐위의 위기에서 벗어났지만 복켈슨은 적의 공격에 대비하지 않으면 안 되었다. 주교는 전열을 가다듬어 패배한 지 수 주일 만에 뮌스터를 다시 포위하고 있었다. 이에 대응하기 위해서는 외부의 도움이 절대적으로 필요하다는 사실을 복켈슨은 알고 있었다. 그리하여 그는 새 사도

---

127) Wolgast, "Herrschaftsorganisation und Herrschaftskrien" pp. 187~197.

들을 돈과 함께 네덜란드와 프리지아(Frisia) 등지로 보내 지원군을 일으
키려고 하였다. 그들 중 많은 사람이 안전하게 네덜란드에 갔다가 12월
에 돌아왔으나 그다지 성과를 거두지는 못하였다.

그러나 1535년 전반기에는 곳곳에서 새 예루살렘 뮌스터에 고무되어
일련의 봉기가 일어났다. 1월에 1천 명의 무장한 재세례파들이 그로닝
엔(Groningen)에 집결하여 뮌스터로 행진하려 하다가 겔더란트(Gelderland)
의 공작에게 패배하였다. 3월에는 8백 명가량의 재세례파가 서 프리지아
에 있는 한 수도원을 점령하고 대항하다가 몰살당하였다. 같은 달에 민
덴(Minden)에서 한 재세례파가 뮌스터를 모방한 공유제적 새 예루살렘
을 건설하려고 시도하였다. 5월에 들어서서도 뮌스터에서 파견한 밀사
에 의한 봉기가 암스테르담에서 일어나서 시청을 점령하였으나 실패로
끝났다.[128] 이러한 봉기는 배신자의 밀고로 미리 누설되어 초기에 진압
됨으로써 뮌스터의 저항에 전혀 도움이 되지 않았다. 오히려 그것들은
주교와 당국자들의 뮌스터 진압계획을 더욱 촉진시킬 뿐이었다.

1534년 말 라인 강 상류와 하류의 여러 제후들이 코블렌츠(Koblenz)에
서 뮌스터에 대한 효과적 공격을 위해 군대와 장비, 재정을 원조하기로
합의를 보았다. 이듬해 4월 보름스 국회에서 제국의 모든 나라가 뮌스터
공격을 위한 자금거출을 약속하였다. 이로써 뮌스터는 돌이킬 수 없는
운명에 빠졌다. 주교군은 수많은 참호와 방패, 보병과 기병으로 이중의
진을 치고 뮌스터를 포위하였다. 그들은 대포를 쏘지 않고 뮌스터를 외
부세계와 완전 차단시킴으로써 고사작전을 폈다. 1월부터 취해진 그 작
전은 성공적이었다. 4월이 되자 뮌스터에는 식량부족 현상이 심화되었
다. 그들은 이미 많은 소를 잡아먹어서 우유를 받거나 종자소로 해도 모
자라는 50 미만이 남은 상태였다. 말도 식용으로 전환되었다. 심지어는

---

128) Cohn, *The Pursuit of the Millennium*, pp. 276~277.

개나 고양이는 물론이고 생쥐도 없어서 못 먹을 지경이었다. 애나 어른 할 것 없이 모두 표백한 옷처럼 창백하게 된 뮌스터 사람들은 기아상태에 허덕였다.[129] 이제 뮌스터는 신의 도시가 아니라 악몽의 왕국으로 변하였다. 사람들은 더 이상 도시가 유지될 수 없을 것이란 사실을 알았다.

그러나 복켈슨은 과거보다 더 민심을 조작하는 술책을 썼다. 그는 마티스처럼 부활절까지 시민들은 구원될 것이라는 계시가 내렸다고 외쳤으나 구원은 일어나지 않았다. 그는 신이 자갈돌들로 빵을 만들어 줄 것이라고 약속하였으나 그 역시 이루어지지 않아 그 믿었던 사람들을 슬피 울게 만들었다. 그리고 그는 굶주림에 허덕이는 사람들을 모아 3일간 춤추고 경주하며 운동을 하게 함으로써 국면전환을 시도하기도 하였다. 그러나 굶어 죽는 사람들이 속출하였고 그들은 공동묘지에 던져졌다. 4월 말 노인, 여자, 어린아이들은 도시를 떠나도록 용납되었다. 5월 대부분의 주민들이 빵 한 조각도 먹지 못한 지 8일째 되던 날 복켈슨은 도시를 떠나고 싶은 사람은 떠나도 좋다고 허락하였다. 그러나 그는 그러한 불신앙의 대가로 영원한 저주를 받을 것이란 말을 덧붙였다. 피난자들은 어찌될지 모르는 운명에 치를 떨어야 하였다. 능력이 남아 있는 남자는 칼에 처형되었고, 여자, 노인, 어린아이들은 진중을 통과하면 후미를 교란시킨다는 이유로 뮌스터 성벽과 주교군 사이의 황무지에서 헤매야 하였다. 그들은 용병들에게 죽여 달라고 애원하는가 하면 여기저기 기어 다니며 동물처럼 풀을 뜯어 먹다가 죽어 갔다.[130]

주교군은 계속해서 삐라를 투입하여 왕과 그의 신하를 잡아 자신들에게 인도하면 특별사면은 물론이고 안전통행권을 발급하겠다고 회유하였다. 이에 대응하여 복켈슨은 왕에 대한 반기를 미리 차단시키기 위해

---

129) Hillerbrand, ed., *The Reformation*, pp. 261~263.
130) Cohn, *The Pursuit of the Millennium*, p. 278.

공포정치를 더욱 강화하였다. 이에 주교도 복켈슨의 기술을 모방해서 성 안에 시민들이 투항하면 관대하게 용서해 준다는 내용의 전단을 쏘아 뿌리자 복켈슨은 즉각 그 전단을 읽는 자를 사형에 처한다고 포고하여 시민의 심리적 동요를 철저히 차단시켰다.

한편, 그는 도시를 12구역으로 나누고 각 구역에 한 사람씩 공작 칭호를 가진 관리를 주재시켰다. 이 관리 밑에는 24명의 무장 대원을 배치하였는데, 그 공작직에 임명된 사람들은 단순한 직인 출신의 외국인 이주자들이었다. 복켈슨은 그들에게 도시가 구원되고 천년왕국이 임하면 그들은 제국의 광대한 영토를 다스리는 명실상부한 공작이 될 것이라고 약속하였다. 왕의 말을 믿은 그들은 왕에게 충성을 다하였고, 왕은 그들이 딴짓을 하지 못하도록 자기 구역을 떠나거나 회합을 갖지 못하게 하였다. 그는 모든 반발의 가능성을 봉쇄하는 모든 조치들을 강구하며 모든 혐의자를 왕 자신이 직접 처형하였다.[131] 복켈슨의 공포정치로 형성된 것이었다 하더라도 뮌스터의 내부 사람들은 뮌스터에 대한 신념을 포기하지 않은 듯하다. 배신자들로 뮌스터가 무너지게 되었다는 것은 그만큼 뮌스터파의 신념이 강했음을 반증해 주는 것이기 때문이다.

기꺼이 굶어 죽을 각오를 갖고 있던 뮌스터에 배신자가 생겼다. 5월 말 5명의 배신자가 도시를 탈출해 주교와 내통하였다. 드디어 1535년 6월 24일 주교의 군대가 에크와 그레스벡의 안내를 받아 뮌스터 안으로 침투해 들어가는 데 성공하였고, 수 시간에 걸친 처절한 전투 끝에 뮌스터를 완전 탈환하였다. 로드만은 전투에서 사망한 것으로 보이고, 왕비 디비라는 자신의 신앙을 철회하기를 거절하다가 단두형에 처해졌다. 복켈슨은 주교의 명령에 따라 얼마 동안 사슬에 묶인 채 여기저기로 끌려 다니면서 연기하는 곰처럼 사람들의 구경거리가 되었다가 1536년 1월

---

131) *Ibid.*, pp. 270~271, 279.

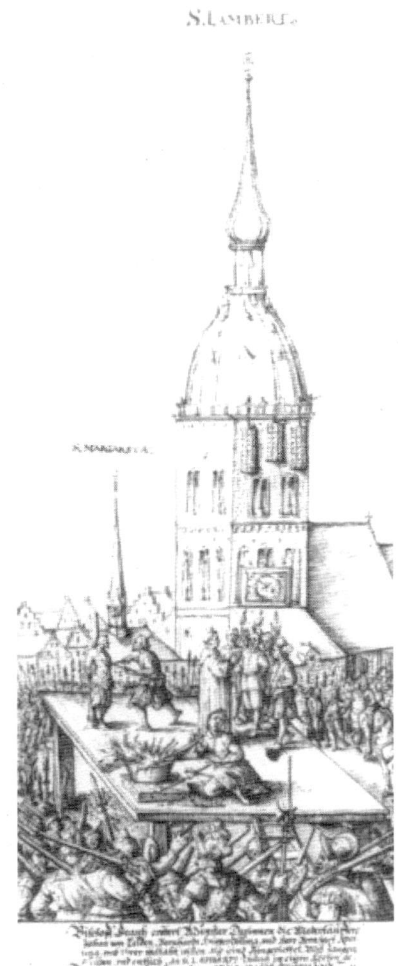

뮌스터 반란자 리더들의 처형 그림. 교회 탑에는 그들을 가둔 새장감옥이 있다.

뮌스터로 다시 송환되어 크니퍼돌린크와 다른 재세례파 지도자들과 함께 그 문당하다 죽었다.

습격으로 죽음을 당한 뮌스터 재세례파의 수는 절반을 넘었는데, 이것은 1349~1350년 흑사병의 경우를 제외하고는 도시사에서 유례를 찾아보기 힘들 정도로 많은 인구가 죽은 경우로 기록할 만한 것이었다.[132] 뮌스터 재세례파가 진압된 후 뮌스터에는 제2의 인구 이동이 있었다. 재세례파에 의해 장악된 뮌스터를 떠났거나 그들에게 추방되었던 자들이 다시 뮌스터로 돌아왔고, 성직자들은 자신들의 본래 직무에 복귀하였다. 그러나 귀향한 이전 뮌스터 주민들은 주교 프란츠에게 새로운 충성의 서약을 해야 했고,[133] 도망간 것에 대한 징벌의 차원에서 자신들의 재산을 주교로부터 재구입해야만 하였다.[134] 주교는 도시 외곽에 2개의 병력을

---

132) R. Po-chia Hsia, *Society and Religion in Münster, 1535-1618*(New Haven and London, 1984), p. 12.
133) *Ibid.*
134) Kirchhoff, *Die Täuferin Münster*, p. 23.

배치함으로써 뮌스터에 대한 자신의 권위를 재차 인정받으려고 하였다. 이런 가운데 뮌스터 주민들은 정치적 자율성을 상실할지도 모른다는 우려를 갖고 있었으나 그렇게 되지는 않았다.[135) 뮌스터 반란 이후 주된 제도적 변화는 반란을 지원했던 길드와 연합길드를 해체하는 것이었다. 정권을 회복한 당국자들은 길드의 지도급 인사들을 추방하거나 처형하였고, 주교도 그들의 재기를 바라지 않았다.[136) 이로써 뮌스터는 이전의 가톨릭 도시로서의 면모를 되찾았다.

한편, 뮌스터 재세례파의 몰락은 재세례파 운동에 심각한 타격을 입혔다. 뮌스터 사건의 공포로 인해 그 후 재세례파에 대한 탄압의 강도가 더욱 높아진 것이다. 따라서 재세례파 운동은 다시 지하로 흩어져 숨을 수밖에 없었다. 그런 가운데서도 묵시적 기대는 몇 년간 잔존해 있었다. 네덜란드인 얀 반 바텐부르그(Jan van Batenburg) 지도하에 급진적 재세례파들이 일어나 성상탈취와 방화 같은 테러행위를 시도하였다. 이로 인해 그들의 지도자는 1538년 2월에 사형당하였다. 한편, 올덴부르크 (Oldenburg)로 피신한 하인리히 크레흐팅 아래 또 다른 영향력 있는 그룹은 1538년에 시작되는 천년왕국을 기다렸다. 활동 중이던 여러 재세례파 지하그룹들은 1538년에서 1540년 사이에 분쇄되었다. 그의 지도자 크레흐팅이 1543년 동부 Frisia에서 개혁신앙고백으로 개종하였다. 이로써 베스트팔렌(Westfalen)에서 재세례파의 역할은 막을 내렸다.[137) 뮌스터 이후 10년간 약 3만 명이 홀랜드와 프리지아에서 처형되었다. 도르트문트(Dortmund), 오스나부룩(Osnabruck), 소에스트(Soest), 민덴(Minden), 렘고(Lemgo) 등지에서 소수의 재세례파들이 명맥을 유지했으나 점차 자취

---

135) R. Po-chia Hsia, "Civil Wills as Sources for the Study of Piety in Münster, 1530~1618", *Sixteenth Century Journal*, 14(1983), p. 322.

136) Hsia, *Society and Religion*, p. 15.

137) Desthlefs, "Das Wiedertäuferreich in Münster", pp. 34~35.

를 감추었다. 전투적 재세례파의 소멸과 함께 평화주의적인 재세례파가
등장하였다. 비폭력을 지향하는 그들은 메노 시몬스의 지도하에 점차
성장해 나갔다. 시몬스는 자신들의 재세례파 운동을 뮌스터의 그것과는
분리시키려는 최대한의 노력을 기울이면서 1577년에 와서 시민적·종
교적 자유를 인정받았다. 평화주의적 저세례파들은 '메노파', '형제단',
'후터파 형제단'에서 존속해 왔고, '침례파'는 물론이고 '퀘이커교도'에
게도 영향을 미쳤다.[138]

---

138) Clair, *Millenarian Movements in Historical Context*, p. 185.

06
결 어

종교개혁 시대의 천년왕국운동들은 중세에 부활한 천년왕국주의 전통을 토대로 하여 어려운 현실적 조건에서 느끼는 위기감과 좌절감을 미래의 희망으로 바꾼 대중사회운동이었다. 타보르파는 성배파와 가톨릭 세력의 종교적·정치적 탄압에 대항하는 과정에서 천년왕국신앙을 받아들여 타보르 혁명사회를 건설함으로써 천년왕국의 구현을 추구하였다. 뮌처는 신비주의적 성령신학에 입각한 외적 세계의 변화를 좇던 중 여러 사건들을 겪으면서 천년왕국주의적 비전을 갖게 되었고, 그에 따른 구체적 실천으로 <선민동맹>을 결성하여 '신사도교회'를 건설하기 위해 농민봉기를 선동하였다. 뮌스터의 재세례파들은 종교적 박해를 피해 뮌스터로 이주해 온 사람들로서 새로운 신적 질서를 도입함으로써 새 예루살렘을 건설, 유지하고자 노력하였다.

이런 천년왕국운동들의 발생 원인은 종고개혁이라는 커다란 시대적 변화의 틀 안에서 처하게 된 위기 상황에서 찾을 수 있다. 우선, 이 시대의 천년왕국주의자들 곧 타보르파, 뮌처, 뮌스터파 모두는 종교개혁 자체를 새로운 세계가 펼쳐질 시대적 징조로 이해하였다는 점이다. 그들에게 종교개혁이란 신의 섭리 가운데 구질서가 종말을 고하고 새로운 세계의 시작을 알리는 사건으로 보였던 것이다. 그리하여 그들은 기성의 종교개혁자들이 올바른 종교개혁을 이루지 못했다고 판단하고 이른바 급진적 종교개혁의 길을 택하였다. 그들은 자신을 마지막 시대에 선택된 신의 선민이라고 믿고 기성의 종교개혁자들을 적그리스도의 무리로 간주하였으며 주변에서 일어나는 여러 가지 사회적·경제적·정치적 역경을 종말의 징조로 확신하였다. 이처럼 급진적 종교개혁을 지향한 천년왕국주의자들은 기성의 종교개혁자들로부터 종교적·정치적 박해를 받으며 성장하였다.

박해 외에도 타보르파, 뮌처, 뮌스터파는 저마다 어려운 현실 조건 속에서 고통을 받았다. 타보르파는 빈곤과 전쟁으로 인해 위기감을 더 크게 느꼈고, 뮌처는 여러 도시에서 일어나는 사회적 불안 속에서 종말론적 확신을 얻었으며, 뮌스터파는 주교군의 위협과 지도자의 공포정치에 직면하여 선택의 여지가 없음을 깨달았다.

이때 예언자의 등장은 위기에 처한 사람들에게 희망을 던져 주며 과격한 행동을 서슴없이 하도록 만들었다. 타보르파의 설교자들은 천년왕국의 도래를 알리며 그에 대비할 것을 선포함으로써 사람들을 이끌어 내었다. 그들은 특별히 예언자 의식을 가지고 행동한 것은 아니었지만 성배파의 배신으로 인해 좌절에 빠진 민중을 불러일으키기에 충분하였다. 뮌스터파의 지도자들도 종말을 예언하며 강력한 리더십을 발휘하였다. 그들은 종교심에 호소하는 조처를 취하였지만 공포정치를 통해서도 사람들의 행동을 유발시켰다. 타보르파 예언자들과 뮌스터파 예언자들과는 달리 뮌처는 민중의 반응을 이끌어 내는 데는 실패하였지만 그 누구보다도 강한 예언자 의식을 가지고 대상에 따라 예언자로서 감당해야 할 자신의 역할을 새로이 정립하며 행동하였다.

　종교개혁 시대의 천년왕국운동에서 발견할 수 있는 특징은 첫째, 천년왕국주의자들이 보여 준 강력한 실천력이었다. 이 실천력은 무엇보다도 새로운 시대에 대한 역사 이해에서 나왔다. 천년왕국주의자들은 역사가 일정한 목표를 향해 가되 결국은 종말을 맞이하고 새로운 완성의 시대로 대체된다는 종말론적 목적사관을 갖고 있었다. 그리하여 그들은 시대적 징조에 민감하게 반응하며 현시대의 종말과 새 시대의 도래를 믿는 시대변화를 감지하였다. 이러한 시대인식을 바탕으로 그들은 역사의 새로운 단계를 상정하고 그에 따른 실천을 감행하였다. 에릭 홉스봄(Eric J. Hobsbawm)의 지적처럼 그들은 현실비판에 적극적이 되고, 이전에 개발되지 않은 에너지를 방출시키며, 최상의 노력을 이끌어 내었던 것이다.[1] 이 같은 그들의 행동은 혁명적 결과를 낳았다.

　둘째, 타보르파, 뮌처, 뮌스터파가 보여 준 천년왕국주의적 실천은 단기간에 이루어진 것임에도 불구하고 기존의 질서와는 전혀 다른 새로운 질서를 도입하는 혁명성을 지닌 것이었다. 종교개혁 시대의 천년왕국주의자들은 클라크 가넷(Clarke Garnett)의 지적대로 새로운 도덕질서의 비전, 정화된 세계, 갈등과 증오로부터의 해방 등을 추구하였다는 점에서 세속적 혁명가들과 본질적으로 크게 다르지 않은 면모를 보여 주었다.[2] 그들의 천년왕국 추구는 사회 내지 정치 현안에 대한 혁명적 대안의 제시였다. 사실상 요한계시록에 나타난 천년왕국의 상은 그것이 고통이 없고 신의 정의가 넘치는 행복한 사회라는 것을 제외하고는 지극히 모호한 것이었다. 그럼에도 불구하고 그들은 현실세계 속에서 어느 정도 구체성을 지닌 천년왕국상을 제시하였다. 타보르파와 뮌스터파는 모든 제약으로부터 완전한 자유와 해방을 추구하였다. 따라서 그들은 기존의

---

1) Hobsbawm, *Primitive Rebels*, p. 57.

2) Garnett, *Respectable Folly*, p. 2.

사회적 전통이나 법률에 구애받지 않고 행동하고자 하였고, 도덕적 무
정부주의를 표방하는 결과를 낳기도 하였다. 한편, 구질서와는 영적 ·
육체적으로 단절하고 완전한 새 질서의 도래를 추구한 천년왕국주의자
들은 왕과 통치자, 봉건 영주와 노예와 같은 지배자와 피지배자의 계급
질서가 없고 모두가 형제자매로서 동등한 지위를 향유한다는 것을 강조
하였다. 또한 그들은 '내 것', '네 것'을 알지 못하고 모든 것을 공동으로
소유하고 필요에 따라 사용한다는 것을 표방하였다. 이처럼 평등주의적
공유제 질서의 도입은 타보르파, 뮌처, 뮌스터파 모두의 이상적 목표였
다.

이러한 목표가 현실 속에서 얼마나 성공적으로 실천되었는가 하는 것
은 그 운동의 내부적 요인들에 따라 다르게 나타났다. 예언자, 민중, 시
대적 징조 세 요소들이 각각 어느만큼 비중 있게 작용하였는가에 따라
그 목표의 실천 여부가 결정되었던 것이다. 가장 성공적이었다고 평가
될 수 있는 예는 역시 전형적인 사례로 알려진 타보르파의 경우이다. 타
보르파들은 시대적 징조에 민감하여 반응하였는데, 예언자의 역할과 민
중의 호응이 상당히 일치했던 경우라 할 수 있다. 특히 타보르파 예언자
들은 뮌처나 마티스, 복켈슨과는 달리 예언자의 의식을 강하게 내세우
지 않았으면서도[3] 격렬한 민중들의 반응을 불러일으킬 수 있었다. 그것
은 천년왕국주의적 노선 외에 달리 선택할 수 있는 길이 타보르파에는
없었기 때문이었다. 이와는 달리 뮌처는 천년왕국운동을 군주와 평민들
에게 호소하였으나 만족할 만한 호응을 얻지 못하였다. 군주들이 그에
게 등을 돌렸고, 농민들도 그를 전적으로 따르지 않았다. 그것은 뮌처의
제안이 경제적 향상과 정치적 권리의 확보라는 현실적 문제와는 거리가
있었기 때문이었다. 일부 농민들이 그를 따라 전투에 임하였으나 비현

---

3) Clair, *Millenarian Movements in Historical Contexts*, 148.

실적 태도로 인해 참패함으로써 그의 계획은 무산되고 말았다. 뮌처가 논리정연한 신학체계를 가지고 선민을 설득했음에도 불구하고 성공하지 못한 것은 타보르파처럼 유능한 군사지도자를 세우지 못하고, 신학적 확신만으로 사람들을 설득하려던 지나친 낙관적 태도 때문이었다. 뮌스터파도 성공적으로 뮌스터를 새 예루살렘으로 만들었다고 할 수 있다. 그 성공요인은 주민을 재세례파 선민들로 바꾸어 놓은 데 있었다. 마티스에 의해 일차적으로 추진된 뮌스터의 선민화는 뮌처의 방법보다 한발 앞선 것이었다. 그러나 계급 없는 평등사회의 구현이라는 본래의 이상과는 거리가 먼 왕제가 복켈슨에 의해 실시됨으로써 전형적인 천년왕국운동과는 다른 면을 드러내었다. 이것은 예언자들의 역할이 지나치게 컸던 데서 온 결과였다. 여기서 예언자의 강력한 역할이 그들의 천년왕국의 독특성을 결정하는 주요 요인이었다는 점이 발견된다.

종교개혁 시대 이후에 천년왕국운동은 급격한 퇴조 현상을 보여 거의 자취를 감추었다. 그 후 혁명적 천년왕국운동의 재현은 17세기에 가서야 비로소 영국에서 찾아볼 수 있다. 신·구교의 대립 속에서 전개된 30년 전쟁을 지켜본 영국민들 사이에는 천년왕국주의에 귀를 기울일 여건이 조성되어 있었다. 그리하여 토마스 브라잇맨(Thomas Brigtman)을 필두로 한 식자층은 지상 교회의 끝날(latter-day)의 영광에 관한 개념을 소개하면서 천년왕국주의적 분위기를 만들었다.4)

이런 가운데 전례 없는 내란을 경험하면서 영국 사회에 천년왕국주의적 기대가 퍼지게 되었다. 1640년대 중기에는 천년왕국주의적 비전이 다양한 사회계층에 다양한 형태로 전달되어 적그리스도의 파멸, 재림, 천년왕국의 도래 같은 일련의 사건들이 일어날 것이라는 분위기가 퍼져

---

4) Peter Toon, "The Latter-Day Glory", ed. by idem, *Puritan, the Millennium and the Future of Israel*, pp. 23 ~26.

있었다.[5] 청교도들은 천년왕국이 곧 다가올 것이라고 믿었는데, 내란이 바로 그 징조라고 설명하였다. 일반인들도 1640년대 말에 최고조에 달하였던 강한 천년왕국주의적 기대를 갖고 있었다. 스튜어트 왕조의 전제정치와 종교 탄압에 대항하여 일어난 청교도 혁명은 천년왕국주의자들에게 다니엘서와 요한계시록의 예언들이 실현되는 사건이었다. 찰스 1세의 처형과 함께 세속군주국의 멸망은 그리스도의 왕국이 열리고 있다는 징조였다. 그러나 크롬웰의 개혁은 완전한 혁명을 피하면서 국가와 교회를 이원화하여 유지하려는 입장에서 진행되었고, 모든 일들이 군사독재로 처리되었다. 이에 불만을 느낀 일단의 집단들이 등장하여 십일조와 국교회를 거부하며 평등주의적 공동체와 자유의 회복을 추구하였다. 수평파(the Levellers), 디거파(the Diggers), 랜터파(the Ranters), 제5왕국파(the Fifth Monarchist) 등이 그들이다.[6]

이들 중 과격한 천년왕국운동의 성격을 가장 잘 드러낸 것은 제5왕국파였다. 그들은 다니엘서의 예언에 따라 1왕국에서 4왕국까지의 이 세상의 왕국이 끝나고 새로이 도래할 5왕국을 기다리는 자들이었다. 그들은 크롬웰 정부가 등장했을 때 4왕국이 멸망하고 5왕국이 도래하였다고 생각하였다. 그러나 크롬웰의 개혁이 미흡하고 1656년 크롬웰이 소집한 의회에서 5왕국파 의원들이 제외되는 상황에 처하게 되자 그들은 적그리스도적인 4왕국이 아직 완전히 소멸되지 않았다고 보고 진정한 5왕국을 출현시키기 위한 구체적인 행동을 취하였다. 이제 그들은 그리스도의 왕국이 빨리 도래할 수 있도록 하기 위해 사랑보다는 무력을 강조하는 입장에 서서 1657년 2월부터 크롬웰 정부를 타도하기 위한 일련의 계획들을 세워 나갔다. 그러나 그 계획이 미리 누설되는 바람에 크롬웰 정부를 타

---

5) Capp, *The Fifth Monarchy Men*, p. 45.

6) 박양식, "천년왕국주의", p. 60, Clair, *Millenarian Movements in Historical Context*, pp. 201~202.

도하려는 계획은 무위로 끝났다. 제5왕국파가 관심을 가졌던 것은 행정, 조직, 법의 내용이었는데, 그중에서도 그들이 가장 주목한 것은 법이었다. 그들에게 있어 천년왕국 정부의 주된 기능은 무엇보다도 신법(神法)을 세우는 일이라고 생각했기 때문이다.[7] 그러나 이들 제5왕국파 운동은 17세기 후반에 가서 약화되어 퀘이커와 침례파로 흡수되어 버렸다.

제5왕국파의 천년왕국운동은 일련의 정치적 사건들을 천년왕국주의적 관점에서 해석한 사람들이 가담함으로써 일어났다. 따라서 그것은 천년왕국주의적 신학과 정치적 극단주의가 결합된 형태로 등장하였다. 바꾸어 말해서 제5왕국파의 목표는 종교개혁 시대의 천년왕국주의자들의 그것처럼 순수한 신앙심에 역점을 둔 것이 아니었다. 그것은 신앙심을 기초로 한 정치적 현실 안에서의 실제적 변화에 초점이 맞추어진 것이었다. 이것은 제5왕국파 운동에는 종고적 요인보다 정치적 요인의 비중이 그만큼 커졌음을 말하는 것이고 또한 천년왕국운동의 내용도 종교개혁 시대의 그것과는 다르게 되었음을 의미한다.

이후의 천년왕국운동은 두 방향에서 변형되어 갔다. 하나는 그리스도교 전통 안에서 발전된 소종파들의 천년왕국운동이고, 다른 하나는 그리스도교와는 상관없이 등장한 세속적 천년왕국운동이다. 전자는 프랑스, 영국, 미국에서 식지 않은 종교적 열기로 발생하였다. 그것은 얀센파(the Jansenist), 경련파(the Convulsionaries), 밀러파(the Millerites), 몰몬교도(the Mormons), 셰이커파(the Shakers) 등 소종파 활동 속에서 존속해 갔다. 임박한 그리스도의 재림에 대해 상대적으로 약화된 기대를 가진 그들은 실질적인 사회 변화에는 별로 관심을 두지 않으며 오로지 종파적 열정에만 몰두하는 성향을 보였다.

후자는 계몽사상의 대두로 인해 출현하였다. 18세기의 계몽철학자들

---

7) Capp, "Extreme Millenarianism", Toon, ed., *Puritan, the Millennium and the Future of Israel*, pp. 73~74.

은 뉴턴의 과학을 기초로 하여 신국과 천년왕국에 대신할 지상낙원과 진보국을 세우고자 하였다. 그것은 프랑스 혁명을 거쳐 19, 20세기에 이르러 세속적 성격을 더욱 분명히 드러내었다. 세속적 천년왕국주의를 표현해 주는 요소는 종래와는 다른 것으로 대체되었다. 곧 과학이 종교의 역할을 한다는 것, 노동자들이나 기업가들이 메시야 역할을 한다는 것, 정치적 폭력이 사회가 갱신되기 이전의 혼란 상태로 돌아가는 의식(儀式)을 상기시킨다는 것, 빈부의 구분이 마음의 청빈을 통해 이루어지던 것이 경제적·과학적 기준에 따른 물품에 의해 이루지게 된 것 등이다.[8] 세속적 천년왕국주의자들은 그리스도교의 신앙을 받아들이지 않으면서도 천년왕국의 이미지와 개념들을 언급하면서 천년왕국주의의 수사학을 의사 전달의 수단으로 사용하였다.[9] 이처럼 세속적 천년왕국 운동은 그 격렬성을 잃지 않고 유토피안 사회주의, 마르크시즘, 나치즘, 전체주의, 민족주의 등 다양한 형태 속에 존속하였다. 세속적 천년왕국 운동의 등장에 비추어 볼 때 천년왕국주의는 본질적 요소를 상실함이 없이 변화하는 우주관과 사회관에 적절히 적응함으로써 그 전통을 유지해 가는 것이라고 파악할 수 있다.[10]

초기 그리스도교 시대에 종말론의 한 변형으로 출발하여 세속적 형태로 오늘날까지 존속되어 왔다는 점을 감안하면, 천년왕국주의는 역사상 지속적인 생명력을 갖고 있는 이데올로기라고 할 수 있다. 그것은 언제나 역사의 전환기에서 다시 되살아나서 새로운 변화를 가져올 동인으로 작용하게 될 것이다. 따라서 그것은 특정 종교의 교리가 아니라 일종의 세계관으로도 이해된다.[11] 이런 맥락에서 많은 연구자들이 근대 이전의

---

8) Luc Racine, "Paradise, the Golden Age, the Millennium and Utopia: A Note on the Differentation of Forms of the Ideal Society", *Diogenes*, 122(1983), p. 133.

9) Harrison, *The Second Coming*, p. 10.

10) 김영한, "이상사회와 유토피아", p. 186.

천년왕국운동조차도 종교가 배제된 마르크스주의와 볼쉐비즘과 같은 근대의 대중운동과 동일선상에 다루려는 경향을 갖고 있다. 달리 말하면, 천년왕국운동의 명분을 근대의 대중운동이 일어난 명분과 동일시하고, 그 궁극적인 목표도 유사하다고 보는 것이다.

그러나 이 같은 접근은 오류를 낳을 수 있다. 종교가 핵심적 역할을 담당했던 시대의 운동을 밝히는 데 있어 종교의 요소를 배제하는 것 자체가 잘못된 접근이기 때문이다. 더욱이 종교가 생활의 중심인 시대의 천년왕국운동을 다루는데, 종교적 요소를 배제하고 세속적 차원의 문제만을 다루는 것은 균형을 잃은 태도라 하지 않을 수 없다. 이러한 사실에 비추어 볼 때 종교개혁 시대의 천년왕국운동은 종교적 요소와 사회적 요소가 결합된 가장 전형적인 예라는 점에서 우리의 관심을 끌고 있다. 천년왕국운동에 관한 정의는 더 이상 특수하고 제한된 의미로 사용되지 않는다. 그렇다고 하더라도 그것은 전형적으로 종교운동이었음을 지적하지 않을 수 없다.[12] 따라서 천년왕국운동에 관한 개념을 너무 세속적인 것으로만 이해하려는 태도는 지양되어야 한다. 이런 맥락에서 종교개혁 시대의 천년왕국운동에 관한 연구를 통해 희석된 본래의 의미를 재점검하는 의미 있는 작업이었다.

종교개혁 시대의 천년왕국운동 대부분은 소수파 운동이었고 실패로 끝났다. 그럼에도 천년왕국운동은 새로운 사회체제의 도입을 통해 이후 역사 발전에 일정한 영향을 끼쳤다. 이런 점에서 천년왕국운동이 가진 역사적 의의는 적지 않다. 기존 사회와는 전혀 다른 사회체제를 보여 준 천년왕국운동은 소수파 운동의 역사적 잠재력을 새로 보게 만든다. 천

---

11) W. H. Oliver, "Owen in 1817: the Millennialist Movement", in Sidney Polard and John Salt, eds., *Robert Owen: Prophet of the Poor*(London, 1917), pp. 182~183.

12) Talmon, "Millenaria Movements", p. 159.

년왕국의 비전으로 새로운 사회를 꿈꾸며 궁극적으로 시대의 흐름에 역
동적인 변혁을 이끌어 내는 천년왕국운동은 정체된 사회에 새로운 동력
을 불어넣는 역사적 묵시로서 역사 속에서 종교의 긍정적 역할이 지닌
가능성을 보여 준다.

참고문헌

I. 일차 자료

Augustine, *The City of God*, Book XVII-XXII, Gerald G. Walsh and Daniel J. Honnen trs., Roy Johseph Deferrari, ed., *The Fathers of the Church: A New Translation*, Vol. 24, Washington D. C.: The Catholic University of America Press, 1964.

Barnabas, *The Epistle of Barnabas*, in James A. Kleist, tr., Ancient Christian Writers, Vol 6, Westminster: The Newman Press, 1948.

Charlesworth , James H., ed., *The Old Testament Pseudepigrapha: Apocalypic Literature and Testament*. 2 Vols. New York: Doubleday & Company, Inc., 1983.

Cornelius, C. A., ed., *Berichte der Augenzeugen über da: Münsterrische Wiedertäufereich, Die Geschichtsquellen des Bisthums Münster*, II. Münster: Aschedorf, 1853.

Cyprianus, *An Address to demerianus*, in *The Ante-Nicene Farthers,* Vol. V, New York: Charles Scribner's Sons, 1926.

Eusebius, *Ecclesiastical History*, tr., by Roy J. Deferrari, *The Fathers of the Church* Vol. XIX. New York: Faters of Church, Inc., 1953.

Franz, Günther, ed., *Thomas Müntzer, Schriften und Briefe. Kritische Gesamtaugabe*, Gütersloh: Gerd Mohn, 1968.

Fuchs, W. P., ed., *Akten zur Geschichte des Bauernkriegs im Mitteldeutchland* Vol. II, Aalen: Scientia, 1964.

Hillerbrand, Hans J., ed., *The Reformation: A Narrative History Related by Contemporary Observers and Paticipants*, Grand Rapids: Baker Book House, 1982.

Irenaeus, *Adversus Haereses* V, in *The Ante-Nicene Farthers,* Vol. V, New York: Charles Scribner's Sons, 1926.

Justin, Dialogue LXXX, in *The Ante-Nicene Farthers,* Vol. V. New York: Charles Scribner's Sons, 1926

Kerssenbroch, *Herman von, Anabaptistici furoris Monasterium inclitam Westphaliae metropolim evertentis historica narratio*, Heinrich Detmer, ed., *Die Geschichtsquellen des Bistums Münster*, V, VI, Münster: Druck un Verlag der Theissing'schen Buchhandlung, 1899/1900.

Lawrence of Brezova, *Hussite Chronicle*(Varinece z Erezive Kronika husitka), Jaroslav Goll, ed., *Fontes rerum Bohemicarum*, V, Prague, 1893.

Luther, Martin, *D. Martin Luthers Wecke, Kirtische Gesamtausgabe*, (Weimarer Ausgabe) XV, XVIII, Weimar: Hermann Böhlaus Nachfolger, 1899, rep. 1966.

Matheson, Peter, ed., *The Collected Works of Thomas Müntzer*, Edinburgh: T&T Clark, 1988.

McGinn, Bernard, ed. and tr., *Apocalyptic Spirituality: Treatises and Letters of Lactantius, Adso of Moitier-en-der, Joachim of Fiore, The Franciscan Spirituals, Savonarola*, New York: Paulist Press, 1979.

________, ed., *Visions of the End: Apocalyptic Traditions in the Middle Ages*, New York: Columbia University Press, 1979.

Origenes, *De Principiis*, in *The Ante-Nicene Fathers*, Vol. V, New York: Charles Scribner's Sons, 1926.

________, *Prayer*, in John J. O'Meara, tr., *Ancient Christian Writers* Vol. 19, Westminster: The Newman Press, 1954.

Papias, *The Fragment of Papias* I, in James A. Kleist, tr., *Ancient Christian Writers* Vol. VI, Westminster: The Newman Press, 1948.

Peter, Edwards, ed., *Heresy and Authority in Medieval Europe: Documents in Translation*, London: Scholar Press, 1980.

Philips, Obbe, "Confession," in George W. Williams and Angel M. Mergal, eds. and trans, *Spiritual and Anabaptist Writers*, Philadelphia: Westminster, 1957.

Scott, Tom and Scribner, Bob, eds. and trans., *The German Peasants' War: A History in Documents*, New Jersey: Humanities Press, 1991.

Spinka, Mathew, ed. and tr., *John Hus at the Council of Constance*, New York: Columbia University Press, 1965.

Stupperich, Robert, ed., *Die Schriften Bernhard Rothmanns, Die Schriften der Münsterischen Täufer und Ihrer Gegner*, 1 Teil, Münster: Aschendorf, 1970.

Workman, H. and Pope, R., trans., *The Letters of John Hus*, London: Hodder & Stoughton, 1904.

II. 이차 자료

A) 단행본

Barkun, Michael, *Disaster and the Millennium*, New Haven and London: Yale University Press, 1974.

Beer, Max, *History of British Socialism*, 2 Vols, London: Allen & Unwin, 1953.

Bloch, Ernest, *Thomas Müntzer als Theologie der Revolution*, Berlin: Aufbau Verlag, 1962.

Bolton, Brenda, *The Medieval Reformation*. London: Edward Arnold, 1983.

Bosl, Karl, *Handbuch der Geschichte der Böhmischen Länder*, I, Stuttgart: Anton Hiersemann, 1967.

Bradley, J. F. N., *Czechslovakia: A Short History*, Edinburgh: Edinburgh University Press, 1971.

Brendler, Gerhard, *Das Täuferreich zu Münster, 1534-35*, Berlin: VEB Deutscher Verlag der Wissenschaften, 1966.

Broch, Peter, *The Political and Social Doctrines of the Unity of Czech Brethren in the Fifteenth and Early Sixteenth Centuries*, The Hague: Mouton, 1957.

Bultmann, Rudolf, *History and Eschatology: The Presence of Eternity*, New York and Evanston: Harper & Torch, 1957.

Burridge, Kenelm, *New Heaven, New Earth: A Study of Millennium Activities*, New York: Schocken, 1969.

Cantor, N. F., *Church, State, and Lay Investiture in England, 1089-1135*, Princeton: Princeton University Press, 1958.

Capp, B. S., *The Fifth Monarch Men: A Study in the Seventeenth-Century English Millenarianism*, London: Faber and Faber, 1972.

Clair, Michael J. St., *Millenarian Movements in Historical Context*, New York and London: Garland, 1992.

Clasen, Claus-Peter, *Anabaptism: A Social History, 1525-1618*, Ithaca and London: Cornell University Press, 1972.

Cohn, Norman, *The Pursuit of the Millennium: Revolutionary Millenarianism and Mystical Anarchists of the Middle Ages*, New York: Oxford University Press, 1977.

Collins, John, *The Apocalyptic Imagination: An Introduction to the Jewish Matrix of Christianity*, New York: Crossroad, 1984.

Daniels, Ted, *Millennialism: An International Bibliography*, New York and London: Grand Publishing, 1992.

Deppermann, Klaus, *Melchior Hoffman. Soziale Unruhen und Apokalytische Visionen im Zeitalter der Reformation*, Göttingen: Vandenhoeck & Ruprecht, 1979.

Dülman, Richard von, *Refomation als Revolution, Soziale Bewegung und religiöser Radikalismus in der deutschen Reformation*, München: Deutscher Taschenbuch Verlag, 1977.

Durant, William J., *The Reformation: A History of Europe Civilization from Wyclif to Calvin, 1300-1564*, New York: Simon and Schuster, 1957.

Ebert, Klaus, *Thomas Müntzer: Von Eigensinn und Widerspruch*, Frankfurt: Athenäum, 1987, 오희천 옮김, 『토마스 뮌처: 독일농민혁명가의 삶과 사상』, 한국신학연구소, 1994.

Ellinger, Walter, *Thomas Müntzer. Leben und Werk*, Göttingen: Vandenhoeck & Ruprecht, 1976.

Emmerson, Richard Kenneth, *Antichrist in the Middle Ages: A Study of Medieval Apocalypticism, Art and Literature*, Seattle: University of Washington Press, 1981.

__________, and McGinn, Bernard, eds., *The Apocalypse in the Middle Ages*, Ithaca and London: Cornell University Press, 1992.

Engels, Friedrich, *Der deutsche Bauern Krieg*, Berlin: Die-Verlag, 1850, rep. 1955.

Fourquin, Guy, *The Anatomy of Popular Rebellion in the Middle Ages*, tr. by Anne Chesters, New York: North-Holland, 1978.

Friesen, Abraham, *Reformation and Utopia: The Marxist Interpretation of the Reformation and its Antecedents*, Wiesbaden: Franz Steiner Verlag, 1974.

Gager, John G., *Kingdom and Community: The Social World of Early Christianity*, Englwood

Cliffs: Prentice-Hall, 1975, 김쾌상 옮김, 『초기기독교 형성과정연구』, 대한
        기독교출판사, 1980.
Garnett, Clarke, *Respectable Folly: Millenarians and the Frech Revolution in France and
        England*, Baltimore and London: The John Hopkins University Press, 1975.
Goll, Jroslov, *Quellen und Untersuchungen zur Geschichte der Böhmischen Brüder*, I. II,
        Hildesheim: Georg Olms Verlag, 1977.
Gritsch, Eric W., *Reformer without Church: The Life and Thought of Thomas Müntzer*,
        Philadelphia: Fortress Press, 1967.
______, *Thomas Müntzer: A Tragedy of Errors*, Minneapolis: Fortress Press, 1989.
Kaminsky, Howard, A *History of the Hussite Revolution*, Berkeley and Los Angeles:
        University of California Press, 1967.
Kirchhoff, Karl-Heinz, *Die Täufer in Münster 1534/35: Untersuchunger zum Umfang und
        zur Sozialstrucktur der Bewegung*, Münster: Achendorf, 1973.
Klassen, Walter, *Living at the End of the Ages: Apocalyptic Expectation in the Radical
        Reformation*, Lanham: University Press of America, 1992.
Klassen, Peter James, *The Economics of Anabaptism, 1525-1560*, The Hague: Mouton,
        1964.
Krominga, D. H., *The Millennium in the Church: Studies in the History Christian Chiliasm*,
        Grand Rapids: WM. B. Erdmans, 1945.
Harrison, J. F. C., *The Second Coming: Popular Millenarianism, 1780-1850*, New
        Brunswick: Rutgers University Press, 1979.
________, *Robert Owen and the Owenites in Britain and America: The Quest for the New
        Moral World*, London: Routledge and Kegan Paul, 1969.
Heyman, Fredrick. *John Zižka and the Hussite Revoluion*, Princeton: Princeton University
        Press, 1955.
Hill, Christopher, *Antichrist in the Seventeenth-Century England*, London: Oxford University
        Press, 1971.
Hinrichs, Carl. Luther und Münster: Ihre Auseinandersetzung über Obrigkeit und
        Widerstandsrecht, Berlin: Walter de Gruyter, 1962.
Hobsbawm, E. J., Primitive Rebels: Studies in Archaic Forms of Social Movement in the
        19th and 20th Centurty, New York: Norton, 1965, 진철승 옮김, 『원초적 반
        란: 자본주의 발전에 따른 유럽소외지역 민중운동의 제 형태』, 온누리,
        1984.
Hsia, R. Po-Chia, *Society and Religion in Münster, 1535-1618*, New Haven and London:
        Yale University Press, 1984.
Lambert, M. D., *Medieval Heresy: Popular Movements from Bogomil to Hus*, London: Edward
        Arnold, 1977.
Leff, Gordon, *Heresy in the Later Middle Ages: The Relation of Heterodoxy to Dissent c.
        1250-1450*, 2 Vols., New York: Barnes & Noble, 1967.
Lerner, Robert E., *The Heresy of the Free Spirit in the Middle Ages*, Berkeley and London:
        University of California Press, 1972.

________, *The Age of Adversity: The Fourteenth Century*. Ithaca: Cornell University Press, 1968.

Lewy, Guether, *Religion and Revolution*, New York: Oxford University Press, 1974.

List, Günther, *Chiliastische Utopie und Radikale Reformation: Der Erneuerungen der Idee vom Tausendjährigen Reich im 16. Jahrhundert*. München; Wilhelm Fink, 1973.

Littel, Franklin H., *The Anabaptist View of the Church*, Boston: Starr King Press, 1958.

Loewen, Harry, *Luther and Radicals: Another Look at Some Aspects of the Struggle Between Luther and the Radical Reformers*, Waterloo: Wilfrid Laurier University, 1974.

Lüzow, Francis, *The Hussite Wars*, London: J. M. Dent & Sons, 1914.

Macek, J., *The Hussite Movement in Bohemia*, New York: AMS Press, 1958.

Mollat, Miche, and Wolff, Phillippe, *The Popular Revolutions of the Late Middle Ages*, tr. by A. L. Litton-Sells, London: Allen & Unwin, 1973.

Morris, Leon, *Apocalyptic*, Grand Rapids: Erdmann, 1984.

Münster City Museum, *Die Wiederfäufer in Münster, Stadtmuseum Münster. Katalog der Eröffnungsausstellung von 1, Oktober 1982 bis 27 Februar 1983*, Münster: Aschendorff, 1983.

Olson, Theodore, *Millennialis, Utopianism, and Progress*, Toronto, Buffalo and London: University of Toronto Press, 1982.

Ozment. Steven, *The Age of Reform, 1250-1550: An Intellectual and Religious History of Late Medieval and Reformation Europe*, New Haven and London: Yale University Press, 1980.

________, *Mysticism and Dissent: Religious Ideology and Social Protest in the Sixteenth Century*, New Haven and London: Yale University Press, 1973.

________, *When Fathers Ruled: Faminly Life in Reformation Europe*, Cambridge: Harvard University Press, 1983.

Rammstedt, Otthein, *Sekte und soziale Bewegung. Soziologische Analyseder Täufer in Münster*, Cologne and Opladen: Westdeutscher, 1966.

Reeves, Majorie, *The Influence of Propecy in the Later Middle Ages*, Oxford: Oxford University Press, 1969.

________, *Joachim of Fiore ad the Prophetic Future*, New York: Harper & Row, 1977.

________, and B., Hirsch-Reich, *The Figure of Joachim of Fiore*, xford: Oxford University Press, 1972.

Rhodes, James M., *The Hitler Movement: A Modern Millenarian Revolution*, Stanford: Hoover Institution Press, 1980.

Russell, D. S., *Apocalyptic: Ancient and Modern*. Philadephia: Westminster, 1978.

Safley, Thomas Max, *Let No Men Put Asunder: The Control of Marridge in the German Southwest: A Comparative Study, 1550-1600*, Kirksville: Sixteenth Century Journal, 1984.

Schmitals, Walter. *The Apocalyptic Movement: Introduction and Interpretation*, tr. by John E. Steely, Nashville: Abington, 1975.

Schwarz, Reinard, *Die apocalyptische Theolgie Thomas Müntzer und der Taboriten*, Tübingen:

Mohr, 1977.

Scott, Tom, *Thomas Müntzer: Theolgy and Revolution in the German Reformation*, New York: St. Martin's Press, 1989.

Smirin, M. M., *Die Volksreformation des Thomas Müntzer und der deutsch Bauernkrieg*, Berlin: Dietz Verlag, 1956.

Spinka, Mathew, *Jan Hus and the Czech Reform*, Chicago: University of Chicago Press, 1941.

_______, *John Hus's Concept of the Church*, Princeton: Princeton University Press, 1941.

Strayer, James M., *Anabaptists and Sword*, Lawrence: Coronado Press, 1976.

Stinger, Charles L., *Humanism and the Church Fathers: Ambrogio Traversari(1386-1439) and Christian Antiquity in the Italian Renaissance*, Albany: State University of New York Press, 1977.

Strauss, Gerald, *Nuremberg in the Sixteenth Century*, Bloomington: Indiana University Press, 1976.

Töfler, Bernard, *Das kommende Reich des Friedens: Zur Entwicklung chiliastischer Zukunftshoffnungen im Hochmittelalter*, Berlin: Akademie-Verlag, 1964.

Toeltsch, Ernst, *The Social Teaching of the Christian Churches*, 2 Vols, tr. by Olivee Wyon, New York: Harper & Row, 1960.

_______, *Protestantism and Progress: A Historical Study of the Relation of Protestantism to the Modern World*, Boston: Beacon, 1958.

Thrupp, Sylvia L. ed., *Millennial Dreams in Action: Studies in Revolutionary Religious Movement*, New York: Schocken Books, 1970.

Tuveson, Ernest Lee, *Redeemer Nation: The Idea of America's Millennial Role*, Chicago: University of Chicago Press, 1968.

_______, *Millennialism and Utopia: A Study in the Background of the Idea of Progress*, New York: Harper & Row, 1968.

Wappler, Paul, *Thomas Müntzer in Zwickau und die 'Zwikauer Propheten'*, Gütersloh: Mohr, 1966.

Williams, George H., *Radical Reformation*, Philadephia: The Westminster Press, 1962.

Zagorin. P., *Rebels and Rulers, 1500-1660: Society, States, and Early Modern Revolution Agrarian and Urban Rebellions*, 2 Vols, Cambridge: Camgridge University Press, 1982.

B) 논문

김영한, "중세 말의 천년왕국사상과 하층민의 난,"『동국사학』제 19, 20집, 1986.

_______, "이상사회와 유토피아,"『한국사 시민강좌』, 제10집, 1992.

김재룡, "Chiliasmus와 Magister Thomas Müntzer,"『역사학연구』, 1949, 홍치모 편, 『급진종교개혁사론』, 느티나무, 1993.

박양식, "문학의 사회사적 효용,"『숭실사학』, 제4집, 1986.

Bailey, Richard, "The Sixteenth Century' Apocalyptic Heritage and Thomas Müntzer's 'Prague Manifesto'," *Mennonite Quarterly Review*, 57. 1983.

Bailor, Michael G., "Thomas Müntzer" *Mennonite Quarterly Review*, 63. 1989.

Bakker, Willem de, "Bernard Rothmann: The Dialectics of Radicalization in Münster," in Walter Klaassen, ed., *Profiles of Radical Reformers: Biographical Sketches from Thomas Müntzer to Paracelsus*, Scottdale: Herald Press, 1982.

Bender, Herold S., "Die Zwickau Propheten, Thomas Müntzer und die Täufer,"(1952), in Abraham Friesen und Hans-Jürgen Goertz, eds., *Thomas Müntzer*, Darmstadg: Wissenschaftliche Buchgesellschaft, 1978.

Betts, R. R., "Some Political Ideas of the Early Czech Reformers," *Slavonic and East European Review*, 31, 1952.

__________, "The Social Revolution in Bohemia and Moravia in the Late Middle Ages," *Past and Present*, 7, 1955.

Bräuer, Sigfried, "Thomas Müntzer und der Allstedter Bund," in Jean-Georges Rott und Simon L. Verheus, eds., *Täufertum und radikale Reformation im 16. Jahrhundert*, Baden-Baden: Bouxwiller, 1987.

Brecht, Martin, "Die Theologie Bernard Rothmanns," *Jahrbuch für Westfälische Kirchengeschichte*, 78, 1985.

Bubenheimer, Ulich, "Luther-Karlstadt-Müntzer: soziale Herkunft und humanstische Bildung. Ausgewählte Aspekte vergleichender Biographie," *Amtsblatt der Evangelisch Lutherischen Kirche in Thüringen*, 40, 1987.

__________, "Thomas Müntzers Wittenberger Studienzeit," *Zeitschrift für Kirchegeschichte*, 99, 1988.

Burr, David, "Olivi's Apocalyptic Timetable," *Journal of Medieval and Renaissance Studies*, 2, 1981.

Capp, B. S., "Extrime Millenarianism," in Peter Toon, ed., *Puritans, the Millennium and the Future of Israel: Puritan Eschatology 1600-1660*, Cambridge: James Clarke, 1970.

Daniel, E. Randolph, "Joachim of Fiore: Patterns of History in the Apocalyptic," in Richard K. Emmerson and Bernard McGinn, ed., *The Apocalypse in the Middle Ages*, Ithaca and London: Cornell University Press, 1992.

__________, "The Couble Procession of the Holy Spirit in Joachim of Fiore's Understanding of History," *Speculum*, 55, 1980.

Deppermann, Klass, "Melchior Hoffman: Contraditions Between Lutheran Loyalty to Goverment and Apocalyptic Dreams," in Klaassen, ed., *Profiles of Radical Reformers*.

Dethlefs, Gerd, "Das Wiedertäuferreich in Münster 1534/35," in Münster City Museum, *Die Wiedertäufer in Münster, Katalog der Eröffnungsaustellung vom I, Oktober 1982 bis 27 Feruar 1983*, Münster: Achendorff, 1983.

Drummond, Andrew, "Thomas Müntzer and the Fear of Man," *Sixteenth Century Journal*, 10, 1979.

__________, "The Divine and Mortal World of Thomas Müntzer," *Archiv für Reformationsgeschichte*, 62, 1980.

Foster, Harold D., "Assessing Disaster Magnitude," *Professional Geographer*, 28. 1976.

Fredriksen, Paula, "Tyconius and Augustine on the Apocalypse," in Emmerson and McGinn, eds., *The Apocalypse in the Middle Ages*.

Friesen, Abraham, "Thomas Müntzer in Marxist Thought," *Church History*, 34, 1965.

___________, "The Intellectual Development of Thomas Müntzer," in Rainer Postel und Franklin Kopitzsch, eds., *Reformation und Revolution: Beiträge zum politische Wandel und den sozialen Kräften am Beginn der Neuzeit. Festschrift für rainer Wohlfeil zum 60 Geburtstag*, Stuttgart: Franz Steiner Verlag Wiesbaden GmbH, 1989.

Goertz, Han-Jürgen, "'Lebensdigs Wort' und 'totes Ding' Zum Schriftversändnis Thomas Müntzers im Praguer Manifest," *Archiv für Reformationsgeschichte*, 67, 1976.

___________, "Thomas Müntzer: Revoltutionary in a Mystical Spirit," Klaassen, ed., *Profiles of Radical Reformers*.

Harrison, J. F. C., "Millennium and Utopia," Peter Alexander and Roger Gill, ed., *Utopias*, La Salle: Open Court, 1984.

Harrison, Thomson S., "Pre-Hussute Heresy in Bohemia," *English Historical Review*, 48, 1933.

Heymann, Frederick G., "The Hussite Revolution and the German Peasant' War: An Historical Camarison," Paul Maurice Clogan, ed., *Medievalia et Humanistica: Studies in Medieval & Renaissance Culture*, Cleveland & London, 1970.

Holl, Karl, "Luther und die Schwärmer," in *Gesammelte Aufsätze zur Kirchengeschichte*, 3 Vols, Thübingen: Mohr, 1928-1932.

Horsch, John, "The Rise and Fall of the Anabaptists of Münster," *The Mennonite Quarterly Review*, 8, 1934.

___________, "The Rise and Fall of the Anabaptists of Muenster," *The Mennonite Quarterly Review*, 9. 1935.

Hoyer, Siegfried, "Die Zwickauer Storchianer-Vorläaufer der Täufer?," Jahrbuch für Regionalgeschichte, 13, 1960.

Hsia, R. Po-chia, "Civil Wills as Sources for the Study of Piety in Münster, 1530-1618," *Sixteenth Century Journal*, 14, 1983.

___________, "Münster and the Anabaprist," idem, ed., The German People and the Reformation, Ithaca and London: Cornell University Press, 1988.

Kaminsky, Howard, "Hussite Radicalism and the Origins of the Tabor 1415-1418," *Medievalia et Humanstica*, 10, 1956.

___________, "Chiliasm and the Hussite Revolution," *Church History*, 26, 1957.

___________, "Wyclifism as Ideology of Revolution," *Church History*, 32, 1963.

___________, "The Spirit in the Hussite Revolution," in Sylvia L. Thurpp, ed., *Millennial Dreams in Action: Studies in Revolutionary Religious Movement*, New York: Schocken Books, 1970.

Kirchhoff, Karl-Heinz, "Die Endzeiterwartung der Täufergemeinde zu Münster

1534/35," *Jahrbuch für Westfälische Kirchengeschichte*, 78, 1985.

___________, "Gab es eine friedliche Täufergemeinde in Münster 1534?," Jahrbuch des Vereins für westfälische Kirchengeschichte, 55-56, (1973), tr. by Elizabeth Bender, "Was There a Peaceful Anabaptist in Münster in 1534?," *The Mennonite Quarterly Review*, 44, 1970.

___________, "Die Unruhen in Münster/Westfälia, 1450-1457. Ein Beitrag zur Zopographis und Prosopographie einer städischen Protestbewegung mit einem Exkurs: Rat, Gilde und Gemeinheit in Münster, 1354-1458," in Wilfred Ehbrecht, ed., *Stätische Führungsgruppen und Gemeinde in der werdenden Neuzwit*, Cologne und Vienne: Böhlau Verlag, 1980.

Krofta, Kamil, "Bohemia in the Fourteenth Century," *Cambridge Medieval History*, 7, 1932.

Kühler, W. J., "Anabaptism in the Netherlands," Werner O. Packull and James M. Strayer, eds. and trans., *The Anabaptists and Thomas Müntzer*, Dubuque: Kendall/Hunt, 1980.

Kuratsuka, Taira, "Gesamtguilde und Täufer: Der Radikalisierungsprozess in der Reformation in Münster: Von der reformationischen Bewegung zum Täuferreich 1533/34," *Archiv für Reformatiozsgeschichte*, 76, 1985.

Lau, Franz, "Die prophetische Apocalytik Thomas Müntzer," in Abraham Friesen und Hans-Jürgen Goertz, eds., *Thomas Müntzer*, Darmstadt: Wissenschaftliche Buchgesellschaft, 1978.

Leff, Gordon, "Search of the Millennium," *Past and Present*, 13, 1958.

Lerner, Robert E., "Refreshment of the Saint: the Time after Antichrist as a Station for Early Progress in Medieval Thought," *Traditio*, 32, 1976.

___________, "Joachim of Fiore's Breakthrough to Chiliasm," *Christisnesimo Nella Storia*, 6, 1985.

___________, "Antichrists and Antichrists in Joachim of Fiore," *Speculun*, 60, 1985.

___________, "Black, Death and Western Eschatological Mentalities, " *America Historical Review*, 86, 1981.

Littel, Franklin H., "The Anabaptist Concept of the Church," in Guy F. Hershberger, ed., *The Rediscovery of the Anabaptist: A Sixtieth Anniversary Tribute to Herold S. Bender*, Scottdale: Herald, 1957.

Macek, J., "Die Böhmische und die deutsche Radikale Reformation bis zum Jahr 1525," Heiko A. Oberman, ed., *Deutscher Bauerkrig 1525*, Stuttgart: Verlag W. Kohlhammer, 1974.

Malowist, M., "The Problem of the Inequality of Economic Development in Europe in the Later Middle Ages," *The Economic History Review*, 19, 1966.

Matheson, Peter, "Müntzer' Vindication and Refutation: A Language for the Common People?" *Sixteenth Century Journal*, 20, 1989.

___________, "Thomas Müntzer's Maginal Comments on Tertullian," *Journal of Theological Studies*, 41, 1990.

__________, "Thomas Müntzer's Ideas of an Audience," *History*, 76, 1991.

McGinn, Bernard, "The Abbot and Doctors: Scholastic Reactions to the Radical Eschatology of Joachim of Fiore," *Church History*, 4. 1971.

Nipperdey, Thomas, "Theologie und der Revolution bei Thomas Müntzer," in *Reformation, Revolution, Utopie: Studien zum 16. Jahrhundert*, Göttingen: Vandenhoek & Ruprecht, 1975.

Olivi, W. H., "Owen in 1817: the Millennialist Movement," in Sidney Pollard and John Salt, eds., *Robert Owen: Prophet of the Poor*, London: Bucknell University Press, 1971.

Racine, Luc, "Pradise, the Golden Age, the Millennium and Utopia," *Diogenes*, 122, 1983.

Reeves, M. and Hirsh-Reich, B., "The Seven Seals in Writings of Joachim of Fiore," *Recherches de Théologie Ancienne et Médiévale*, 21, 1954.

Roper, Lyndal, "Sexual Utopianism in the German Reformation," *Journal of Ecclesiastical History*, 42, 1991.

Rupp, Gordon, "Thomas Müntzer as Rebel," in idem, *Pattern of Reformation*, Philadephia: Fortress Press, 1969.

__________, "'True History': Martin Luther and Thomas Müntzer," in Derek Beales and Geoffrey Best, eds., *History, Society and the Churches: Essays in Honour of Owen Chadwick*, Cambridge: Cambridge University Press, 1985.

__________, "Thomas Müntzer, Hans Hut and 'The Gospel of All Creatures'," *Bulletin of the John Rylands Library Manchester*, 43, 1961.

Schlling, Heinz, "Aufstandsbewegungen in der Stadtbürgerlichen Gesellschaft des Alten Reiches, Die Vorgeschichte des Münsteraner Tähferreiches, 1525-1534," Hans-Ulrich Wehler, ed., *Der Deutsche Bauernkrieg 1524-1526*, Göttingen: Vandenhoeck & Ruprecht, 1975.

Schwarz, Hillel, "The End of the Begining: Millenarian Studies 1969-1975," *Religious Studies Review*, 2, 1976.

Scott, Tom, "The 'Volksreformation' of Thomas Müntzer in Allstedt and Mühlhausen," *Journal of Ecclesiastical History*, 34, 1983.

__________, "From Polemic to Sobriety: Thomas Müntzer in Recent Research," *Journal of Ecclesiastical History*, 39, 1989.

Sebt, F., "Tabor und die europäischen Revolutionen," *Zeitschrift für Geschichtswissenschaft*, 11, 1963.

박양식

숭실대학교 사학과 졸업
서강대학교 사학과 문학석사
서울신학대학원 신학석사
서강대학교 문학박사

그동안 숭실대학교, 서강대학교, 서울신학대학교, 경희대학고, 이화여자대학교, 서울
여자대학교 등에서 강의하였고, 현재 한신대학교 신학연구소 소속 연구교수로 있으
며, 숭실대학교 기독교학대학원에 겸임교수로 강의하고 있다. 기독교문화와 역사에
관련한 다수 저서와 논문이 있다.

종교개혁 시대의 천년왕국운동

초판인쇄 | 2011년 1월 18일
초판발행 | 2011년 1월 18일

지 은 이 | 박양식
펴 낸 이 | 채종준
펴 낸 곳 | 한국학술정보㈜
주   소 | 경기도 파주시 교하읍 문발리 파주출판문화정보산업단지 513-5
전   화 | 031) 908-3181(대표)
팩   스 | 031) 908-3189
홈페이지 | http://ebook.kstudy.com
E-mail | 출판사업부 publish@kstudy.com
등   록 | 제일산-115호(2000. 6. 19)

ISBN   978-89-268-1846-6 93980 (Paper Book)
        978-89-268-1847-3 98980 (e-Book)

내일을여는지식 은 시대와 시대의 지식을 이어 갑니다.